中国电力教育协会高校电气类专业精品教材

"十三五"江苏省高等学校重点教材（编号：2018-2-163）

普通高等教育系列教材

电路（新形态）

朱孝勇　傅海军　等编著

U0179473

机械工业出版社

本书为"十三五"江苏省高等学校重点教材。

本书是根据教育部高等学校电子电气基础课程教学指导分委员会制定的《"电路理论基础"课程教学基本要求（修订稿）》，充分考虑各院校新的教学计划及电路理论自身特点，为电子信息与电气工程类专业学生编写的教材。本书内容包括：电路基本概念和电路定律、电阻电路的等效变换、电阻电路的分析方法、电路定理、动态电路的时域分析、正弦稳态电路分析、谐振电路、互感电路、三相电路、非正弦周期电流电路、动态电路的复频域分析、电路方程的矩阵形式、二端口网络等。

本书基本概念讲解清晰，易于读者理解；基本分析方法归类恰当、思路清晰、步骤明确，易于读者掌握。为了便于读者随时随地学习"电路"课程，书中配有丰富的例题等视频资源，以帮助读者理解电路理论的主要概念、基本理论和基本方法，促进读者对电路理论的掌握。

本书可作为普通高等学校电子信息与电气工程类专业的电路、电路分析基础课程的教材，也可作为工程技术人员的参考书。

本书配套授课电子课件，需要的教师可登录 www.cmpedu.com 免费注册，审核通过后下载，或联系编辑索取（QQ：308596956，电话：010-88379753）。

图书在版编目（CIP）数据

电路：新形态/朱孝勇等编著 .—北京：机械工业出版社，2019. 12
普通高等教育系列教材（2024.6重印）
ISBN 978-7-111-64024-0

Ⅰ.①电… Ⅱ.①朱… Ⅲ.①电路-高等学校-教材 Ⅳ.①TM13

中国版本图书馆 CIP 数据核字（2019）第 274685 号

机械工业出版社（北京市百万庄大街 22 号 邮政编码 100037）
策划编辑：汤 枫 责任编辑：汤 枫 秦 菲
责任校对：张艳霞 责任印制：刘 媛
涿州市般润文化传播有限公司印刷
2024 年 6 月第 1 版第 2 次印刷
184mm×260mm · 18. 5 印张 · 459 千字
标准书号：ISBN 978-7-111-64024-0
定价：59. 00 元

电话服务   网络服务
客服电话：010-88361066   机 工 官 网：www.cmpbook.com
　　　　　010-88379833   机 工 官 博：weibo.com/cmp1952
　　　　　010-68326294   金 书 网：www.golden-book.com
封底无防伪标均为盗版   机工教育服务网：www.cmpedu.com

序

党的十八大以来，党中央提出了推动高等教育内涵式发展的新要求。在相关政策推动下，高等教育大众化水平进一步提高，教学质量和学科水平显著提升，与科学技术与社会经济发展协同性增强，教育资源供给不平衡不断改善。未来要推动高等教育实现更高质量发展，必须加快世界一流大学和一流学科的建设，推动高等院校结构更加优化；结合国家科学技术和社会经济发展需要促进高校教育人才培养和教学科研质量提升，着力推动高等教育更加平衡发展。今后一阶段我国高等教育的发展战略已从数量增长转向质量提高方向转变，打造"金课（一流课程）"成为我们一线教师神圣的职责。

2012年以来，以MOOC即慕课为代表的在线开放课程资源的飞速发展，使得兼顾线上学习、线下讨论的混合式教学模式得到了国内外高等教育界的关注和推广。教育部高教司2016年初确立的我国"高等教育改革发展下一步工作思路"中明确指出，要"扩大在线开放课程应用，推广翻转课堂、混合式教学等新型教学模式，建立线上教学与线下教学有机结合、有利于教学方法创新和学生自主学习的教学运行机制"。

教材是教师实施教育的重要载体和主要依据，是学生获取知识、发展能力的重要源泉。编写一本高质量的教材，教与学可以达到事半功倍的效果。教学改革，教材先行。打造"金课"首先需要"金教材"。

近几年，众多高校实施大类招生，学生在一、二年级不分专业，按学科大类统一学习规定的人文社科类通识课程、数学与自然科学类课程和工程基础类课程，实行宽口径知识培养。随着互联网技术的蓬勃发展，引发了"电路"这样一门古老且成熟的电子信息与电气工程类专业工程基础课程的讲授和学习方式的巨大变革。

人类进入21世纪后，各行业都面临着全球化、数字化、网络化的发展形势。《电路（新形态）》这本教材立足于网络数字化、教材立体化的特色，为满足大类招生对课程教学内容的需求，为提高电子信息与电气工程类专业工程人才培养的能力和水平，针对学生学习中经常遇到的困难问题，尝试采用教、学、练、思、做一体化形式编写而成。在反映最新科学技术和教学趋势的同时，通过教材知识点的过程性设计，方便读者的自主学习和检验。此外，教材注重理论与实际相结合，注重培养学生解决复杂工程问题的能力。

教材编写是一项长期艰巨的工程。该书是江苏大学等单位在几十年"电路"教学、科研过程中的探索、实践以及在结合大量应用基础上的总结。希望该书的出版，能够为电子信息与电气工程以及其他相关专业的本科生提供一种新的教材范本，为从事电路课程教学的教师和科研与工程技术人员提供参考，为我国教育教学质量的提高做出贡献。

教育部高等学校电工电子基础课程教学指导分委员会主任委员

2019年12月16日

前　言

本书为"十三五"江苏省高等学校重点教材、中国电力教育协会高校电气类专业精品教材。

本书是江苏大学国家精品课程及国家精品资源共享课"电路"建设、江苏大学国家级教学团队"电气类专业主要技术基础课程教学团队"建设的重要组成部分。本书根据教育部高等学校电子电气基础课程教学指导分委员会制定的《"电路理论基础"课程教学基本要求（修订稿）》，通过开展"翻转课堂"等现代化授课教学方式，在江苏省高等学校精品教材《电路原理》基础上编写的。

本书阐述了电路理论、概念及分析方法，努力做到理论联系实际，符合认知规律，具有启发性，使读者能很好地学习并掌握电路理论知识，为后续课程打好坚实的基础。

考虑到人才的培养特点，本书在编写过程中努力突出以下几点：

1) 教材结构上力求凸显课程的总思路、总方法，便于学生把握课程的重点。

2) 对部分教学内容进行了删减，内容编排上努力做到"简明、实用"。结合"教材+互联网"的结构模式，对教学基本内容通过微视频尽量讲透讲深。将部分内容转移到例题、习题中，寓教于"练"，便于读者学习掌握。

3) 注重知识点强化的过程性设计。设有"节前思考""检测"环节，承上启下，提出新问题及其背景，明确学习目标。每章设有典型例题微视频，方便读者自主学习。

4) 注重理论与实际相结合。在封面增设拓展资源，包含科技前沿、应用实例；结合题库小程序，读者可以通过选择题和判断题随时检测学习效果。

4) 本书开发了基于二维码的交互式虚拟仿真案例，分别设置在第4、5、6、10章。

本书由江苏大学、中国科学院电工研究所、东华大学、宿迁学院、常州工学院组织策划和编写，由朱孝勇、傅海军、陆超、霍群海、李长杰、戴继生、姜岩、查根龙、张燕红负责具体编写，朱孝勇、傅海军任主编，负责统稿。

全书编写过程中，得到东南大学王志功教授、大连理工大学陈希有教授的鞭策和指导。在此，特别对王教授和陈教授在事务繁忙之中所做的耐心帮助致以诚挚谢意！

本书受到江苏高校优势学科建设工程项目（PADA）、江苏省高等教育教改研究课题（2023JSJG317）、江苏大学高等教育教改研究课题（2023JGZZ003）、江苏大学京江学院一流课程建设项目的资助。

在本书的编写过程中，机械工业出版社、江苏大学给予了大力支持和帮助，在此深表谢意。

感谢张月红女士在文字、图文编辑过程中提供的帮助。

由于编者水平有限，书中难免有错误和不妥之处，恳请读者批评指正。联系电邮 hjfu21 @ 126. com。

编　者

目 录

第1章 电路基本概念和电路定律

本章首先介绍了电路的基本概念，主要涉及电路和电路模型、电压和电流的参考方向、电功率和能量、理想电阻元件、理想电流源、理想电压源及受控源的概念和特性；重点讲述了由于电路元件的相互连接对电路中电流、电压分布所形成的约束，即基尔霍夫定律。

1.1 电路和电路模型

1.1.1 节前思考

（1）电路的作用是什么？
（2）什么是电路模型？它与实际电路的区别是什么？

1.1.2 知识点

1. 实际电路

随着社会的不断进步和科学技术的飞速发展，电作为一种优越的能量形式和信息载体成为当今社会经济建设和日常生活中不可或缺的重要部分。为了产生、传输、加工及利用电能或电信号，人们将各种所需要的电气元件或设备，按一定方式连接起来而构成的集合称为电路，也称电网络。

日常生活中经常接触到的电气元件或设备有各种电源、电阻器、电感器、电容器、变压器、电子管、晶体管、固态组件等，而由这些元件或设备通过连接构成的实际电路也遍布生活中的各个领域。有些实际电路十分庞大、复杂，可以延伸到数百乃至上千公里之外，例如，由发电机、变压器、输电线及各种用电负载组成的电力系统，或现在迅速发展的通信系统等。而有些电路则可以被局限在非常微小的空间之内，例如，某些芯片虽然只有指甲盖大小，却是一个由成千上万个晶体管相互连接集成的复杂的电路或系统。前述的电路无论尺寸大小，都是比较复杂的，也有些实际电路非常简单，例如，手电筒就是一个简单的电路。

无论实际电路的尺寸与复杂程度如何，都可以把它们看成由三个基本部分组成：供电装置（电能和电信号的发生器，即电源）、用电设备和中间环节（即连接导线、控制开关等）。由于电路中的电压、电流是在电源的作用下产生的，因此电源又称为激励，而由它作用产生的电压和电流称为响应。有时根据激励和响应的因果关系，又把激励称为输入，响应称为输出。利用实际电路可以实现各种各样的功能，概括起来主要有以下几个方面：

1）实现能量的转换、传输和分配。例如，水能、热能、核能等先通过发电机转化成电能，然后通过变压器和输电线将电能进行传输和分配，最后将电能转换成用户所需要的机械能、光能和热能等。在系统中提供电能的设备称为电源，而消耗电能的设备称为负载。

2）实现各种电信号的传输和处理，如语音信号、图像信号等。利用一定的电路设备，可对给定信号进行放大、滤波、调制和解调，以获得所需的信号（输出）。

1

3）实现信息的存储、数学运算和设备运行的控制等。计算机中的寄存器和CPU就是典型的信息存储和数学运算电路，而实现控制功能的电路更是举不胜举。

2. 电路模型

电路理论的主要任务是研究电路中发生的电磁现象，用电流、电荷、电压或磁通等物理量来描述其中的过程。由于研究电路的目的通常是计算电路中各元器件的端子电流和端子间的电压，一般不考虑元器件内部发生的物理过程，因此可以根据各元器件端部主要物理量间的约束关系对电路中的实际元器件进行理想化处理，引入一些抽象化的理想元器件，再根据电路的实际连接情况将这些理想元器件加以连接，就可以建立实际电路的模型。通常将由理想元器件所构成的电路称为实际电路的电路模型，简称电路模型。电路模型的建立可以简化对电路的分析和计算，本书讨论的电路均为电路模型。

建立电路模型的首要任务是引入能客观地反映实际元器件基本性质的理想电路元器件，这些理想电路元器件是组成电路模型的最小单元，具有精确的数学定义，能够反映实际电路中的主要电磁现象，表征其电磁性质。理想电阻元件表示消耗电能的元件；理想电感元件表示各种电感线圈产生磁场、存储磁能的作用；理想电容元件表示各种电容器产生电场、存储电能的作用；电源能表示各种诸如发电机、电池等将其他形式的能量转换成电能的作用。将这些理想元器件适当地连接起来，便可构成实际电路的模型。根据理想电路元器件与电路其他部分连接的端子数目可划分为二端、三端、四端元件等。

实际电路用途各异、种类繁多，几何尺寸相差很大。当构成电路的元器件以及电路本身的尺寸远远小于电路以最高频率工作时对应的电磁波的波长，或者说电磁波通过电路的时间认为是瞬间的，则可以用足以反映其电磁性质的一些理想电路元器件或它们的组合来模拟实际电路中的元器件。如上面所述的电阻、电感、电容等，都分别集总地表现实际电路中电场或磁场的作用。每一种具有两个端子的元件中有确定的电流，端子间有确定的电压。这样的元件称为集总（参数）元件，由集总（参数）元件构成的电路称为集总（参数）电路。本书只考虑集总电路。

图1-1a所示为手电筒的实际简单电路，用两根导线将灯泡和干电池连接起来形成闭合通路，使灯泡发光，用来照明，电路模型如图1-1b所示。用理想直流电压源 U_s 和反映干电池内部损耗的电压源内电阻 R_s 的串联组合来等效表示原实际电路中作为电源的干电池，灯泡作为消耗能量的负载用电阻 R 来等效，连接导线用理想导线（其电阻为零）表示。

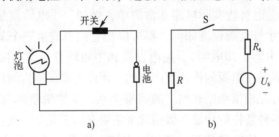

图1-1　手电筒的实际电路与电路模型

a）实际电路　b）电路模型

用理想电路元器件或它们的组合模拟实际元器件就是建立其电路模型。有的电路的建模比较简单，例如上述手电筒的例子。有的元器件或系统在建模时需要考虑其工作条件，工作条件不同，同一实际元器件可能采用不同的模型。有的元器件或系统的建模则需要深入分析其中的物理现象才能得到它们的电路模型。模型选取恰当，对电路的分析和计算结果就与实际情况接近；反之则会造成很大的误差，有时甚至出现自相矛盾的结果。如果选取的模型太复杂就会造成分析和计算困难，太简单则不足以反映所需求解的实际情况。建模问题需要运用有关的知识专门研究，这里不做进一步阐述。

需要强调的是，今后本书中所说的电路一般均指由理想电路元件构成的电路模型，并非实际电路，而（电路）元件则为理想电路元件。

电路理论课程的主要内容是分析电路中的电磁现象和过程，研究电路定律、定理和电路分析方法，并讨论各种计算方法，这些知识是认识和分析实际电路的理论基础，更是分析和设计电路的重要工具。

二维码 1-1

有关"电路和电路模型"的概念可以扫描二维码 1-1 进一步学习。

1.1.3　检测

理解电路模型，理解集总参数电路假设

如果电磁波在电缆中的传播速度为光速的 80%，则电磁波通过 60 km 长的电缆需要多长时间（250 μs）？电力系统的电缆输电线路长度满足什么要求才能使用集总参数电路模型（≤48 km）？

1.2　电流、电压的参考方向

描述电路工作情况的物理量主要有电流、电压、电荷和磁通，它们称为电路的基本变量，通常分别用 I、U、Q、Φ 表示。其中运用最多的是电流和电压这两个变量，它们的定义已经在物理课程中讲过，本节主要介绍它们的方向或极性的标注方法，即参考方向问题。

在电路分析中，当涉及某个元件或部分电路的电流或电压时，有必要指定电流或电压的参考方向，因为电流或电压的实际方向可能是未知的，也可能是随时间变动的，而确定变量的参考方向可以使实际问题的求解简单化。

1.2.1　节前思考

（1）电压、电位、电动势的概念及相互关系是怎样的？
（2）为什么要设参考方向？

1.2.2　知识点

1. 电流及其参考方向

电荷的有规则运动形成电流。习惯上把正电荷运动的方向规定为电流的方向，设 dt 时间内通过电路横截面的电荷为 dq，则有

$$i = \frac{dq}{dt}$$

i 称为电流。

电流的大小和方向对电路的工作状态都有影响，所以在描述一个电流时要同时给出电流

的大小和方向。图1-2代表电路的一部分，其中方框代表某一个二端元件。电流i流过该元件时，其实际方向只有两种可能性，或是从A到B，或是从B到A，这时可选定其中任一方向作为电流的参考方向，它不一定是电流的实际方向。一旦指定了电流的参考方向，电流i便成为代数量。若用实线箭头代表电流i的参考方向，虚线箭头代表电流i的实际方向，在图1-2a中，电流的参考方向与实际方向相同，此时电流i为正值，即$i>0$；在图1-2b中，电流的参考方向与实际方向相反，此时电流i为负值，即$i<0$。电流的参考方向除了用实线箭头表示之外，也可以用双下标表示，例如，i_{AB}代表电流的参考方向是由A到B，如图1-3所示。

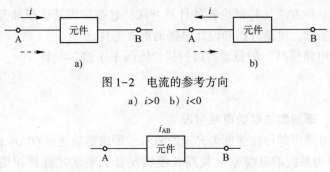

图1-2　电流的参考方向

a）$i>0$　b）$i<0$

图1-3　电流参考方向的双下标表示法

这样，在设定了电流的参考方向下，就可以根据电流i的正负来判断实际方向。在图1-4a中，设元件电流的参考方向是从A指向B，电流的波形如图1-4b所示。在前半个周期中，即$t_1<t<t_2$时，由于$i>0$，所以电流的实际方向与参考方向一致，即此时电流i的实际方向由A指向B；在后半个周期中，即$t_2<t<t_3$时，由于$i<0$，所以电流的实际方向与参考方向相反，即电流i的实际方向由B指向A。

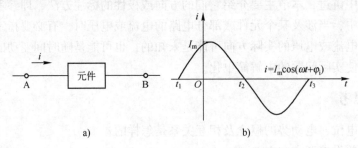

图1-4　电流实际方向的判断

2. 电压及其参考方向

在电磁学中已经知道：电荷在电场⊖中受到电场力的作用，当将电荷由电场中的一点移到另一点时，电场对电荷做功。处在电场中的电荷具有电位（势）能，恒定电场中的每一点有一定电位，由此引入重要的物理量——电压与电位。

某两点A、B间的电压（或称电压降）u_{AB}等于将试验电荷Δq由A点沿一定路径移至B点电场力所做的功ΔW_{AB}与该电荷Δq的比值，即

⊖　本书说的电场指的是库仑电场。

$$u_{AB} = \frac{\Delta W_{AB}}{\Delta q}$$

当 Δq 趋于零的极限时，u_{AB} 可表示为

$$u_{AB} = \lim_{\Delta q \to 0} \frac{\Delta W_{AB}}{\Delta q} = \frac{\mathrm{d} W_{AB}}{\mathrm{d} q}$$

在电场中可取一点，作为参考点，记为 P，设此点的电位为零。电场中的一点 A 至 P 点的电压 U_{AP} 规定为 A 点的电位，记为 φ_A，即

$$\varphi_A = U_{AP}$$

在电路问题中，可以任选电路中的一点作为参考点，例如，取"地"作为参考点。两点间的电压不随参考点的不同而改变。用电位表示 A、B 点的电压，有

$$U_{AB} = \varphi_A - \varphi_B$$

显然有

$$U_{BA} = \varphi_B - \varphi_A = -U_{AB}$$

即两点间沿两个相反方向（从 A 到 B 和从 B 到 A）所得到的电压符号相反。

电位和电压是两个既有联系又有区别的概念。电位是对电路中参考点而言的，其值与参考点的选取有关；电压则是对电路中某两点而言的，其值与参考点的选取无关。有时提到电路中某点的电压，实际上是指该点与参考点之间的电压，此时它与该点的电位是一致的。

与电流相似，电路中某两点间电压的实际方向也有两种可能。如果将正电荷从 A 点移动到 B 点，库仑电场做功为正，则规定电压的实际方向是从 A 指向 B。为了分析方便，同样可以指定其中任意方向为电压的参考方向，同时把电压看成代数量。指定电压参考方向之后，同样可以根据电压数值的正、负来确定电压的实际方向。

电压 $u(t)$ 的参考方向（或参考极性）一般用 "+" "−" 极性来加以标示，此时电压的参考方向由 "+" 指向 "−"，即为电位降（Potential Drop）的方向；电压的参考方向也可以在两点之间的电路旁用箭头表示，箭头的指向即为电压降的方向；电压的参考方向还可以用双下标来表示，如 u_{AB} 表示该电压的参考方向为由 A 指向 B。显然 u_{AB} 与 u_{BA} 是不同的，虽然它们都表示 A、B 两点之间的电压，但是由于参考方向不同，两者之间相差一个负号，即 $u_{AB} = -u_{BA}$。

与电流一样，当选定了电压的参考方向后，电压 u 就成为代数量。若电压的参考方向与实际方向相同，电压值为正值，即 $u>0$；反之，若电压的参考方向与实际方向相反，电压值为负值，即 $u<0$。这两种情况如图 1-5 所示，其中实线箭头代表电压参考方向，虚线箭头代表电压实际方向。

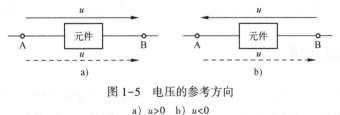

图 1-5　电压的参考方向

a）$u>0$　b）$u<0$

3. 电压与电流的关联参考方向和非关联参考方向

电流和电压的参考方向在电路分析中起着十分重要的作用。在对任何具体电路进行实际

分析之前，都应该先指定有关电流和电压的参考方向，否则分析将无法进行。原则上，电流和电压的参考方向可以独立地任意指定，参考方向选取的不同，只影响其值的正、负，而不会影响问题的实际结论。但在习惯上，同一段电路的电压和电流的方向通常选取相互一致的参考方向，即电流的参考方向从电压的正参考极性端流入，从负参考极性端流出，如图 1-6a 所示，称为电压和电流关联参考方向。若两者参考方向选取不一致，则称为非关联参考方向，如图 1-6b 所示。

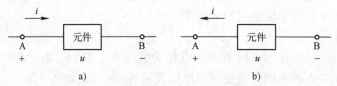

图 1-6　电压电流的关联和非关联参考方向

a) 关联参考方向　b) 非关联参考方向

这里需要强调的是，今后在谈到电流和电压的方向时，如无特殊声明，一般指的都是图中标注的参考方向，而不是实际方向。

4. 国际单位制（SI）中变量的单位

在国际单位制（SI）中，电流的单位是 A（安培，简称安），电荷的单位是 C（库仑，简称库），电压和电位的单位是 V（伏特，简称伏）。在处理实际问题时，常常会遇到很大或很微小的量值，就需要引入相关的单位来处理。在 SI 单位中规定的用来构成十进倍数和分数单位的词头见表 1-1。

表 1-1　常用的词头

词头符号	T	G	M	k	m	μ	n	p
词头名称	太	吉	兆	千	毫	微	纳	皮
倍率	10^{12}	10^{9}	10^{6}	10^{3}	10^{-1}	10^{-6}	10^{-9}	10^{-12}

例如：$1\,\mu A = 10^{-6}\,A$，$10\,kV = 10^{4}\,V$。

有关"电流和电压的参考方向"的概念可扫描二维码 1-2～二维码 1-5 进一步学习。

二维码 1-2　　　　二维码 1-3　　　　二维码 1-4　　　　二维码 1-5

1.3　电功率和能量

在电路的分析和计算中，功率和能量的概念和计算是十分重要的，这是因为电路在工作状态下总伴随着电能和其他形式能量之间的相互转换。同时，电气设备、电路部件在工作时都有对功率的限制问题，即在使用时要注意其电压和电流是否超过其额定值，过载（超过额定值）会使设备或部件烧毁，反之欠载时则不能正常工作。

1.3.1 节前思考

(1) 如何用电压、电流表示一个二端网络（元件）吸收的功率？

(2) 从功率的角度来看，电阻和电源的电压、电流参考方向的选取有何不同？

1.3.2 知识点

1. 电能

电路中伴随着电荷的移动进行着能量的转换。当正电荷在电场力的作用下从元件的正极经过元件运动到负极时，电场力对电荷做正功，正电荷将失去一部分电位能，而这部分能量被元件所吸收。

从电压的定义式中，可得

$$w = \int u \mathrm{d}q$$

则从 t_0 到 t 时间内，元件吸收的电能为

$$w = \int_{q(t_0)}^{q(t)} u \mathrm{d}q$$

由于 $i = \dfrac{\mathrm{d}q}{\mathrm{d}t}$，所以

$$w = \int_{t_0}^{t} u(\xi) i(\xi) \mathrm{d}\xi \tag{1-1}$$

式中，u 和 i 都是时间的函数，并且是代数量，因此电能 w 也是时间的函数，且是代数量。设 u 和 i 为关联参考方向，当 w 增加时，元件吸收电能，当 w 减小时，元件释放电能。

2. 功率

功率是能量对时间的导数，即

$$p(t) = \dfrac{\mathrm{d}w}{\mathrm{d}t} \tag{1-2}$$

由式（1-1）、式（1-2）可知

$$p(t) = u(t) i(t) \tag{1-3}$$

式（1-3）表示，元件在某瞬间吸收的功率等于该瞬间作用在该元件上的电压和流过该元件的电流的乘积，而与元件本身的特性无关。

当电流单位为 A，电压单位为 V，时间单位为 s 时，电能的单位为 J（焦耳，简称焦），功率的单位为 W（瓦特，简称瓦）。

值得一提的是，实际中电能常用千瓦时（$\mathrm{kW \cdot h}$，俗称度）来表示，且有

$$1\,\mathrm{kW \cdot h} = 3.6 \times 10^{6}\,\mathrm{J}$$

在具体的电路中，有些元件吸收功率，另一些则发出功率，在应用式（1-3）求功率时应注意下列原则：

1）当元件上电压和电流的参考方向取为关联参考方向时，p 表示元件吸收的功率，当 $p>0$ 时，表示该元件确实吸收功率；反之，当 $p<0$ 时，表示该元件发出功率。

2）当元件上电压和电流的参考方向取为非关联参考方向时，p 表示元件发出的功率，$p>0$ 时，表示该元件确实发出功率；反之，当 $p<0$ 时，表示该元件吸收功率。

若一个元件吸收功率为 100 W，也可以表述为其发出功率-100 W；同理，一个元件发出功率为 100 W，也可以表述为其吸收功率-100 W，这两种说法是一致的。

有关"电功率和能量"的概念可扫描二维码 1-6、二维码 1-7 进一步学习。

有关例题可扫描二维码 1-8 学习。

二维码 1-6　　二维码 1-7　　二维码 1-8

习题 1.1

分析计算题

（1）试计算图 1-7 中各元件的功率，并指出是吸收功率还是发出功率。

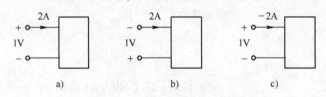

图 1-7　分析计算题（1）图

（2）试计算图 1-8 中各元件的未知量，其中 $P(p)$ 表示元件吸收的功率。

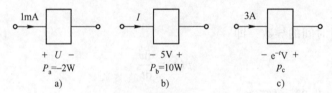

图 1-8　分析计算题（2）图

（3）试计算图 1-9 所示电路中各元件吸收的功率，验证是否满足功率平衡。

（4）图 1-10 中，功率箭头指向元件表示元件吸收功率，功率箭头背离元件表示元件发出功率。试根据图中功率箭头的方向和电流的参考方向，标出各元件上电压的参考方向，并计算电压的值。

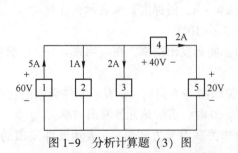

图 1-9　分析计算题（3）图

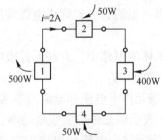

图 1-10　分析计算题（4）图

1.4　电阻元件

电路元件是组成电路的最基本单元，它通过端子与外部相连接，元件的特性则通过与端子有关的物理量描述。每种元件反映某种确定的电磁性质，都具有精确的数学定义和特定的表示符号以及不同于其他元件的独有特性。

电路元件按与外部连接的端子数目可分为二端、三端和四端元件等。此外，电路元件还可以分为有源元件和无源元件、线性元件和非线性元件、时不变元件和时变元件等。

电路分析中，二端元件主要有理想电阻元件、理想电容元件、理想电感元件、理想电压源和理想电流源。本节介绍二端线性电阻元件，其他元件将在后续的相关章节中陆续讲述。为了方便，后文将省略"理想"二字，未加特殊说明，一切元件均指理想电路元件。

1.4.1　节前思考

引入"电导"概念的目的是什么？

1.4.2　知识点

1. 线性电阻和电导

电阻元件是电路中应用最广的无源二端元件，许多实际的电路元件如电阻器、电热器、灯泡等在一定条件下均可以用二端线性电阻元件来表示（本节以后将二端线性电阻元件简称为电阻元件）。电阻元件的电磁性质是消耗电能，把电能转化成热能。

电阻元件的精确定义是：元件端子间的电压和电流取关联参考方向下，在任何时刻它两端的电压和电流关系服从欧姆定律，即有

$$u=Ri \tag{1-4}$$

式中，R 称为电阻，是一个正常数。当电压的单位为 V，电流的单位为 A 时，电阻 R 的单位是 Ω（欧姆，简称欧）。

令 $G=\dfrac{1}{R}$，式（1-4）变成

$$i=Gu \tag{1-5}$$

式中，G 称为电阻元件的电导。电导的单位是 S（西门子，简称西）。

电阻 R 和电导 G 是反映电阻元件性能而互为倒数的两个参数。如果说电阻反映一个电阻元件对电流的阻力，那么电导就是一个衡量电阻元件导电能力强弱的参数。

电阻元件的图形符号如图 1-11a 所示。

2. 电阻元件的伏安特性

式（1-4）表示电阻元件的电压和电流关系（Voltage Current Relation，VCR）为线性关系，即电压和电流成正比例，由于电压和电流的单位是 V 和 A，因此电阻元件的这种特性称为伏安特性。在 u-i 平面上是一条通过原点的直线，如

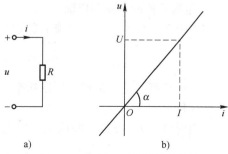

图 1-11　电阻元件及其伏安特性

图 1-11b 所示。直线的斜率 $\tan\alpha$ 与电阻元件的阻值 R 成正比，即有

$$\tan\alpha \propto R = \frac{U}{I}$$

由图 1-11b 可知，直线上每点的电阻等值，为常数，即电阻 R（或 G）是与 u、i 无关的常数。给定电阻元件的电阻值（或电导值）后，其电流和电压便有了确定的关系，所以用它们作为表征元件的性质和作用的参数。

线性电阻元件的伏安特性位于第一、三象限，且关于原点对称，具有双方向性。如果一个线性元件的伏安特性位于第二、四象限，则此元件的电阻值为负值，即 $R<0$，实际上它是一个发出电能的元件，这种元件一般需要专门设计。

当电阻元件的伏安特性不是一条通过原点的直线时，称该电阻元件为非线性电阻元件，其电压电流关系一般可以写为

$$u=f(i) \quad [或 \quad i=h(u)]$$

由于制作材料的电阻率与温度有关，（实际）电阻器通过电流后会因发热使温度发生改变，因此，严格地说，电阻器带有非线性。但是，在一定条件下，许多实际部件如金属膜电阻器、线绕电阻等，它们的伏安特性近似为一条直线，所以用线性电阻元件作为它们的理想模型是合适的。同时在实际电路问题中也会碰到一些元器件，它们的伏安特性严重偏离线性关系，只能用非线性电阻元件来描述，例如，二极管就是一个典型的非线性电阻元件，其图形符号和伏安特性如图 1-12 所示。图中二极管两端电压，若 A 端比 B 端高，伏安特性为正向特性，工作在第一象限；若 A 端比 B 端低，伏安特性为反向特性，工作在第三象限，且对原点不对称，不具有双向性。

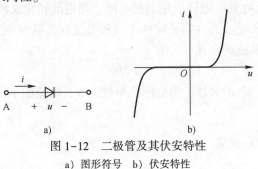

图 1-12　二极管及其伏安特性

a) 图形符号　b) 伏安特性

如果一个电阻元件具有以下的电压电流关系：

$$u(t)=R(t)i(t) \quad [或 \quad i(t)=G(t)u(t)]$$

u 与 i 仍旧是比例关系，但是比例系数 R 随时间变化，则称为时变电阻元件。

3. 电阻元件的功率和电能

当电阻元件的电压 u 和电流 i 取关联参考方向时，电阻元件吸收的功率为

$$p=ui=Ri^2=\frac{u^2}{R}=Gu^2=\frac{i^2}{G} \tag{1-6}$$

式中，R 和 G 都是正实常数，所以功率 p 总是大于或等于零的。故电阻元件是一种无源元件和耗能元件。

电阻元件从 t_0 到 t 的时间内吸收的电能为

$$w=\int_{t_0}^{t} p(\xi)\mathrm{d}\xi = \int_{t_0}^{t} Ri^2(\xi)\mathrm{d}\xi$$

电阻元件把吸收的电能一般转化成热能消耗掉。

电阻吸收了功率后又会怎样呢？从电路学角度考虑，这个问题很简单，电阻吸收的功率变成热量散发了。然而，从电路工程角度看就没有这么简单了。其实，电阻上的电压推动固体内部大量载流子同分子晶格进行碰撞，加剧了分子的随机振动，表现为固体温度的升高，能量以热的方式向周围扩散。假定发热体（电阻元件）与周围环境之间有良好的热传导，电阻产生的热量能顺利、及时地传送出去，电阻的温度就不会升高，电阻体内载流子同分子晶格间的碰撞机会不会增多，宏观的表现就是：电阻值不变，整个电路依然同开始时一样正常工作。但如果发热体与周围环境之间没有足够良好的热传导，热量不能及时、顺利地散出去，那么就会出现热量的积累，造成电阻元件温度的升高，电阻值也将不断增加，整个电路的工作状态与开始时的状态有所不同。

今后，为了叙述方便，将把线性电阻元件简称为电阻，这样，"电阻"这个术语以及它相应的符号 "R"，既用来表示一个电阻元件，也用来表示此元件的参数。

有关"电阻元件"的概念可扫描二维码 1-9~二维码 1-11 进一步学习。

二维码 1-9　　　　　二维码 1-10　　　　　二维码 1-11

1.5　电压源和电流源

一般的电路中都有电源，电源可以在电路中产生电流，为电路提供电能。实际的电源有许多种，如蓄电池、发电机、光电池都是实际电源。在电路理论中，根据电源元件的不同特性可以得到电源的两种电路模型：一种是电压源；另一种是电流源。

1.5.1　节前思考

与电压源串联的内阻 R_s 和与电流源并联的电导 G_s 应该具有怎样的性质（数值大小），才能够使得实际电压源、实际电流源在接线端上的 u-i 特性更像理想电压源 U_s、理想电流源 I_s？

1.5.2　知识点

1. 电压源

在一般情况下能够对外提供按给定规律变化的确定电压的二端电路元件，称为电压源。它的图形符号如图 1-13a 所示。

电压源最显著的特点是，其两端电压 u 完全由 u_s 确定，不随外电路的变化而变化，即

$$u(t) = u_s(t)$$

式中，$u_s(t)$ 为具有确定形式的时间函数，由电压源元件的内部结构决定，而流过电压源的电流的大小由外电路决定。当 $u_s(t)$ 为恒定值，即 $u_s(t) = U_s$ 时，这种电压源称为恒定电压源或直流电压源，可

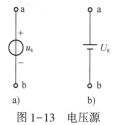

图 1-13　电压源

以用图 1-13b 所示的电池符号表示。其中长横线表示电源的正极，短横线表示电源的负极，电压值用 U_s 表示。如果电压源的电压 $u_s(t)$ 随时间按正弦规律变动，则称为正弦电压源，又叫交流电压源。

图 1-14a 表示电压源接外电路的情况，端子 1、2 间的电压 u 等于 u_s，不受外电路影响，电流 i 会随着外电路的不同而变化。在某一时刻 t_1，其伏安特性为一条平行于电流轴的直线，且端电压值为 $u_s(t_1)$，如图 1-14b 所示。当 $u_s(t)$ 随时间改变时，这条平行于电流轴的直线也将随之上下平行移动其位置。当 $u_s(t)$ 为直流量 U_s，即电压源为直流电压源时，其伏安特性不随时间变化，始终为一条平行于电流轴的直线，端电压值为 U_s，如图 1-14c 所示。

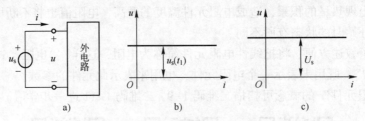

图 1-14　电压源的伏安特性

电压源的电压和通过电压源的电流的参考方向通常取为非关联参考方向，如图 1-14a 所示，代表电压源发出功率，也就是外电路吸收功率，其表达式为

$$p(t)=u_s(t)i(t)$$

通过计算出的 $p(t)$ 的正、负来判断电压源是否确实发出功率。

对理想电压源来说，电流的方向取决于外电路，但无论是流入还是流出，都不会影响它的电压。但对实际稳压源来说，则不能这么认为。即使是可充电电源，它在放电与充电时的端口电压也是不同的。还有些稳压源，根本不可能或不允许处于充电状态。此外，理想电压源是一种抽象的电源模型，它是一种无限能源，可以提供无限电流、电功率和电能，是取之不尽、用之不竭的。同理，它也允许输入无限电流，充进无限电功率和电能，简直是一个"黑洞"。而实际稳压源都有确定的功率容量限制，用额定电流或额定功率来表示它们的容量，使用时不允许超过它们的容量，所以不可能提供无限大功率。这些都是主观定义的理想电压源与客观存在的实际稳压源之间的区别。

在众多的电压源中，有一种特殊的电压源，即 $u_s=0$ 的电压源。它的伏安特性处处为零，即 a、b 两端的电位处处相等，意味着 a、b 两点是短路的。换言之，短路元件可以看成是一个 $u_s=0$ 的理想电压源。表面上看，短路可看成一个 $R=0$ 的电阻元件。但是 $R=0$ 的电阻缺乏电导的定义，无法验证它是否满足欧姆定律。因此短路不应当看成 $R=0$ 的电阻元件，而应当看成 $u_s=0$ 的理想电压源。

有关"电压源"的概念可扫描二维码 1-12、二维码 1-13 进一步学习。

二维码 1-12　　　　二维码 1-13

2. 电流源

在一般情况下能够对外提供按给定规律变化的确定电流的二端电路元件，称为电流源。它的图形符号如图 1-15 所示。

电流源最显著的特点是，流过它的电流 i 完全由 i_s 确定，不随外电路的变化而变化，即

图 1-15　电流源

$$i(t) = i_s(t)$$

式中，$i_s(t)$ 为具有确定形式的时间函数，由电流源元件内部结构决定，而电流源两端的电压大小由外电路决定。当 $i_s(t)$ 为恒定值，即 $i_s(t) = I_s$ 时，这种电流源称为恒定电流源或直流电流源。如果电流源的电流 $i_s(t)$ 随时间按正弦规律变动，则称为正弦电流源，又叫交流电流源。

图 1-16a 表示电流源接外电路的情况，流经电流 i 等于 i_s，不受外电路的影响，而其两端的电压 u 会随着外电路的不同而变化。在某一时刻 t_1，其伏安特性为一条平行于电压轴的直线，且电流值为 $i_s(t_1)$，如图 1-16b 所示。当 $i_s(t)$ 随时间改变时，这条平行于电压轴的直线也将随之左右平行移动其位置。当 $i_s(t)$ 为直流量 I_s，即电流源为直流电流源时，其伏安特性不随时间变化，始终为一条平行于电压轴的直线，电流值为 I_s，如图 1-16c 所示。

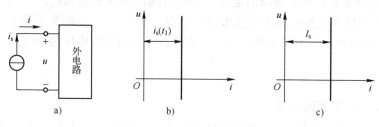

图 1-16　电流源的伏安特性

电流源的电压和通过它的电流的参考方向通常取为非关联参考方向，如图 1-16a 所示，代表电流源发出功率，也就是外电路吸收功率，其表达式为

$$p(t) = u(t)i_s(t)$$

通过计算出的 $p(t)$ 的正、负来判断电流源是否确实发出功率。

电流源两端用短路线连接时，其端电压 $u = 0$，而 $i = i_s$，电流源的电流即为短路电流。

注意，$i_s = 0$ 是一种特殊的电流源。不管电压多大，通过元件的电流总是零，表示这条支路是不通的，a、b 两点间开路。换言之，开路元件可以看成一个 $i_s = 0$ 的理想电流源。过去人们把开路看成阻值无穷大的电阻元件。然而，这不能作为分析计算的依据。因为无限大毕竟不是一个数，人们也从未验证过它是否还遵循欧姆定律。现在有了确切的电阻定义，况且人们对电流源又有较多的认识，发现用 $i_s = 0$ 的电流源来描述开路元件更为恰当。这种描述方法会带来许多好处。比如，短路元件和开路元件的引入不改变电路矩阵，简化了电路计算；此外，电压源和电流源描述短路和开路的方法，客观上为开关元件的描述奠定了基础，为开关电路的分析计算提供了一种可行的方法。

对理想电流源来说，电压的方向取决于外电路，但无论电压与电流的方向相同还是相反，都不会影响它的输出电流。但对实际直流稳流源来说，则不能这么认为。要么电流与电压方向有关，要么根本不允许改变电压的方向，这是由它们的工作原理决定的。此外，理想电流源可

以提供或吸收无限大的功率，而实际直流稳流源都有确定的额定功率限制，使用时不允许超过额定功率，所以不可能提供无限大功率。这些都是理想电流源和实际直流稳流源之间的区别。

实际稳流源在开路时会产生比额定值大得多的电压，会危及电源安全或给操作带来危险，所以实验室的电流源都设计了开路保护电路。即便如此，工作时也不要使其处于开路状态。不用时应将其输出端口短路连接，或者使其处于不工作状态。实践中要养成这种习惯。

常见的实际电源，如发电机、蓄电池一类的电源，工作原理接近于电压源，其电路模型是电压源和电阻的串联组合；像光电池一类的电源，工作时的特性比较接近电流源，其电路模型是电流源和电阻的并联组合。

有关"电流源"的概念可扫描二维码 1-14、二维码 1-15 进一步学习。

二维码 1-14   二维码 1-15

上述电压源的电压 u_s 和电流源的电流 i_s 都是由元件本身的结构所决定的，与外电路无关，是独立的，所以称这类电源为独立电源。冠以"独立"二字是为了和下一节要介绍的"受控"电源，即非独立电源相区别，但为了方便，还是简称为电压源和电流源。

1.5.3　检测

理解电阻、独立电源的特性

试计算图 1-17 中各元件的功率（电阻吸收 2 W、10 W；电压源发出 10 W，电流源发出 2 W）。

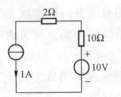

图 1-17　电压源和电流源电路

1.6　受控电源

1.6.1　节前思考

（1）引出"受控源"的目的是什么？与"独立源"的区别是什么？

（2）为什么需要有一个开路端口作为压控型受控源的采样端口，而需要有一个短路端口作为流控型受控源的采样端口呢？

1.6.2　知识点

除独立源之外，在电路中还会经常遇到一些这样的元件，它们有着电源的一些特性，但是它们的电压或电流，又不像独立源那样是确定的时间函数，而是受电路中某部分电压或电流的控制，这一种电源称为受控（电）源，又称"非独立"电源，就本身性质而言，可分为受控电压源和受控电流源。

受控源是由某些电子器件抽象出来的理想化模型，例如，晶体管的集电极电流受基极电流控制，运算放大器的输出电压受输入电压控制，描述这类元件时就需要引入受控源的概念。

受控电压源或受控电流源因控制量是电压或电流的不同可分为电压控制电压源（VCVS）、电流控制电压源（CCVS）、电压控制电流源（VCCS）和电流控制电流源（CCCS），它们的图形符号如图 1-18 所示。为了与独立源相区别，用菱形符号表示其电源部分。

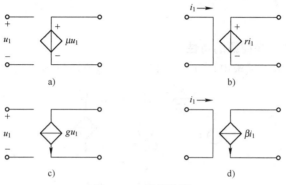

图 1-18　受控电源

图 1-18a 是电压控制电压源（VCVS），控制系数 μ 是受控源电压与控制电压 u_1 的比值，又称为电压比或电压放大倍数，没有单位。

图 1-18b 是电流控制电压源（CCVS），控制系数 r 是受控源电压与控制电流 i_1 的比值，又称为转移电阻，单位为 Ω。

图 1-18c 是电压控制电流源（VCCS），控制系数 g 是受控源电流与控制电压 u_1 的比值，又称为转移电导，单位为 S。

图 1-18d 是电流控制电流源（CCCS），控制系数 β 是受控源电流与控制电流 i_1 的比值，又称为电流比或电流放大倍数，没有单位。

当受控源的控制系数 μ、r、g 或 β 为常数时，称为线性受控源。本书如无特殊说明，将省略其"线性"二字而直接称之为受控源。

在图 1-18 中把受控源表示成具有 4 个端子的电路模型，其中受控电压源或受控电流源具有一对端子，另一对端子则引入控制量，它不是开路就是短路，分别对应于控制量是开路电压或短路电流。但通常情况下，在含有受控源的电路中，其控制量所在的端子不一定要专门画出，一般只需在受控源的菱形符号旁注明其受控关系，同时在控制量所在的位置加以明确标注就可以了。

独立源是电路中的"输入"，它反映外界对电路的作用，电路中电压和电流均由独立源的"激励"作用而产生。而受控源则不同，它反映了电路中某处的电压或电流受另一处电压或电流控制的现象，或表示一处的电路变量与另一处电路变量之间的一种耦合关系，它在电路中并不能单独起激励的作用，不能脱离控制量而独立存在。

作为一种电源元件，受控源的电源部分除其源电压或源电流受控制量控制之外，其他性质与独立源没有什么区别，所以在分析含有受控源的电路时，可以把受控源参照独立源处理，但必须注意前者的电压或电流是取决于控制量的。

有关"受控电源"的概念可以扫描二维码1-16~二维码1-18进一步学习。

二维码1-16　　　　　二维码1-17　　　　　二维码1-18

1.6.3　检测

理解电阻、独立源、受控源的特性

电路如图1-19所示，试求电压u_{bc}（-47 V）及电流源发出的功率（65 W）。

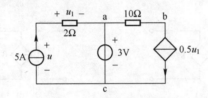

图1-19　受控电源电路

1.7　基尔霍夫定律

1.7.1　节前思考

（1）为什么独立电压源不能短路？

（2）为什么独立电流源不能开路？

1.7.2　知识点

1. 节点、支路和回路

集总电路由集总参数相互连接而成，各元件的电压和电流受到两个方面的约束：一是元件本身的特性所形成的元件约束，即元件特有的伏安关系（VCR），如电阻元件的电压和电流必须满足$u=Ri$的关系；二是元件相互之间的连接所构成的约束，也称为"拓扑"，基尔霍夫定律就反映了这方面的约束关系。

基尔霍夫定律是集总参数电路的最基本定律，是分析各种电路问题的基础，它包括基尔霍夫电压定律和基尔霍夫电流定律。在介绍基尔霍夫定律之前，先介绍节点、支路和回路的概念。这里，暂时把每一个二端元件设为一条支路，把支路与支路的连接点称为节点，这样每一个二端元件是连接于两个节点之间的一条支路。由连续支路构成的闭合路径称为回路。

例如，图1-20是由7个元件相互连接而成的电路，7个元件就是7条支路，连接点①、②、③、④、⑤为5个节点，支路集合（1，2，3，4）构成一个回路，图中的回路还有很多，如支路集合（1，5，6）、（2，6，7）、（1，2，7，5）等都能构成回路。

更多的时候，为了分析方便，支路和节点有不同的定义。由一个或一个以上元件串接成的分支称为支路，而三条或三条以上支路的连接点称为节点。在这种定义下，图 1-20 所示的电路结构就有 6 条支路、4 个节点，如图 1-21 所示。

有关"节点、支路和回路"的概念可以扫描二维码 1-19 进一步学习。

二维码 1-19

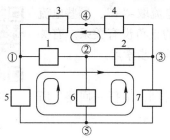 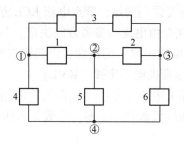

图 1-20 节点、支路和回路示意图　　　图 1-21 新定义下的节点和支路示意图

2. 基尔霍夫电流定律（KCL）

基尔霍夫电流定律指出：在集总电路中，任何时刻，对任一节点，所有流出节点的支路电流的代数和为零。用数学形式表示为

$$\sum i = 0$$

上式中的求和是对连接于该节点的所有支路电流进行的。若规定流出节点的电流前取"+"号，那么流入节点的电流前就取负号（也可以做相反的规定），而电流是流出还是流入节点，均根据电流的参考方向判定。

例如，图 1-22 所示的电路，各支路电流的参考方向已经设定，对节点②应用 KCL，可得

$$-i_2 - i_4 + i_5 = 0$$

上式可以改写成

$$i_5 = i_2 + i_4$$

此式表明，流出节点②的支路电流之和等于流入该节点的支路电流之和。所以，KCL 也可以理解为，任何时刻，流出任一节点的支路电流之和恒等于流入该节点的支路电流之和。即有

$$\sum i_{出} = \sum i_{入}$$

KCL 通常应用于节点，但对于包围几个节点的闭合面（也称广义节点）也是适用的。对图 1-22 所示电路中的点画线圈所示，在这个闭合面 S 中有 3 个节点，即节点①、②、③，对这 3 个节点列写 KCL 方程

$$\begin{cases} -i_1 + i_4 - i_6 = 0 \\ -i_2 - i_4 + i_5 = 0 \\ -i_3 - i_5 + i_6 = 0 \end{cases}$$

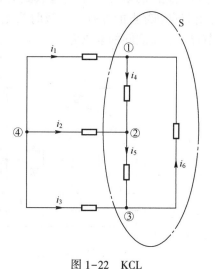

图 1-22 KCL

把以上三式相加，得

$$-i_1 - i_2 - i_3 = 0$$

上式即为对闭合面 S 应用 KCL 的结论，i_1、i_2 和 i_3 均流入该闭合面，流入该闭合面的电流代数和为零。

上式说明，穿过一个闭合面的各支路电流的代数和总是等于零，也可以说，流出某闭合面的支路电流之和恒等于流入该闭合面的支路电流之和。

KCL 反映了电流的连续性，是电荷守恒的体现。

这里需要强调的是，节点电流 KCL 方程中哪些电流取 "+"，哪些电流取 "−"，完全由电流的参考方向决定，与电流本身的正负没有关系。有关 "基尔霍夫电流定律" 的概念可以扫描二维码 1-20 进一步学习。

二维码 1-20

3. 基尔霍夫电压定律（KVL）

基尔霍夫电压定律指出：在集总电路中，任何时刻，沿任一回路，所有支路电压的代数和等于零。用数学表达式表示为

$$\sum u = 0$$

上式求和是对一回路中的所有支路进行的。在取和之前需要任意指定一个回路的绕行方向，凡支路电压的参考方向与回路的绕行方向一致者，该电压前取 "+" 号，支路电压的参考方向与回路的绕行方向相反者，前面取 "−" 号。

在图 1-23 所示的电路中，对支路（1，2，3）构成的回路列写 KVL 方程，需要先指定支路电压的参考方向和回路的绕行方向。支路电压分别用 u_1、u_2 和 u_3 表示，它们的参考方向如图 1-23 所示，回路绕行方向用虚线箭头表示。

根据 KVL，对此回路有

$$-u_1 - u_2 + u_3 = 0$$

由上式可得

$$u_3 = u_1 + u_2$$

KVL 通常应用于回路，但对于一段不闭合的电路（或称路径）也经常应用。电路中任意两点之间的电压等于由起点到终点沿某一路径各电压的代数和，电压方向与路径方向（由起点到终点的方向）一致时为正，相反为负。所以，对于如图 1-24 所示的一段电路，节点①、②之间的电压为

$$u_{12} = u_2 - u_{s3} - u_3$$

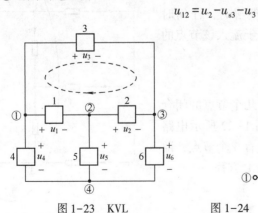

图 1-23　KVL　　　　　　图 1-24　KVL 应用于求两点之间的电压

同样，在图 1-23 中，节点①、③之间的电压为

$$u_{13} = u_3 \text{（沿 3 支路）}$$

或

$$u_{13} = u_1 + u_2 \text{（沿 1、2 支路）}$$

而前面对回路应用 KVL 时有

$$u_3 = u_1 + u_2$$

上式表明，节点①、③之间的电压是单值的，与路径的不同无关。

综上所述可得到如下结论：电路中任意两点之间的电压是确定的，等于由起点到终点沿任一路径各电压的代数和，与计算路径无关。所以，在需要计算电路中某两点之间的电压时，便可以选择合适的路径进行。

有关"基尔霍夫电压定律"的概念可扫描二维码 1-21、二维码 1-22 进一步学习。

KCL 描述了电路中各支路电流之间的关系，KVL 则描述了电路中各支路电压之间的关系，这两个定律仅与元件的相互连接有关，而与元件的性质无关。

对一个电路应用 KCL 和 KVL 时，应对各节点和支路进行编号，并指定有关回路的绕行方向，同时指定各支路电流和支路电压的参考方向，一般两者取关联参考方向。

有关例题可扫描二维码 1-23 学习。

二维码 1-21　　　　　二维码 1-22　　　　　二维码 1-23

1.7.3　检测

熟练掌握基尔霍夫定律及其应用

1. 电路如图 1-25 所示，试求电压 u_3（20 V）。

2. 电路如图 1-26 所示，试求电压源和各电流源发出的功率（20 W、6 W、-9 W）。

3. 已知电路如图 1-27 所示，试求电压增益 $\dfrac{u_2}{u_1}$（21）

和功率增益 $\dfrac{P_2}{P_1}$（20.58），其中 P_1 是独立电压源 u_1 发出的功率，P_2 是 1500 Ω 电阻吸收的功率。

图 1-25　基尔霍夫定律应用 1

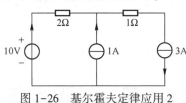

图 1-26　基尔霍夫定律应用 2

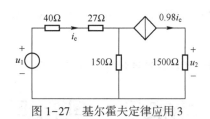

图 1-27　基尔霍夫定律应用 3

习题 1.2

1. 填空题

（1）图 1-28 所示电路中的电阻 $R=$ _____。

（2）试写出图 1-29 所示复合支路电压 u 与电流 i 之间的关系为_____。

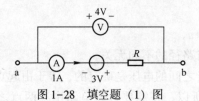

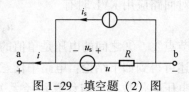

图 1-28 填空题（1）图　　　　　　图 1-29 填空题（2）图

（3）图 1-30 所示电路中的电压 $U_{ab}=$ _____。

（4）已知电路如图 1-31 所示，若 $U=5\,V$，则 N_s 发出的功率为_____；20 V 电压源发出的功率为_____；5 A 电流源发出的功率为_____；电压源与电阻复合支路发出的功率为_____。

（5）如图 1-32 所示某电路的部分电路，$I=$ _____；$U_s=$ _____；$R=$ _____。

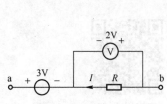

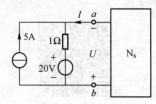

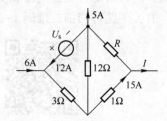

图 1-30 填空题（3）图　　　　图 1-31 填空题（4）图　　　　图 1-32 填空题（5）图

2. 分析计算题

（1）试求图 1-33 所示电路中的电压 u。

（2）试用 KCL、KVL 求解图 1-34 所示电路中的电流 i。

（3）电路如图 1-35 所示，已知 $U=2V$，试求电流 I 及电阻 R。

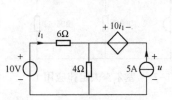

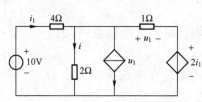

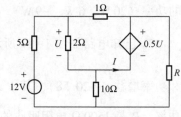

图 1-33 分析计算题（1）图　　　图 1-34 分析计算题（2）图　　　图 1-35 分析计算题（3）图

例题精讲 1-1　　　　例题精讲 1-2　　　　例题精讲 1-3　　　　例题精讲 1-4

第2章　电阻电路的等效变换

等效变换是电路理论中的重要概念，是电路分析中常用的分析方法。本章重点讲述电阻电路的等效变换的概念与方法，包括简单电阻电路的等效变换，如电阻的串、并联；电阻星形联结和三角形联结的等效变换；电源的等效变换。

2.1　简单电阻电路的等效变换

2.1.1　节前思考

(1) 等效变换的目的是什么？
(2) 何为等效变换？为什么称"对外等效"？
(3) 什么是串联？串联电阻的分压是怎么计算的？
(4) 什么是并联？并联电阻的分流是怎么计算的？

2.1.2　知识点

1. 电路的等效变换

图 2-1 所示二端电路的一个端子流入的电流，等于从另一端子流出该电路的电流，因此，这样的一个二端电路称为一端口电路。一端口电路的两端子之间的电压 $u(t)$ 称为端口电压，流经端子的电流 $i(t)$ 称为端口电流。对于一端口电路，如果只关心它的端口电压和端口电流以及它对与之相连接的外部电路的作用，那么可将一端口电路的内部想象为一个"黑盒子"。

所谓两个线性电路等效，是指二者对外电路的作用完全相同，即两个线性电路外加相同电压时，两者获得的电流也是相同的，可以用其中结构简单的电路去代替另一个结构复杂的电路。

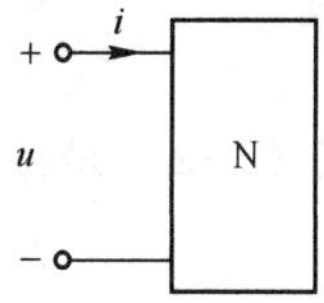

图 2-1　一端口电路

设有图 2-2 所示的两个二端电路 N_1 和 N_2，两个电路的内部可能完全不同，但只要它们端口电压和端口电流之间的关系完全相同，即 $u_1 = u_2$、$i_1 = i_2$，则表明这两个二端电路是等效的。"等效"是指 N_1 和 N_2 两个电路对于外接的任意相同电路 N 的作用效果是相同的，即用二端电路 N_1 替换 N_2 或用 N_2 替换 N_1 后，对外电路 N 的端口电压和端口电流并无影响。

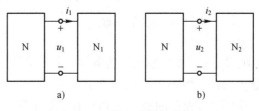

a)　　　　　　　　　b)

图 2-2　二端电路等效的概念

等效是具有传递性的，如果两个二端电路 N_1 和 N_2 等效，而二端电路 N_2 又与 N_3 等效，那么必有二端电路 N_1 和 N_3 等效。因此，对某一复杂的电路可用与之等效的较为简单的电路来代替，这种电路的等效替代也称为电路的等效变换。应用等效变换，可将一个结构较复杂的电路变换成一个结构较简单的电路，使电路的分析得以简化。

等效电路的概念还可以推广到具有三个和三个以上端子的多端电路，因为等效是指两个多端电路对应端子处的电压、电流关系完全相同，也可以说两个电路对任意相同的外部电路的作用效果相同。

二维码2-1

有关"等效"的概念可以扫描二维码2-1进一步学习。

2. 电阻的串联

串联是电路元件常见的一种连接方式。各电路元件依次首尾相连，连成一串，流过每个电阻的电流为同一电流，称为串联。如图2-3a所示电路的点画方框部分由两个电阻 R_1、R_2 串联组成的电路。图2-3b的点画方框部分只含有一个电阻 R_{eq}。对图2-3a所示电路来说，由于各元件电流 i 相同，根据KVL可写出其外特性方程为

$$u=u_1+u_2=R_1i+R_2i$$

对图2-3a所示电路来说，其外特性方程为

$$u=R_{eq}i$$

若上述两个电路的外特性相同，即两者等效，则图2-3a所示电路的串联等效电阻为

$$R_{eq}=\frac{u}{i}=R_1+R_2 \tag{2-1}$$

由式（2-1）可知，串联等效电阻 R_{eq} 值大于任一个串联电阻值。

电阻串联时，电阻上的电压分别为

$$u_1=\frac{R_1}{R_{eq}}u=\frac{R_1}{R_1+R_2}u,\ u_2=\frac{R_2}{R_{eq}}u=\frac{R_2}{R_1+R_2}u \tag{2-2}$$

式（2-2）是分压公式，表明两个电阻串联后总电压在每个电阻上的电压分配比例。

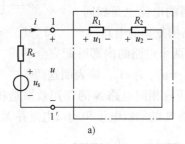
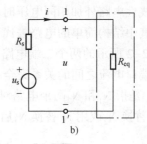

图2-3 电阻的串联及其等效

请读者推导由 n 个电阻 R_1、…、R_n 串联组成的等效电阻及分压公式。

有关"串联"的概念可扫描二维码2-2进一步学习。

在串联电阻电路中，各电阻所吸收的功率之和与其等效电阻在同一电流下所吸收的功率相同。

二维码2-2

3. 电阻的并联

并联也是电路元件常见的一种连接方式。各电路元件首尾两端分别接在一起，连成一排，每个电阻的电压为同一电压，称为并联。图 2-4a 是两个电阻（或电导）并联组成的电路。根据并联连接的定义，各元件上的电压相同，则该电路的外特性方程为

$$i = i_1 + i_2 = G_1 u + G_2 u$$

若图 2-4a 所示电路和图 2-4b 所示电路等效，则它的等效电导为

$$G_{eq} = G_1 + G_2$$

即

$$\frac{1}{R_{eq}} = \frac{1}{R_1} + \frac{1}{R_2} \tag{2-3}$$

电阻并联连接时，电阻有分流作用，电阻通过的电流分别为

$$i_1 = \frac{G_1}{G_{eq}} i = \frac{G_1}{G_1 + G_2} i = \frac{R_2}{R_1 + R_2} i , \quad i_2 = \frac{G_2}{G_{eq}} i = \frac{G_2}{G_1 + G_2} i = \frac{R_1}{R_1 + R_2} i \tag{2-4}$$

式（2-4）是分流公式，它表明两个电阻并联后总电流在每个电阻中的分配比例。电导值小（或电阻值大）的电阻分得电流小，反之分得电流大。

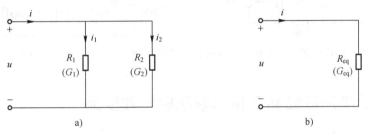

图 2-4　电阻的并联及其等效

请读者推导由 n 个电阻 R_1、$\cdots$、R_n 并联组成的等效电阻及分流公式。

有关"并联"的概念可扫描二维码 2-3 进一步学习。

在并联电阻的电路中，各个电阻所吸收的功率之和与其等效电阻在同样的电压下所吸收的功率相等。

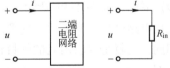

二维码 2-3

4. 输入电阻

在这里介绍以后常用到的二端电路的输入电阻的概念。上面所述的串联电阻电路、并联电阻电路的等效电阻，都是输入电阻，即在它们串联或并联后从它们与外部连接的两端视入的电阻。

一般情况下，一个不含独立源的线性二端电阻网络的输入电阻 R_{in} 定义为该二端网络两端的电压 u（如图 2-5 所示）与流入该网络的电流 i 之比，即

图 2-5　二端电阻电路的入端电阻

$$R_{in} = \frac{u}{i} \tag{2-5}$$

如果用一个测量电阻的仪表接至一个二端电阻网络两端，此仪表的指示就是该二端网络的输入电阻。容易证明：任一线性二端电阻网络的输入电阻只决定于该网络的结构和它内部各电阻值，而与外加电压或电流无关。

要计算一个给定二端线性电阻网络的输入电阻，可以在该网络的两端加一电压 u，然后求电流 i；或者设有一流入该网络的电流 i，然后求电压 u。由 u 与 i 的比值，就可以求得此二端电阻网络的输入电阻 R_{in}。

有关例题可扫描二维码 2-4 学习。

二维码 2-4

2.1.3　检测

理解等效的意义，掌握获得等效电路的基本原则

1. 试画出计算 i 的图 2-6 所示电路的等效电路，并计算 i（1 A）、电压源提供的功率（60 W）。

熟练掌握电路的串联等效、并联等效

2. 试计算图 2-7 所示电路电流源提供的功率（80 W）。

3. 试计算图 2-8 所示电路电压源提供的功率（40 W）。

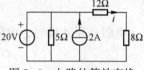

图 2-6　电路的等效变换

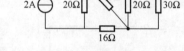

图 2-7　电路的串联等效、并联等效应用 1

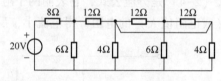

图 2-8　电路的串联等效、并联等效应用 2

2.2　电阻的星形联结和三角形联结的等效变换

2.2.1　节前思考

（1）什么是星形联结和三角形联结的等效变换？

（2）如何用星形联结和三角形联结的等效变换化简非简单串并联电路？

2.2.2　知识点

在电路中有时会碰到有些电路元件之间的连接既非串联，也非并联。如果三个电阻都有一个端子连接在一起构成一个节点，另一个端子则分别与外电路连接，这种连接方式称为星形（或称Y形、T形）联结，如图 2-9a 所示；如果三个电阻的端子分别首尾相连，形成三个节点，再由这三个节点作为输出端与外电路相连，这种连接方式称为三角形（或称△形、π形）联结，如图 2-9b 所示。

在电路分析中常需要将这两种电路进行等效变换。如前所述等效变换是指它们对外的作用相同，也就是要求两者的外特性完全相同。具体来讲，两者端子间电压和电流分别对应相等，即 $u_{12}=u'_{12}$，$u_{23}=u'_{23}$，$u_{31}=u'_{31}$；$i_1=i'_1$，$i_2=i'_2$，$i_3=i'_3$。由此可导出△形联结和Y形联结电阻等效变换的具体条件。

为了简便起见，现分别假设两个电路的同一个端子开路，然后分别计算另两个端子间的等效电阻。由于△形联结与Y形联结电阻互为等效电路，则在两种电路中，同一个端子开路时，得到另两个端子间的等效电阻应该相等。

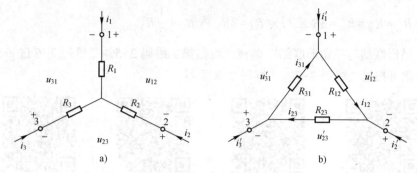

图 2-9　电阻 Y 形与 △ 形联结

当 $i_1=0$ 和 $i_1'=0$ 时，在 Y 形联结电阻电路中，2、3 端子之间的等效电阻等于 △ 形联结电阻电路的 2′、3′ 端子之间的等效电阻，即有

$$R_2+R_3=\frac{(R_{12}+R_{31})R_{23}}{R_{12}+R_{23}+R_{31}} \tag{2-6}$$

同理，当 $i_2=0$ 和 $i_2'=0$ 时，则有

$$R_1+R_3=\frac{(R_{12}+R_{23})R_{31}}{R_{12}+R_{23}+R_{31}} \tag{2-7}$$

当 $i_3=0$ 和 $i_3'=0$ 时，则有

$$R_1+R_2=\frac{(R_{31}+R_{23})R_{12}}{R_{12}+R_{23}+R_{31}} \tag{2-8}$$

从式 (2-6)、式 (2-7)、式 (2-8) 可得

$$\begin{cases} R_1=\dfrac{R_{31}R_{12}}{R_{12}+R_{23}+R_{31}} \\[2mm] R_2=\dfrac{R_{12}R_{23}}{R_{12}+R_{23}+R_{31}} \\[2mm] R_3=\dfrac{R_{23}R_{31}}{R_{12}+R_{23}+R_{31}} \end{cases} \tag{2-9}$$

式 (2-9) 是 △ 形联结的三个电阻等效变换为 Y 形联结三个电阻的公式。

将式 (2-9) 两两相乘后相加，再除以式 (2-9) 的任意一式，即可得到 Y 形联结变换为 △ 形联结等效电阻的公式：

$$\begin{cases} R_{12}=\dfrac{R_1R_2+R_2R_3+R_3R_1}{R_3}=R_1+R_2+\dfrac{R_1R_2}{R_3} \\[2mm] R_{23}=\dfrac{R_1R_2+R_2R_3+R_3R_1}{R_1}=R_2+R_3+\dfrac{R_2R_3}{R_1} \\[2mm] R_{31}=\dfrac{R_1R_2+R_2R_3+R_3R_1}{R_2}=R_3+R_1+\dfrac{R_3R_1}{R_2} \end{cases} \tag{2-10}$$

若 Y 形联结的三个电阻相等，即 $R_1=R_2=R_3=R$，则等效变换为 △ 形联结的三个电阻也相等，其值为 $R_{12}=R_{23}=R_{31}=3R$ 或写为 $R_\Delta=3R_Y$ 或 $R_Y=\dfrac{1}{3}R_\Delta$。

有关"星形联结与三角形联结"的概念可扫描二维码 2-5、二维码 2-6 进一步学习。有关例题可扫描二维码 2-7、二维码 2-8 学习。

二维码 2-5　　　二维码 2-6　　　二维码 2-7　　　二维码 2-8

2.2.3　检测

熟练掌握星形联结与三角形联结等效变换及其应用

试计算图 2-10 所示电路的电流 i（2 A）。

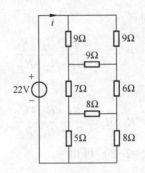

图 2-10　星形联结与三角形联结等效变换应用

习题 2.1

1. 填空题

（1）已知 2S 的电导与 4S 的电导相并联，当并联电路端口电流为 12 A 时，2S 电导的电流为_____ A。

（2）已知三个阻值为 6 Ω 的电阻联结为星形，若要等效变换为三角形联结，则对应三角形联结的各个电阻阻值为_____ Ω。

（3）图 2-11 所示电路中的所有电阻阻值均为 3 Ω，则 ab 间的总电阻为_____ Ω。

（4）图 2-12 所示电路 ab 之间的总电阻为_____ Ω。若端子 a 流入 3A 的电流，则 7 Ω 电阻上的电流值为_____ A。

（5）图 2-13 所示电路 ab 之间的总电阻为_____ Ω。若端子 ab 间添加一个 10 V 理想直流电压源，则流过该电压源的电流值为_____ A。

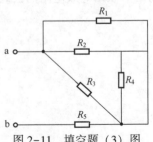

图 2-11　填空题（3）图

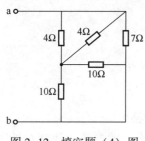
图 2-12　填空题（4）图

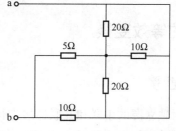
图 2-13　填空题（5）图

（6）图 2-14 所示电路中，电压 $U_{\mathrm{be}}=$ _____ V；电压 $U_{\mathrm{ae}}=$ _____ V。

（7）图 2-15 所示电路中，电流 $I=$ _____ A；电压 $U_{\mathrm{fc}}=$ _____ V。

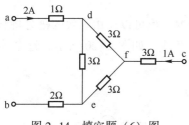
图 2-14　填空题（6）图

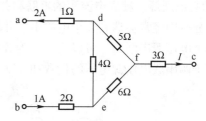
图 2-15　填空题（7）图

2. 分析计算题

（1）试求图 2-16 所示电路中的电流 I。

（2）试求图 2-17 所示电路中的电流 I。

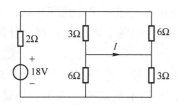
图 2-16　分析计算题（1）图

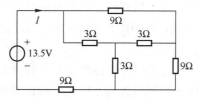
图 2-17　分析计算题（2）图

（3）试求图 2-18 所示电路中的电流 I。

（4）试求图 2-19 所示电路中标出的所有支路电流。

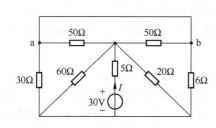
图 2-18　分析计算题（3）图

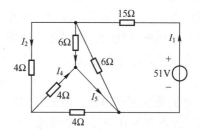
图 2-19　分析计算题（4）图

2.3 电源的等效变换

2.3.1 节前思考

（1）如何对独立源的串联和并联连接进行等效变换？

（2）如何调整实际电压源（设 U_s、R_s 均可以调整）的参数，使其对外表现为实际电流源（I_s 和 G_s）的端口特性？

2.3.2 知识点

1. 独立电压源、独立电流源的串联和并联

电路分析中经常会遇到多个电源串、并联的情况，也可以应用等效的概念将其简化。

当两个电压源串联时，可以用一个等效电压源替代，如图 2-20 所示。这个等效电压源的电压等于两串联电压源电压的代数和，即

$$u_s = u_{s1} + u_{s2} \tag{2-11}$$

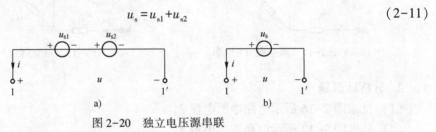

图 2-20   独立电压源串联

独立电压源也可以并联，但只有极性一致且电压相等的电压源才允许并联，否则将违背KVL，其等效电路为其中任一电压源，但是这个并联组合中各个电压源分别向外部提供的电流无法确定。

理想电压源是不可以短路的。从直观来看，电压源短路，电流无限大，会把短路导线烧掉。理想电压源和理想短路元件是一种抽象的电路，它们不怕烧掉，也不会被烧掉。然而，在分析计算该电路时，利用欧姆定律，认为无限大电流乘以 0Ω 电阻等于电压 u_s，这显然是不合适的。无限大不是一个数，不能参与运算。欧姆定律在这种情况下是否成立，还没有验证过，故电压源短路不宜用上述方法解释。之前曾指出，短路元件可以看成电压值为 0 的电压源。电压源短路等价于两个电压源并联，一个电压值为 u_s，另一个电压值为 0，两个电压值不相同的电压源并联是不可以的，因此，电压源短路是不允许的。

当两个电流源并联时，可以用一个等效电流源来代替，如图 2-21 所示。这个电流源的电流等于两个并联电流源电流的代数和，即

$$i_s = i_{s1} + i_{s2} \tag{2-12}$$

独立电流源也可以串联，但只有方向一致且电流相等的电流源才允许串联，否则将违背KCL。其等效电路为其中任一电源，但是这个串联组合中的总电压在各个电流源之间的分配无法确定。

有关"独立电压源、独立电流源的串联和并联"的概念可扫描二维码 2-9、二维码2-10 进一步学习。

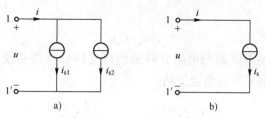

图 2-21　独立电流源并联

二维码 2-9　　　　二维码 2-10

2. 实际电源的两种模型及其等效变换

前面讲述的电源都是理想电源，而实际电路中的电源，其伏安特性与理想电源并不相同。一个实际电源在其内阻不容忽略时，其端电压将随输出电流的增大而下降。在正常工作范围内（其电流不超过额定值，否则会损坏电源），电压和电流关系如图 2-22 所示近似为一条直线。

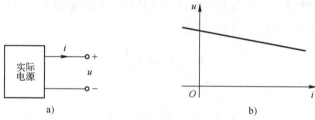

图 2-22　实际电源及其伏安特性

现有一个电压源与一个电阻串联的组合支路，如图 2-23a 所示，按图示给定的电流、电压方向，其外特性方程为

$$u = u_s - R_s i \tag{2-13}$$

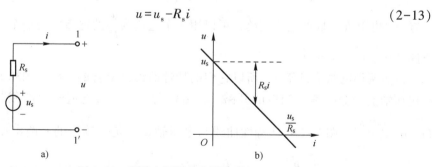

图 2-23　理想电压源与电阻串联

图 2-23b 是电压源与电阻串联的组合支路端电压 u 和电流 i 的特性曲线。此曲线与实际电源的特性曲线基本相同。由此可见，电压源与电阻串联的组合支路可以作为实际电源的一种电路模型。

图 2-24a 是一个电流源与电阻并联的组合支路，按图示给定的电流、电压方向，其外

特性方程为

$$i=i_s-G_s u \tag{2-14}$$

图 2-24b 表示某时刻电流源与电阻并联的组合支路外特性曲线。可见，实际电源的另一种模型是电流源与电阻并联的组合支路。

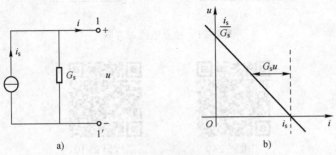

图 2-24 理想电电流源与电阻并联

电源的两种模型中，不论是电压源串电阻的组合形式，还是电流源并电阻的组合形式，均含有电阻，称这种电源为有伴电源，或分别称为有伴电压源和有伴电流源。

有关"实际电源的两种模型"的概念可扫描二维码 2-11 进一步学习。

所以，实际电源就有两种不同结构的电路模型。用两种模型来表示同一个实际电源，这两种模型应互为等效电路，即外特性方程应相等。因此，比较式（2-13）和式（2-14），可以得到

二维码 2-11

$$i_s=\frac{u_s}{R_s}, \quad G_s=\frac{1}{R_s} \tag{2-15}$$

或

$$u_s=\frac{i_s}{G_s}=R_s i_s, \quad R_s=\frac{1}{G_s} \tag{2-16}$$

式（2-15）和式（2-16）为两种电路等效变换的条件。在这种条件下，电压源与电阻串联的组合支路和电流源与电阻并联的组合支路可以相互等效变换。例如，已知一个电压源 u_s 与一个电阻 R_s 串联的组合支路，可以用一个电流为 $\frac{u_s}{R_s}$ 的电流源与一个电阻 R_s 并联组合的支路替代，反之也成立。

因为两种电源模型等效，所以它们的特性曲线是重合的。图 2-23b 所示的外特性曲线在电压轴上的截距是一端口的开路（$i=0$）电压 u_s，在电流轴上的截距是一端口的短路（$u=0$）电流 $\frac{u_s}{R_s}$。图 2-24b 外特性曲线与电压轴交点是一端口的开路电压 $\frac{i_s}{G_s}=R_s i_s$，曲线与电流轴交点为 i_s，即得 $\frac{u_s}{R_s}=i_s$，$u_s=\frac{i_s}{G_s}=R_s i_s$。对任意有独立源的二端电路，只要算出（或测得）它的开路电压或短路电流，就可以得到如图 2-23a 和图 2-24a 电路中的任意一种等效电路。

这两种电源模型的等效变换，是指实际电源 1-1′ 端子以外的电路在变换前后，电流、电压不变，而对 1-1′ 端子以内的电路不等效。若 1-1′ 端开路，两种电源电路对外均不发出

功率；对内电路来说，电压源与电阻串联的组合支路中的电压源的功率为零，电流源与电阻并联的组合支路中的电流源发出功率却为 $R_{\mathrm{s}} i_{\mathrm{s}}^2$，显然两种电源模型的内电路不等效。有关"实际电源的等效变换"的内容可扫描二维码 2-12 进一步学习。

有关例题可扫描二维码 2-13~二维码 2-15 学习。

二维码 2-12　　　　二维码 2-13　　　　二维码 2-14　　　　二维码 2-15

2.3.3　检测

熟练掌握电源变换及其应用

1. 通过电源变换，试计算图 2-25 所示电路的电压 u（6 V）。
2. 通过电源变换，试计算图 2-26 所示电路的电流 i（9.6 A）。
3. 通过电源变换，试计算图 2-27 所示电路的输入电阻 R_{in}（4.6 Ω）。

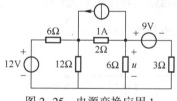　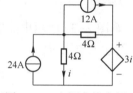　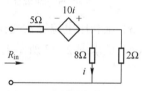

图 2-25　电源变换应用 1　　　图 2-26　电源变换应用 2　　　图 2-27　电源变换应用 3

习题 2.2

1. 简化电路题

利用电源等效变换，试将图 2-28~图 2-33 的电路等效为最简单的形式。

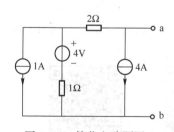　　　　　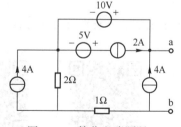

图 2-28　简化电路题图 1　　　　图 2-29　简化电路题图 2

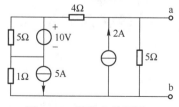　　　　　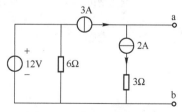

图 2-30　简化电路题图 3　　　　图 2-31　简化电路题图 4

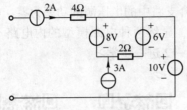

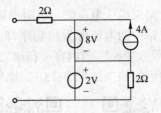

图 2-32　简化电路题图 5　　　　　图 2-33　简化电路题图 6

2. 分析计算题

（1）试利用电源等效变换，求图 2-34 所示电路中的电流 I。

（2）试利用电源等效变换，求图 2-35 所示电路的 I、U 及 X 吸收的功率 P。

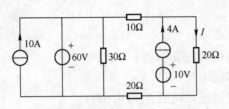

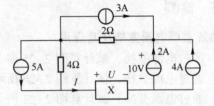

图 2-34　分析计算题（1）图　　　　图 2-35　分析计算题（2）图

（3）试利用电源等效变换，计算图 2-36 所示电路中的电压 U。

（4）试求图 2-37 所示电路中的输入电阻 R_{in}。

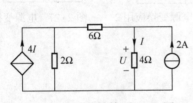

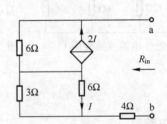

图 2-36　分析计算题（3）图　　　　图 2-37　分析计算题（4）图

例题精讲 2-1　　　　　例题精讲 2-2　　　　　例题精讲 2-3

第3章 电阻电路的分析方法

所谓电阻电路，是指仅包含有电阻、独立源和受控源的电路。若电阻电路中含有非线性元件，则称为非线性电阻电路；若电阻电路中不含有任何非线性元件，则称为线性电阻电路。对于结构较为简单的电阻电路，可以利用等效变换的方法进行简化后分析。但这种方法改变了电路的结构，对于结构较为复杂的电路来说不太适用。因此，必须研究在不改变电路结构的情况下进行电路分析的方法。电阻电路的方程由两类约束构成：一类是由电路的网络拓扑结构所决定的约束方程，即 KCL 和 KVL 方程；另一类是由电路中具体元件所要满足的伏安约束方程，即 VCR 方程。其中，第一类约束方程（KCL 和 KVL）是代数方程，而在第二类约束方程（VCR）中，线性电阻元件的 VCR 是线性代数方程，非线性电阻元件的 VCR 是非线性方程。为了便于讨论和学习，本章主要以线性电阻电路为对象，讨论在不改变电路拓扑结构的前提下建立电路方程的一般方法，其目的是为今后动态电路、正弦交流电路的分析打好基础。

本章的主要内容包括：电路图论的初步概念、电路方程的独立性、支路电流法、回路电流法和节点电压法等。

3.1 电路的图

3.1.1 节前思考

引入图论的意义何在？

3.1.2 知识点

有关欧拉"图论"的概念可以扫描二维码 3-1 学习。

本书中所说的电路的图是一个具有特定意义的数学名词，它不是人们通常所说的图画的概念。图 3-1a、b 是两个结构相同但支路内容不同的电路，也称作电路图，它是由具体的电气元件按照某种方式连接而成的，其中元件或元件的某种组合（例如，由电压源与电阻的串联而构成的组合支路等）可以定义为支路，各支路之间的连接点形成节点。为了反映电路的

二维码 3-1

结构性质，将电路中的每一个元件都用一条线段表示，称为一条拓扑支路，简称为支路；各支路的连接点用黑点表示，称为拓扑节点，简称为节点。这样，就能画出与原电路相对应的用支路与节点组合连接而成的线图，称为电路的拓扑图，简称为图，以符号 G 表示。图 3-1c 即为图 3-1a、b 两电路的图。因此，图 G 可以定义为：一个电路的图 G 是节点和支路的一个集合，每条支路的两端都应该连接到相应节点上。图 G 与电路的区别在于：电路的元素是指具体的元件构成的支路及节点，而图 G 的元素是点和线段，它反映了电路的拓扑性质，与具体元件无关。构成图 G 的支路是代表一个电路元件或者一些电路元件的某

种组合的一条抽象的线段，可以画成直线或曲线。

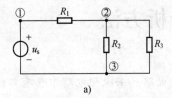 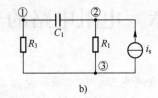 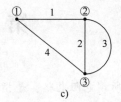

图 3-1　电路和电路的图

在图 G 的定义中，每条支路的两个端子都必须终止在节点上，但节点和支路各自是一个整体，允许有孤立节点的存在。若在图 G 中将一条支路移去，并不意味着将与其相连的节点同时也移去，即该支路两端的节点应该保留；

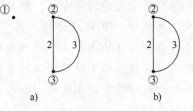

若在图 G 中将一个节点移去，则原来连接在该节点上的支路因为有一个端子无处连接而必须同时移去。在图 3-1c 中，若移去支路 1 和 4，节点①成为孤立节点但应予以保留，如图 3-2a 所示；若移去节点①，支路 1 和 4 也该被同时移去，如图 3-2b 所示。

图 3-2　移去支路与移去节点示意图

图 3-3a 中画出了一个具有 6 个电阻和 2 个独立源的电路。如果假设每一个二端元件构成电路的一条支路，则图 3-3b 就是该电路的图，它包含了 5 个节点和 8 条支路。如果电压源 u_{s1} 和电阻 R_1 的串联组合作为一条支路，则可得到图 3-3c 所示的电路的图，它包含了 4 个节点和 7 条支路。如果同时再将电流源 i_{s5} 和 R_5 的并联组合也作为一条支路，则可得到图 3-3d 所示的电路的图，它包含了 4 个节点和 6 条支路。可见，当采用不同的结构形式定义电路的一条支路时，该电路以及它的图的节点数和支路数将随之而不同。

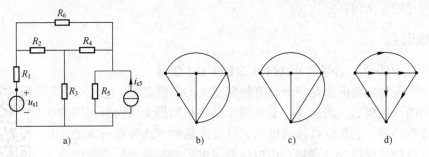

图 3-3　电路及在不同支路定义下得到的图

在进行电路分析时，通常需要指定每条支路中支路电流的参考方向和支路电压的参考方向。习惯上，对于同一条支路来说，支路电流的参考方向往往取与支路电压的参考方向一致，即为关联参考方向。相应地，对于电路的图 G 中的每一条支路也可以指定一个方向，称之为支路的方向。显然，支路的方向即是该支路的支路电流的参考方向。这种每条支路都标注了方向的图称为有向图，如图 3-3d 所示；未标注支路方向的图称为无向图，如图 3-3c 所示。一般地，在利用电路的图进行电路分析时，需要使用有向图并对所有支路和节点进行编号。

为了便于后面的讨论，本节集中说明电路的图常用的几个名词术语。

1）路径。从图 G 的一个节点出发，沿着一些支路连续地移动并到达另一节点所经过的支路的组合，称为图 G 的一条路径。当某条路径的起点与终点为同一个节点时，即由起点出发后最终又回到起点所经过的路径，称为闭合路径。在图 3-4a 中，支路组合（1，2，3）、（1，5，7）等都是节点①与节点④之间的一条路径；而支路组合（1，2，3，4）、（1，5，7，3，6，8）都是闭合路径。

2）连通图。如果图 G 中的任意两个节点之间至少存在一条路径，即从一个节点出发，沿着一些支路总能到达其余所有节点，则称图 G 为连通图，如图 3-4a 即为连通图。如果图 G 具有互不相连的部分，则称为非连通图，如图 3-4b 即为非连通图，在该图中节点①与节点②之间无支路连通。

3）孤立节点。当节点上没有任何支路与之相连时，该节点就成为孤立节点，如图 3-5 所示。

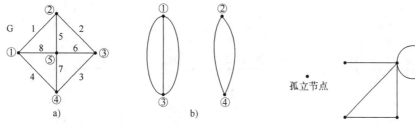

图 3-4　连通图与非连通图　　　　　图 3-5　孤立节点与自环

4）自环。在图论中，一条支路不一定连接在两个节点之间，也可能连接于一个节点，此时就形成了一个自环，如图 3-5 所示。

5）相关（关联）。在图 G 中，每条支路都恰好连接在两个节点上，则称该支路与这两个节点相关或关联。显然，与某条支路相关的节点有且仅有两个，节点与连接到该节点上的所有支路都相关。

6）子图。从图 G 中去掉某些支路和某些节点所形成的图 G_1，称为图 G 的子图。显然子图 G_1 的所有支路和节点都包含在图 G 中。由子图的定义可知，一个图 G 可以有多个子图，如图 3-6 中，图 G_1、G_2 为图 3-4a 的图 G 的子图，图 G_3 不是图 G 的子图。

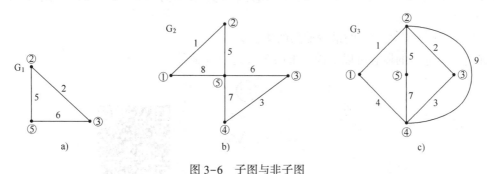

图 3-6　子图与非子图

7）回路。回路 L 是图 G 的一个连通子图，该子图是由图 G 中的支路和节点的集合所构成的闭合路径，且在此子图中，每个节点所关联的支路数都恰好为 2，若从回路子图中移去任意一条支路，该闭合路径都将被破坏。根据回路的定义，对图 3-4a 所示的图 G 来说，支路组合 (2, 5, 6)、(1, 5, 8)、(1, 2, 3, 4) 等都是回路；而支路组合 (1, 5, 6, 3, 7, 8) 因为节点⑤关联的支路数为 4，所以不是回路。图 3-6a、b 分别给出了回路 (2, 5, 6) 和闭合路径 (1, 5, 6, 3, 7, 8)。通常，一个图 G 有多个回路。

8) 树。树是图论中常用到的重要概念。树 T 是连通图 G 的一个连通子图，它包含了图 G 的所有节点，但不包含任何回路。一个连通图可以有多个树。对于如图 3-7a 所示的连通图 G，图 3-7b、c、d 是它的 3 个树，图 3-7e、f 不是该图 G 的树，因为图 e 中包含了回路，而图 f 是非连通的。构成树的支路称为该树的树支，属于图 G 而不属于树 T 的支路称为该图的连支。

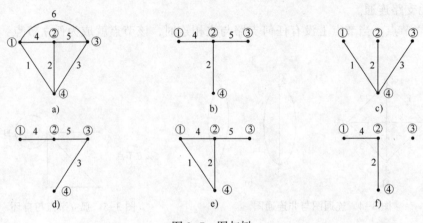

图 3-7 图与树

不同的树有不同的树支，相应的也有不同的连支。如图 3-7b 所示的树，其树支为支路 (2, 4, 5)，此时对应的连支为 (1, 3, 6)；图 3-7c 所示的树，其树支为 (1, 2, 3)，则相应的连支为 (4, 5, 6)。虽然一个连通图 G 可以有多个树，但是这些树的树支数都是相同的。对于一个具有 n 个节点、b 条支路的连通图 G，其任何一个树的树支数一定为 $(n-1)$ 条。这是因为，若把连通图 G 的 n 个节点连接成一个树时，第 1 条支路连接了两个节点，此后每连接一个新节点，只需增加一条新支路，这样把 n 个节点全部连接起来所需要的支路数恰好为 $(n-1)$ 条，如图 3-8 所示。既然树支数总为 $(n-1)$ 条，则连支数应为 $b-(n-1)$ 条。

树是连接所有节点所需的最少支路的集合。

有关"图论"的概念可以扫描二维码 3-2 进一步学习。

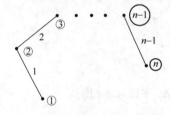

图 3-8 树支数与节点数的关系

二维码 3-2

3.2　KCL 和 KVL 的独立方程数

3.2.1　节前思考

（1）何为独立节点？何为独立回路？

（2）为什么要讨论 KCL 和 KVL 的独立方程数？

3.2.2　知识点

1. KCL 的独立方程数

图 3-9 为某电路的拓扑图 G，对其各节点和支路分别编号并设置了支路的方向，该方向也是支路电流的参考方向，取支路电压与支路电流为关联参考方向，则支路的方向也是支路电压的方向。取背离节点的方向为正方向，分别对 4 个节点列写 KCL 方程，有

$$\begin{cases} 节点①：i_1+i_4+i_6=0 \\ 节点②：i_2-i_4+i_5=0 \\ 节点③：i_3-i_5-i_6=0 \\ 节点④：-i_1-i_2-i_3=0 \end{cases}$$

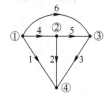

图 3-9　KCL 独立方程

在上述 4 个方程中，每条支路电流均出现了两次，一次前面取正号，一次前面取负号。这是因为每条支路都连接在两个节点之间，支路电流背离（流出）其中一个节点，同时就指向（流入）另一个节点。如果将这 4 个方程相加，必然得到等号两边都为零的结果。这说明这 4 个方程是线性相关的，不是相互独立的。而任意取其中的 3 个方程相加，即可得出剩余的那个方程（相差一个负号）。如果任意去掉其中的一个方程，则剩下的 3 个方程是相互独立的。

因此，对于有 4 个节点的电路，只能列写 3 个独立的 KCL 方程。这个结论对于具有 n 个节点的电路是同样适用的。可以证明，对于具有 n 个节点的电路，独立的 KCL 方程数是 $(n-1)$ 个。与这些独立方程相对应的节点称为独立节点，剩下的那一个节点称为非独立节点或参考节点。参考节点可以任意指定，对参考节点一般不再列写其 KCL 方程。

有关"KCL 的独立方程数"的概念可以扫描二维码 3-3 进一步学习。　　二维码 3-3

2. KVL 的独立方程数

因为 KVL 方程是与回路相对应的，讨论 KVL 的独立方程数，其实质是要寻找一组相互独立的回路。在这样的独立回路组中，每个回路中有一条支路是其他回路所没有的。但一个电路的回路往往较多，如何确定它的一组独立回路有时并不容易。这时可以利用"树"的概念来寻找一个图的独立回路组，从而得到独立的 KVL 方程组。

由"树"的概念可知，连通图 G 的一个树 T 中不包含任何回路，而所有的节点又全部被树支相连。可见对于任意一个树来说，每向这个树加进一条连支，便形成了一个特殊的回路，这个回路中除了所加进的这条连支外，其余支路全是树支，这种回路称为单连支回路。显然，一个图 G 中有多少条连支，就有多少个单连支回路，从而构成了单连支回路组，称为基本回路。由于每一个单连支回路中的连支只有一个，且这一连支不出现在其他单连支回

路中，因此，这组单连支回路必然是独立的，其所对应的 KVL 方程也必然是相互独立的。独立的回路数应该等于连支数。对于一个具有 n 个节点、b 条支路的连通图 G，它的独立回路数 l 应为

$$l = b - (n-1) = b - n + 1 \qquad (3\text{-}1)$$

对于图 3-10a 所示的连通图 G，若选择支路（1，2，3）组成一个树，则支路（4，5，6）为连支。如图 3-10b 所示，其中实线表示树支，虚线表示连支。将连支 4 加到树上构成一个单连支回路 L_1（1，2，4），如图 3-10c 所示；将连支 5 加到树上构成单连支回路 L_2（2，3，5），如图 3-10d 所示；将连支 6 加到树上构成单连支回路 L_3（1，3，6），如图 3-10e 所示。则回路 L_1、L_2、L_3 就是图 G 的一个独立回路组。显然，不同的树所对应的独立回路组也不同，而一个连通图的树不是唯一的，因此独立回路组也不是唯一的。对图 3-10a 所示的连通图 G，若选择支路（2，4，5）组成一个树，则对应的单连支回路组为（1，2，4）、（2，3，5）和（4，5，6）。

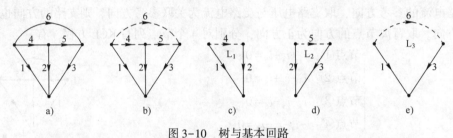

图 3-10　树与基本回路

有关"KVL 的独立方程数"的概念可扫描二维码 3-4、二维码 3-5 进一步学习。

二维码 3-4　　　　　二维码 3-5

3. 平面电路与非平面电路

如果把一个电路的图画在平面上，能使它的各条支路除连接的节点外不再交叉，这样的图就称为平面图，否则称为非平面图。考虑图 3-11a、图 3-11b 所示的两个电路，它们的图是否是平面图呢？

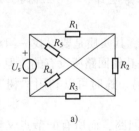　　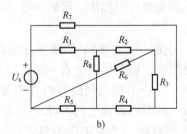　　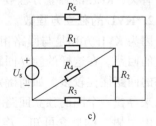

图 3-11　平面图与非平面图

将图 3-11a 变形为图 3-11c，可知该图应为平面图；而对图 3-11b 所示的电路，无论经过怎样的变形，画在平面上总会出现支路的交叉，因此是非平面图。对于一个平面图可以引入网孔的概念。所谓网孔指的是平面图中自然的"孔"，它限定的区域内不再有支路，这样

的网孔也称作平面图 G 的内网孔。有时也把平面图 G 最外围的孔称作外网孔，本书中如不加说明，一律指内网孔。对于图 3-10a，显然它是一个平面图，共有 3 个网孔（1，2，4）、（2，3，5）和（4，5，6），这恰好就是选择支路（2，4，5）为树时的单连支回路，因此这 3 个网孔也是一组独立回路，网孔数就是该图的独立回路数 $b-(n-1)$。事实上，网孔总是相互独立的，平面图的网孔数就是独立回路数。

综上，对于一个具有 n 个节点、b 条支路的电路来说，其 KCL 独立方程数等于其独立节点数，为 $(n-1)$ 个；其 KVL 独立方程数等于其独立回路数（连支数）或等于平面图的网孔数，为 $b-(n-1)$ 个。

有关"平面电路与非平面电路"的概念可以扫描二维码 3-6 进一步学习。

二维码 3-6

3.3 支路电流法

3.3.1 节前思考

（1）支路电流法相对于 $2b$ 法有何优点？

（2）有没有所谓的"支路电压法"？方程数是多少？有何优点？

3.3.2 知识点

1. $2b$ 法

对于一个具有 n 个节点、b 条支路的电路，根据 KCL 定律可以列出 $(n-1)$ 个以各支路电流为变量的独立 KCL 方程；根据 KVL 定律可以列出 $(b-n+1)$ 个以各支路电压为变量的独立 KVL 方程。这两组方程共有 b 个，而未知数为 b 条支路的电流和电压，共 $2b$ 个，因此仍需要 b 个独立方程。对 b 条支路，可以根据元件的 VCR 列写出 b 个方程，使方程数总计为 $2b$ 个，与未知变量数相等。因此，可以由这 $2b$ 个方程解出 $2b$ 个支路电压和支路电流。这种方法称为 $2b$ 法。

现在来列写图 3-12a 所示电路的 $2b$ 法方程。

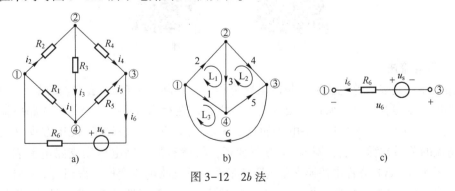

图 3-12　$2b$ 法

设备支路的支路电压与支路电流取关联参考方向，各支路方向如图 3-12a、b 所示。将电压源 u_s 与电阻 R_6 的串联组合作为一条支路，如图 3-12c 所示，则节点数 $n=4$，支路数 $b=6$。对于 4 个节点，可选节点④为参考节点，其他 3 个节点为独立节点，对独立节点列写

KCL 方程（取背离节点的方向为正方向）：

$$\begin{cases} 节点①：i_1+i_2-i_6=0 \\ 节点②：-i_2+i_3+i_4=0 \\ 节点③：-i_4-i_5+i_6=0 \end{cases} \tag{3-2}$$

选取网孔作为一组独立回路，其方向与编号如图 3-12b 所示。对每个回路列写 KVL 方程：

$$\begin{cases} L_1：-u_1+u_2+u_3=0 \\ L_2：-u_3+u_4-u_5=0 \\ L_3：u_1+u_5+u_6=0 \end{cases} \tag{3-3}$$

对每条支路列写 VCR 方程：

$$\begin{cases} u_1=R_1i_1 \\ u_2=R_2i_2 \\ u_3=R_3i_3 \\ u_4=R_4i_4 \\ u_5=R_5i_5 \\ u_6=R_6i_6-u_s \end{cases} \tag{3-4}$$

综合式（3-2）、式（3-3）和式（3-4），便得到所需的 $2b=2\times6=12$ 个独立方程，此即为 $2b$ 法方程。在列写 $2b$ 法方程时，除了可将电压源与电阻的串联组合作为一条支路处理外，有时也将电流源与电阻的并联组合看作一条支路处理。一般地，$2b$ 法方程数和未知数均为 $2b$ 个，数目较多，利用手工求解较为困难，即使电路结构相对简单时也往往较难求解。不过随着计算机技术的飞速发展，利用 MATLAB 等软件可以很方便地求解复杂的矩阵方程，使人们得以从繁重的解题工作中解脱出来，更加关注如何建立电路方程本身。有关"$2b$ 法"的概念可扫描二维码 3-7、二维码 3-8 进一步学习。

二维码 3-7　　　　　二维码 3-8

2. 支路电流法

支路电流法是以支路电流为变量的电路方程，它实际上是在 $2b$ 法方程的基础上得来的。由于支路电流变量为 b 个，所以需要 b 个独立方程。在写出（$n-1$）个关于支路电流的独立 KCL 方程、（$b-n+1$）个关于支路电压的独立 KVL 方程和 b 个支路的 VCR 方程（支路电压与支路电流的关系方程）后，对 VCR 方程变形，将所有的支路电压用支路电流表示，代入（$b-n+1$）个独立 KVL 方程中替换支路电压变量而留下支路电流变量，得到（$b-n+1$）个关于支路电流的独立 KVL 方程，与（$n-1$）个独立 KCL 方程联立构成支路电流方程。以图 3-12a 中的电路为例，将式（3-4）代入式（3-3）并整理，并将除支路电流项以外的各项都移至等式右边，得

$$\begin{cases} -R_1 i_1 + R_2 i_2 + R_3 i_3 = 0 \\ -R_3 i_3 + R_4 i_4 - R_5 i_5 = 0 \\ R_1 i_1 + R_5 i_5 + R_6 i_6 = u_s \end{cases} \tag{3-5}$$

将式（3-5）与式（3-2）联立起来，就组成了以支路电流为变量的支路电流方程。

对式（3-5），可简记为

$$\sum R_k i_k = \sum u_{sk} \tag{3-6}$$

式中，$R_k i_k$ 为回路中支路 k 的电阻 R_k 上的电压，求和时遍及该回路中的所有支路，且该求和运算为代数和，即当 i_k 的参考方向与所在回路绕向一致时，$R_k i_k$ 前取 "+" 号；当 i_k 的参考方向与所在回路绕向相反时，$R_k i_k$ 前取 "−" 号。式（3-6）等号右边为回路中电压源电压的代数和，其中 u_{sk} 为回路中第 k 条支路中的电源电压。对于不含电压源的支路来说，该项为零；对于含有电压源的支路，该项的大小即为电压源电压，且当电压源的电压方向与回路绕向相反时，该项前面取 "+" 号；当电压源的电压方向与回路绕向一致时，该项前面取 "−" 号。电源电压项还应计算电流源引起的电压。当电路中含有由电流源和电阻的并联组合构成的支路时，可将其先等效变换为电压源与电阻的串联组合。由于等效变换时电阻 R_k 保持不变，因此对 $\sum R_k i_k$ 项不产生影响，而变换得到的电压源电压 $R_k i_{sk}$ 按电压源处理即可。由上述分析可以看出，式（3-6）实际是 KVL 的另一种表述形式，即对电阻电路而言，在任意一个回路中，其电阻电压的代数和等于电压源电压的代数和。

支路电流法的关键是 b 个支路电压都能够以支路电流表示，即式（3-4）形式的 VCR 应存在。但当一条支路仅含有电流源而且没有电阻与该电流源并联时，就不能将支路电压用支路电流表示。这种无并联电阻的电流源称为无伴电流源。当电路中存在这类支路时，需要加以处理后才能用支路电流法。

支路电流法解题的一般步骤如下：

1）标定各支路电流、电压的参考方向以及独立回路的绕行方向。

2）根据 KCL 对 (n-1) 个独立节点列写 KCL 方程。

3）根据 KVL 和 VCR 对 (b-n+1) 个独立回路列写形如 $\sum R_k i_k = \sum u_{sk}$ 的 KVL 方程。

4）求解上述方程，得到 b 个支路电流。

5）进行其他分析，如求解支路电压、功率等。

有关 "支路电流法" 的概念及相关例题可以扫描二维码 3-9~二维码 3-11 进一步学习。

二维码 3-9   二维码 3-10   二维码 3-11

3.3.3 检测

掌握支路电流方程的列写

1. 试采用支路电流法写出如图 3-13 所示电路的支路电流方程。

2. 试用支路电流法求图 3-14 所示电路中的各支路电流（$I_1 = -3.75\,\text{A}$，$I_2 = -2.5\,\text{A}$，$I_3 = -1.25\,\text{A}$，$I_4 = 3.75\,\text{A}$，$I_5 = -5\,\text{A}$，$I_6 = -7.5\,\text{A}$）。

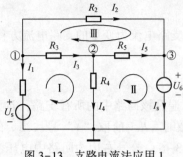

图 3-13　支路电流法应用 1

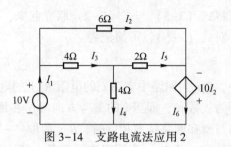

图 3-14　支路电流法应用 2

习题 3.1

1. 填空题

（1）对于具有 n 个节点、b 条支路的平面电路来说，其树支数为 _____ 个，连支数为 _____ 个；其独立回路数为 _____ 个，独立 KVL 方程数为 _____ 个；其网孔数为 _____ 个，独立 KCL 方程数为 _____ 个。

（2）电路的拓扑图如图 3-15 所示，若以 {1、2、3、4} 为树，则基本回路有 _____ 个？它们是 _____、_____、_____、_____、_____。

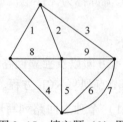

图 3-15　填空题（2）图

2. 分析计算题

（1）试用支路电流法方程求图 3-16 所示电路的各支路电流。

（2）试用支路电流法方程求图 3-17 所示电路的各支路电流。

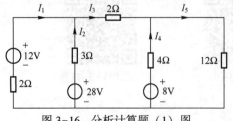

图 3-16　分析计算题（1）图

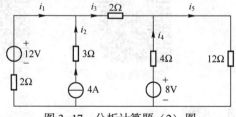

图 3-17　分析计算题（2）图

（3）试用支路电流法方程求图 3-18 所示电路的各支路电流。

（4）试用支路电流法方程求图 3-19 所示电路的各支路电流。

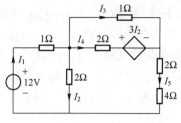

图 3-18 分析计算题（3）图

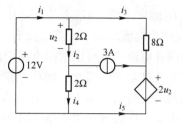

图 3-19 分析计算题（4）图

3.4 回路电流法

3.4.1 节前思考

（1）回路电流、网孔电流、支路电流之间是什么关系？写回路电流方程的时候，对于无伴电流源该如何处理？

（2）列写回路电流方程时，可以看到电路中是否存在受控源，对方程组对应的系数矩阵是有影响的；试从系数矩阵的不相同，再谈受控源对电路有何影响？

3.4.2 知识点

$2b$ 法需要求解 $2b$ 个联立方程，支路电流法需要求解 b 个联立方程。如果电路结构比较复杂，支路较多，上述这两种方法在手工求解时将相当繁杂。能否使方程数目减少而简化手工求解的工作量呢？回路电流法和网孔电流法就是基于这种想法而提出的改进方法。

1. 网孔电流法

欲使方程数目减少，就需要使待解未知量的数目减少，因此应当寻求一组数目少于支路数的待解独立变量。对图 3-20a 所示的平面电路，图 3-20b 是此电路的图。可见该电路共有 3 条支路和 2 个节点，为每条支路指定编号及参考方向，如图 3-20b 所示。下面通过此图说明网孔电流就是满足要求的一组独立而完备的变量。

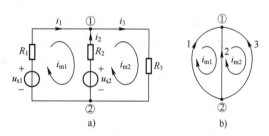

图 3-20 网孔电流法

假想在平面电路的每一个网孔里均有一个电流沿着构成该网孔的各支路做闭合而连续的流动，这些假想的电流称为各网孔的网孔电流（Mesh Current）。由于网孔是一组独立回路，因此网孔电流是独立回路电流。网孔电流的方向可以任意指定为顺时针或逆时针方向，如图 3-20 所示。对两个网孔，假设各自的网孔电流方向为顺时针方向（有时也称为网孔的绕向），分别记为 i_{m1} 和 i_{m2}。网孔电流 i_{m1} 沿支路 1 流到节点①时将不再流入支路 3，而是直接经支路 2 流至节点②；到节点②时也不再向支路 3 分流，而是沿支路 1 流动。同理，网孔电流 i_{m2} 只在构成网孔 2 的支路（2，3）中连续流动而不流入支路 1 中。各支路中因为流过各假想的网孔电流而最终形成实际的支路电流。在图 3-20 中，支路 1 中只流过了网孔电流

i_{m1}，且 i_1 与 i_{m1} 同向，则 $i_1 = i_{m1}$；支路 3 中只流过了网孔电流 i_{m2}，且 $i_3 = i_{m2}$；支路 2 中流过了 i_{m1} 和 i_{m2}，这两个电流形成了支路电流 i_2，比较各自的方向后可得 $i_2 = -i_{m1} + i_{m2}$。这说明，如果知道了各网孔电流，就可以求得电路中任意一条支路的支路电流，进而可以求得电路中任意支路电压及元件功率。因此，网孔电流是一组完备的变量。同时，每个网孔电流在它流进某一节点的同时又流出该节点，因此它自身就满足了 KCL，并且缺少任何一个网孔电流都不足以求解电路，所以网孔电流是一组相互独立的变量。

以网孔电流为未知量列写电路方程进行电路分析的方法，称为网孔电流法，简称为网孔法。由于网孔电流自动满足 KCL，所以在利用网孔电流为未知量列写电路方程时，只需对平面电路的所有网孔列写 KVL 方程即可。可见，对于一个具有 n 个节点、b 条支路的电路来说，网孔电流法的独立方程数就是 KVL 的独立方程数，为 $(b-n+1)$ 个；网孔个数就是独立回路数，也是 $(b-n+1)$ 个。与支路电流法所需的 b 个独立方程及变量相比，数目都减少了 $(n-1)$ 个。

以图 3-20 所示电路为例，可对其两个网孔列写 KVL 方程如下：

$$\begin{cases} 网孔 1：R_1 i_1 - R_2 i_2 + u_{s2} - u_{s1} = 0 \\ 网孔 2：R_2 i_2 + R_3 i_3 - u_{s2} = 0 \end{cases} \tag{3-7}$$

将所有的支路电流都用图中所示的网孔电流表示，则方程变为

$$\begin{cases} R_1 i_{m1} - R_2 (i_{m2} - i_{m1}) + u_{s2} - u_{s1} = 0 \\ R_2 (i_{m2} - i_{m1}) + R_3 i_{m2} - u_{s2} = 0 \end{cases} \tag{3-8}$$

整理式（3-8），使等号左边都是关于网孔电流的项，其他项都移至等号右边，得

$$\begin{cases} (R_1 + R_2) i_{m1} - R_2 i_{m2} = u_{s1} - u_{s2} \\ -R_2 i_{m1} + (R_2 + R_3) i_{m2} = u_{s2} \end{cases} \tag{3-9}$$

式（3-9）即为以网孔电流为求解对象的网孔电流方程。

一般情况下，具有两个网孔的电路，网孔电流方程可记为

$$\begin{cases} R_{11} i_{m1} + R_{12} i_{m2} = u_{s11} \\ R_{21} i_{m1} + R_{22} i_{m2} = u_{s22} \end{cases} \tag{3-10}$$

式中，R_{11} 和 R_{22} 分别称为网孔 1 和网孔 2 的自电阻（简称为自阻），它们分别是网孔 1 和网孔 2 中所有电阻之和。对于图 3-20 所示电路，$R_{11} = R_1 + R_2$，$R_{22} = R_2 + R_3$。自阻总是正的。R_{12} 称为网孔 1 与网孔 2 的互电阻，R_{21} 称为网孔 2 与网孔 1 的互电阻（简称为互阻）。互电阻的大小是网孔 1 与网孔 2 之间公共支路上的总电阻。互电阻可能是正的，也可能是负的。当在网孔 1 与网孔 2 的公共支路上，两个网孔电流 i_{m1} 与 i_{m2} 的参考方向一致时，互阻为正；否则，若公共支路上的两网孔电流方向相反，则互阻为负。如果两个网孔之间没有公共支路，或者虽有公共支路但其电阻为零，则互阻为零。对于图 3-20 所示的电路，$R_{12} = -R_2$，$R_{21} = -R_2$。u_{s11} 和 u_{s22} 分别为网孔 1 和网孔 2 中的所有电压源电压的代数和，当电压源的电压方向与网孔电流的方向一致时（即网孔电流由该电压源的正极性端流入，从负极性端流出），前面取 "-" 号；反之取 "+" 号。对于图 3-23 所示电路，$u_{s11} = u_{s1} - u_{s2}$，$u_{s22} = u_{s2}$。

式（3-10）实质上是 KVL 的体现。方程左边是由网孔电流在各电阻上所产生的电压之和，方程右边是网孔内所有电压源电压的代数和。

对于具有 m 个网孔的平面电路，网孔电流方程的一般形式为

$$\begin{cases} R_{11}i_{m1}+R_{12}i_{m2}+R_{13}i_{m3}+\cdots+R_{1m}i_{mm}=u_{s11} \\ R_{21}i_{m1}+R_{22}i_{m2}+R_{23}i_{m3}+\cdots+R_{2m}i_{mm}=u_{s22} \\ R_{31}i_{m1}+R_{32}i_{m2}+R_{33}i_{m3}+\cdots+R_{3m}i_{mm}=u_{s33} \\ \quad\vdots \\ R_{m1}i_{m1}+R_{m2}i_{m2}+R_{m3}i_{m3}+\cdots+R_{mm}i_{mm}=u_{smm} \end{cases} \tag{3-11}$$

式中，$R_{kk}(k=1,2,\cdots,m)$ 称为网孔 k 的自电阻，它总是正的；$R_{jk}(j\neq k)$ 是网孔 j 与网孔 k 的互电阻，其大小是网孔 j 与网孔 k 的公共支路上的总电阻，其正负需视两个网孔电流 i_{mj} 与 i_{mk} 在公共支路上参考方向是否相同而定，方向相同时为正，方向相反时为负。若网孔 j 与网孔 k 无公共支路或虽然有公共支路但其电阻为零，则互阻 $R_{jk}=0$。显然，若将所有的网孔电流都设为顺时针绕向（或都设为逆时针绕向），则在任意两个相邻网孔的公共支路上，两网孔电流的方向总是相反的，因此互电阻总是负的。当电路中不含受控源时，$R_{jk}=R_{kj}$ 总成立。方程右方的 u_{skk} 是网孔 k 中的电压源电压的代数和，当电压源电压的方向与网孔电流 i_{mk} 的方向一致时，前面取 "−" 号；反之取 "+" 号。

根据以上规则，可对一般电阻电路直接写出网孔电流方程。用网孔电流法分析平面电阻电路的一般步骤如下：

1）选定电路中各个网孔的绕行方向。

2）对每个网孔，以网孔电流为未知量，列写形如式（3-11）所示的 KVL 方程。

3）求解上述方程，得到所有的网孔电流。

4）求各支路电流，并进一步进行其他分析。

当电路中含有电流源与电阻的并联组合时，可将它看作一条支路并用电压源与电阻的串联组合进行等效变换，再按上述方法进行分析。但如果出现无伴电流源支路（即没有电阻与电流源并联），或如果电路中含有受控源，则需要进行一定的处理，这些方法将在回路电流法中进行讨论。

有关"网孔电流法"的概念可扫描二维码 3-12、二维码 3-13 进一步学习。

有关例题可扫描二维码 3-14、二维码 3-15 学习。

二维码 3-12　　　　　二维码 3-13　　　　　二维码 3-14　　　　　二维码 3-15

2. 回路电流法

网孔电流法只适用于平面电路，且由于平面电路给定后其网孔就是固定的，所以当遇到电路中含有复杂一点的支路（如无伴电流源支路）时，处理起来不够灵活。回路电流法是以回路电流为电路变量进行电路分析的一种方法，它不仅适用于平面电路，而且适用于非平面电路。因此回路电流法是一种适用性较强并获得广泛应用的分析方法。

与网孔电流的定义类似，回路电流是一组假想的电流，这组电流仅在构成各自回路的那些支路中连续流动，在图 3-21 中，假如回路由支路组合（2，3，5）构成，则该回路电流仅在支路2、3、5中连续流动而不再经过其他支路。一般情况下选择基本回路作为独立回路，这样，在任何一个连支中将只有一个回路电流流过，因此回路电流就是相应的连支电流。回路电流是一组独立而完备的变量，这是因为回路电流总是在流入一个节点后又从该节点流出，因而回路电流自动满足了KCL；同时若得到了所有的回路电流，则所有的支路电流都能够用回路电流表示，从而可对电路进行进一步分析。以图3-21所示电路的图为例，若选取（1，2，3）为树，则（4，5，6）为连支，所得单连支回路分别为（1，2，4）、（2，3，5）、（1，3，6）。假设各回路中分别有假想的回路电流i_{l1}、i_{l2}、i_{l3}流过，方向如图3-21所示，则有

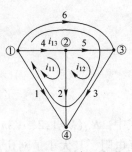

图3-21　回路电流法示意图

$$
\begin{cases}
i_1 = -i_{l1} - i_{l3} \\
i_2 = i_{l1} - i_{l2} \\
i_3 = i_{l2} + i_{l3} \\
i_4 = i_{l1} \\
i_5 = i_{l2} \\
i_6 = i_{l3}
\end{cases}
\tag{3-12}
$$

式（3-12）表明了回路电流的完备性。事实上，若选（2，4，5）为树，则所得的单连支回路组就是该电路的网孔，因此，网孔电流法是回路电流法的特例，回路电流法是网孔电流法的推广。

回路电流方程的列写与网孔电流法方程的列写十分相似。对于一个具有 n 个节点、b 条支路的电路，它的独立回路数为 $l=b-n+1$，它的回路电流方程的一般形式为

$$
\begin{cases}
R_{11}i_{l1} + R_{12}i_{l2} + R_{13}i_{l3} + \cdots + R_{1l}i_{ll} = u_{s11} \\
R_{21}i_{l1} + R_{22}i_{l2} + R_{23}i_{l3} + \cdots + R_{2l}i_{ll} = u_{s22} \\
\quad\quad\vdots \\
R_{l1}i_{l1} + R_{l2}i_{l2} + R_{l3}i_{l3} + \cdots + R_{ll}i_{ll} = u_{sll}
\end{cases}
\tag{3-13}
$$

式中，$R_{kk}(k=1,2,3,\cdots,l)$ 称为回路 k 的自电阻，即构成回路 k 的所有支路的电阻之和，自阻总是正的。$R_{jk}(j \neq k)$ 称为回路 j 与回路 k 的互电阻，互电阻的大小是回路 j 与回路 k 的所有公共支路上的总电阻；互电阻取"+"还是取"-"与两个回路电流 i_{lj}、i_{lk} 在它们公共支路上的参考方向是否相同有关，方向相同则取"+"号，方向相反则取"-"号。

若回路 j 与回路 k 无公共支路或虽然有公共支路但其电阻为零，则互电阻 $R_{jk}=0$。由于回路之间的位置关系较网孔复杂，因此互电阻的正负需要逐项判断，即使所有回路电流都假设为顺时针方向，互电阻也可能出现有正有负的情况。通常，当电路中不含受控源时，$R_{jk}=R_{kj}$。在式（3-13）等号右边的项 u_{skk} 是回路 k 中的电压源电压的代数和，当电压源电压的方向与回路电流 i_{lk} 的方向一致时，前面取"-"号，反之取"+"号。式（3-13）还可以理解为：各回路电流在同一个回路中的各个电阻上所产生的电压代数和等于此回路中所有电源电压的代数和。

如果电路中有电流源和电阻的并联组合，可以先将其等效变换成为电压源和电阻的串联组合后再列写回路电流方程。但是，当电路中存在无伴电流源时，就无法进行等效变换，此

时直接列写回路电流方程就有困难。解决这一问题可采用下述两种方法。

第一种方法是对无伴电流源两端的电压进行假设,并将其作为一个待解变量列入方程等号右侧,当该电压方向与回路绕向一致时,前面取"-"号;当该电压方向与回路绕向相反时,前面取"+"号。每引入一个这样的变量,必须同时增加一个附加方程,该方程是回路电流与无伴电流源电流之间的约束方程。附加方程与回路电流方程联立,使独立方程数等于待解变量数,则可解得各回路电流及无伴电流源两端的电压。

第二种方法是合理地选择一组独立回路,将无伴电流源支路作为连支。这样,选单连支回路作为独立回路,所以,有且仅有一个回路电流通过了无伴电流源支路,若取该回路电流的参考方向与该回路中的无伴电流源的电流方向一致,则该回路电流便等于这个无伴电流源的电流。因此,未知的回路电流减少了一个,从而可以不必写该回路的回路电流(KVL)方程。其余不含无伴电流源的回路应仍按常规方法列写回路电流方程。

若电路含有受控电压源,可先把受控电压源的控制量用回路电流表示,暂时将受控电压源按列回路电流方程的一般方法列于 KVL 方程的右边,然后将用回路电流所表示的受控源电压移至方程的左边即可。若电路中含有受控电流源,可先用回路电流来表示受控电流源的控制量,并将受控电流源按前述方法进行适当处理。最后得到只有回路电流为待求变量的方程组。

用回路电流法分析电路的一般步骤如下:

1)观察电路的特点,看是否含有无伴电流源和受控源。按适当的规则选择一个树并确定一基本回路组,指定各回路电流的参考方向(即回路的绕向)。

2)按式(3-13)列写回路电流方程,注意自阻总是正的,互阻的正负由相关的两个回路电流通过公共电阻时,两者的参考方向是否相同而定。在计算电压源电压的代数和时要注意各个有关电压源电压前面的正负号的取法。对含有无伴电流源的回路应按前述方法列写方程。

3)对含有无伴电流源和受控源的电路,必要时增加相应的附加方程。

4)求解方程,并做其他规定的分析。

5)对于平面电路,可选择使用网孔电流法。

有关"回路电流法"的概念可扫描二维码 3-16 进一步学习。

有关例题可扫描二维码 3-17~二维码 3-19 学习。

二维码 3-16　　　　二维码 3-17　　　　二维码 3-18　　　　二维码 3-19

3.4.3　检测

掌握网孔电流方程、回路电流方程的列写

1. 试列写如图 3-22 所示电路的网孔电流方程。

2. 试用回路电流法求图 3-23 所示电路中的电压 $U(25.14\,\text{V})$。

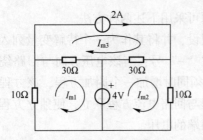 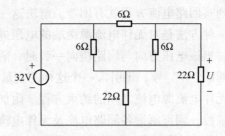

图 3-22 网孔电流法和回路电流法应用 1　　图 3-23 网孔电流法和回路电流法应用 2

3. 试用网孔电流法求图 3-24 所示电路中的网孔电流（$I_{m1}=-6\,A$、$I_{m2}=-8\,A$）及电压 $U(12\,V)$。

4. 试用回路电流法求出图 3-25 所示电路中的 $U_0(0\,V)$。

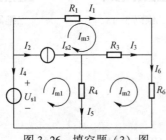 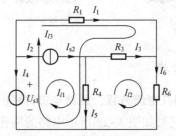

图 3-24 网孔电流法和回路电流法应用 3　　图 3-25 网孔电流法和回路电流法应用 4

习题 3.2

1. 填空题

（1）回路电流法的实质是以＿＿＿＿为变量，直接列写＿＿＿＿方程。

（2）网孔电流法的实质是以＿＿＿＿为变量，直接列写＿＿＿＿方程。

（3）试用网孔电流表示图 3-26 所示电路的各支路电流。

$I_1 = $＿＿＿＿＿＿＿＿＿＿，$I_2 = $＿＿＿＿＿＿＿＿＿＿

$I_3 = $＿＿＿＿＿＿＿＿＿＿，$I_4 = $＿＿＿＿＿＿＿＿＿＿

$I_5 = $＿＿＿＿＿＿＿＿＿＿，$I_6 = $＿＿＿＿＿＿＿＿＿＿

（4）试用回路电流表示图 3-27 所示电路的各支路电流。

$I_1 = $＿＿＿＿＿＿＿＿＿＿，$I_2 = $＿＿＿＿＿＿＿＿＿＿

$I_3 = $＿＿＿＿＿＿＿＿＿＿，$I_4 = $＿＿＿＿＿＿＿＿＿＿

$I_5 = $＿＿＿＿＿＿＿＿＿＿，$I_6 = $＿＿＿＿＿＿＿＿＿＿

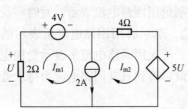

图 3-26 填空题（3）图　　图 3-27 填空题（4）图

2. 分析计算题

（1）试用回路电流法或网孔电流法求图 3-28 所示电路的各支路电流。

（2）试用回路电流法求图 3-29 所示电路的电流 I。

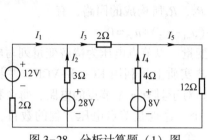

图 3-28 分析计算题（1）图

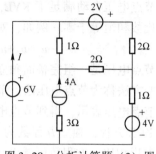

图 3-29 分析计算题（2）图

（3）试用回路电流法求图 3-30 所示电路的电流 I_2。

（4）试用回路电流法求图 3-31 所示电路的电流 I_4。

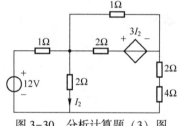

图 3-30 分析计算题（3）图

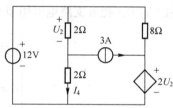

图 3-31 分析计算题（4）图

3.5 节点电压法

3.5.1 节前思考

试比较节点电压法与回路电路法的优缺点。

3.5.2 知识点

回路电流法中的电路变量为回路电流，它自动满足 KCL，从而减少了电路方程的个数。那么，能否找到另一组电路变量，使之自动满足 KVL，从而在列写电路方程时可省去 KVL 方程而达到减少电路方程个数的目的的呢？节点电压法正是基于这一思想而提出来的。

对一个具有 n 个节点和 b 条支路的电路，若选择任一节点为参考节点，则其他（$n-1$）个节点称为独立节点。各独立节点与此参考节点之间的电压称为各独立节点的节点电压，方向为从各独立节点指向参考节点，即节点电压总是以参考节点为负极性端。节点电压通常记作 u_{nk}，k 为独立节点编号，习惯上独立节点的编号由 1 顺次递增至（$n-1$）。

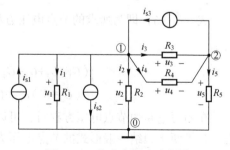

图 3-32 节点电压法示意图

如图 3-32 所示的电路，电路共有 3 个节点，若选取节点⓪为参考节点，节点①、②的节点电压分别用 u_{n1}、u_{n2} 表示，则各个支路电压都可以用节点电压表示出来，即

$$u_1 = u_{n1}, u_2 = u_{n1}, u_3 = u_{n1} - u_{n2}, u_4 = u_{n1} - u_{n2}, u_5 = u_{n2}$$

同时，节点电压自动满足了 KVL，因为沿任一回路的各支路电压，若都以节点电压来表示，则其代数和恒等于零。例如，对于 R_2、R_3、R_5 所构成的回路，有

$$-u_2 + u_3 + u_5 = -u_{n1} + (u_{n1} - u_{n2}) + u_{n2} = 0$$

可见，节点电压是一组完备而独立的电路变量。以节点电压为待解变量列写电路方程进行电路分析的方法称为节点电压法。节点电压法实质上是利用 KCL 和 VCR，并将所有的支路电流都用节点电压表示，得到节点电压方程。对于具有 n 个节点的电路，每个独立节点对应一个独立 KCL 方程，独立方程数为 $(n-1)$ 个，这也是节点电压方程的数目，与支路电流法的 b 个方程相比，方程数可减少 $(b-n+1)$ 个。

对图 3-32 所示电路，对节点①和②分别列写 KCL 方程：

$$\begin{cases} i_1 + i_2 + i_3 + i_4 - i_{s1} + i_{s2} - i_{s3} = 0 \\ -i_3 - i_4 + i_5 + i_{s3} = 0 \end{cases} \tag{3-14}$$

根据元件的 VCR，把各支路电流用节点电压表示为

$$\begin{cases} i_1 = \dfrac{u_1}{R_1} = \dfrac{u_{n1}}{R_1} \\[2mm] i_2 = \dfrac{u_2}{R_2} = \dfrac{u_{n1}}{R_2} \\[2mm] i_3 = \dfrac{u_3}{R_3} = \dfrac{u_{n1} - u_{n2}}{R_3} \\[2mm] i_4 = \dfrac{u_4}{R_4} = \dfrac{u_{n1} - u_{n2}}{R_4} \\[2mm] i_5 = \dfrac{u_5}{R_5} = \dfrac{u_{n2}}{R_5} \end{cases} \tag{3-15}$$

将式（3-15）代入式（3-14）中，并整理得

$$\begin{cases} \left(\dfrac{1}{R_1} + \dfrac{1}{R_2} + \dfrac{1}{R_3} + \dfrac{1}{R_4} \right) u_{n1} - \left(\dfrac{1}{R_3} + \dfrac{1}{R_4} \right) u_{n2} = i_{s1} - i_{s2} + i_{s3} \\[3mm] -\left(\dfrac{1}{R_3} + \dfrac{1}{R_4} \right) u_{n1} + \left(\dfrac{1}{R_3} + \dfrac{1}{R_4} + \dfrac{1}{R_5} \right) u_{n2} = -i_{s3} \end{cases} \tag{3-16}$$

式（3-16）即为所求的节点电压方程。若令 $G_k = \dfrac{1}{R_k}$（$k = 1,2,3,4,5$），则式（3-16）可记为

$$\begin{cases} (G_1 + G_2 + G_3 + G_4) u_{n1} - (G_3 + G_4) u_{n2} = i_{s1} - i_{s2} + i_{s3} \\ -(G_3 + G_4) u_{n1} + (G_3 + G_4 + G_5) u_{n2} = -i_{s3} \end{cases} \tag{3-17}$$

在列写电路的节点电压方程时，可以根据观察法直接按 KCL 写出式（3-17）形式的方程。为了便于归纳一般形式的节点电压方程，令 $G_{11} = G_1 + G_2 + G_3 + G_4$，$G_{22} = G_3 + G_4 + G_5$，将它们分别称为节点①的自导、节点②的自导。自导总是正的，它等于连接到各独立节点上的所

有支路电导之和；令 $G_{12}=G_{21}=-(G_3+G_4)$，为节点①与节点②之间的互导。互导总是负的，其大小等于连接于两节点之间的所有支路电导之和并冠上负号。分别令 $i_{s11}=i_{s1}-i_{s2}+i_{s3}$，$i_{s22}=-i_{s3}$，则 i_{s11}、i_{s22} 分别表示流入节点①、②的电流源电流的代数和，当电流源电流参考方向为指向节点（即所谓流入节点）时，前面取"+"号；当电流源电流参考方向背离节点（即所谓流出节点）时，前面取"–"号。因此，具有两个独立节点的节点电压方程的一般形式为

$$\begin{cases} G_{11}u_{n1}+G_{12}u_{n2}=i_{s11} \\ G_{21}u_{n1}+G_{22}u_{n2}=i_{s22} \end{cases} \tag{3-18}$$

推广到具有（$n-1$）个独立节点的电路，有

$$\begin{cases} G_{11}u_{n1}+G_{12}u_{n2}+G_{13}u_{n3}+\cdots+G_{1(n-1)}u_{n(n-1)}=i_{s11} \\ G_{21}u_{n1}+G_{22}u_{n2}+G_{23}u_{n3}+\cdots+G_{2(n-1)}u_{n(n-1)}=i_{s22} \\ G_{31}u_{n1}+G_{32}u_{n2}+G_{33}u_{n3}+\cdots+G_{3(n-1)}u_{n(n-1)}=i_{s33} \\ \qquad\qquad\qquad\qquad\vdots \\ G_{(n-1)1}u_{n1}+G_{(n-1)2}u_{n2}+G_{(n-1)3}u_{n3}+\cdots+G_{(n-1)(n-1)}u_{n(n-1)}=i_{s(n-1)(n-1)} \end{cases} \tag{3-19}$$

式中，$G_{kk}(k=1,2,3,\cdots,n-1)$ 称为节点 k 的自导，即连接在节点 k 上的所有支路电导之和，自导总是正的。$G_{jk}(j\neq k)$ 称为节点 j 与节点 k 之间的互导，互导总是负的，其大小等于连接在节点 j 与节点 k 之间所有支路电导之和并冠上负号。若节点 j 与节点 k 之间没有支路直接相连或有支路但支路上没有电导，则 $G_{jk}=0$。当电路中不含受控源时，有 $G_{jk}=G_{kj}$。等号右边的 $i_{skk}(k=1,2,3,\cdots,n-1)$ 表示流入节点 k 的电流源电流的代数和，流入取"+"，流出取"–"。

从节点电压方程可以解出节点电压，并据此求出各支路电压。支路电压与节点电压之间的关系可分为两种：一种是支路接在独立节点与参考节点之间，此时支路电压就是节点电压（两者参考方向一致时取正，方向相反则取负）；另一种是支路接在两个独立节点之间，此时支路电压可以表示为这两个独立节点所对应的节点电压之差。支路电压求得后可根据VCR 求得各支路电流，并进行电路其余的分析。

如果电路中含有电压源与电阻的串联支路，在写节点电压方程前可首先将该支路等效变换为电流源与电阻的并联组合，可见在节点电压方程右侧的流入节点的电流源电流代数和这一项中，应包含经电源等效变换而形成的电流源电流。

如果电路中具有某些电压源支路，而这些电压源没有电阻与之串联，这种电压源称为无伴电压源。当无伴电压源作为一条支路连接于两个节点之间时，该支路的电阻为零，即电导等于无穷大，不能使用电源等效的办法，支路电流也不能通过支路电压表示，节点电压方程的列写就遇到了困难。当电路中存在这类支路时，通常可以采取下述两种方法处理。

方法一，将该无伴电压源中流过的电流作为待求变量列入方程。在列写方程时，该变量可以被当作一个待求电流写在等号右边，且流入节点取正，流出节点取负。每引入一个这样的变量，必须同时增加一个节点电压与电压源电压之间的约束方程，把这些约束方程与节点电压方程合并成一组联立方程，其方程数与变量数相同，即可进行求解。

方法二，选择无伴电压源的一端作为参考节点，无伴电压源另一端为独立节点，则该独立节点的节点电压就是已知的电压源电压，对该独立节点可以不列写一般形式的节点电压方程，而以其节点电压与无伴电压源电压的约束方程代替。这种处理方法可以减少未知节点电

压的个数，减少手工求解方程的工作量，特别是对于仅含有一个无伴电压源的电路来说尤为适用。

如果电路中含有受控源，在建立节点电压方程时，先将控制量用节点电压表示。若受控源为受控电流源，按列写节点电压方程的一般方法列写方程，然后把用节点电压表示的受控电流源项移到方程左边整理即可。若受控源为有伴受控电压源，则可将控制量用有关节点电压表示后再等效变换成有伴受控电流源处理；若受控源为无伴受控电压源，则可参照无伴独立电压源的处理方法。

利用节点电压法进行电路分析的一般步骤如下：

1）观察电路的特点，针对不同支路情况合理选择参考节点，其余节点与参考节点之间的电压就是节点电压，参考节点为各节点电压的负极性端。

2）对 $(n-1)$ 个独立节点，以节点电压为未知量，按式（3-19）列写节点电压方程。注意自导总是正的，互导总是负的。在计算电流源电流代数和时要注意各个有关电流源电流项前面正负号的取法，流入节点取正，流出节点取负。

3）当电路中含有无伴电压源或受控源时，还应根据相关规则列写附加方程。

4）求解上述方程得到 $(n-1)$ 个节点电压，进而求得各支路电压及支路电流，并分析电路中的功率情况。

有关"节点电压法"的概念可以扫描二维码3-20~二维码3-22进一步学习。

二维码3-20 　　　　二维码3-21 　　　　二维码3-22

综合比较 $2b$ 法、支路电流法、回路电流法和节点电压法可知：从方程数看，$2b$ 法的方程总数最多，为 $2b$ 个，变量为 b 个支路电流和 b 个支路电压；支路电流法的方程数为 b 个，变量为 b 个支路电流；回路电流法的方程数为 $(b-n+1)$ 个，变量为各回路电流；节点电压方程数为 $(n-1)$ 个，变量为 $(n-1)$ 个节点电压。从方程列写的难易程度看，由于回路电流法依赖于所选取的独立回路组，而对于非平面电路来说，选择一组独立回路相对较为困难，但选择独立节点显得相对容易。另外，回路电流法和节点电压法方程规律性强，非常适合计算机编程计算，特别是节点电压法，由于不存在选取独立回路的困难，因而在计算机网络分析中被广泛选用。

有关例题可扫描二维码3-23~二维码3-25学习。

二维码3-23 　　　　二维码3-24 　　　　二维码3-25

3.5.3　检测

掌握节点电压方程的列写

1. 试列写如图 3-33 所示电路的节点电压方程，并求 4 A 电流源两端的电压 U(1.33 V)。
2. 试用节点电压法求解如图 3-34 所示电路中的电流 I(0.2857 A)。

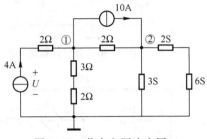
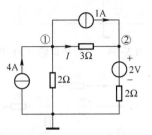

图 3-33　节点电压法应用 1　　　　　图 3-34　节点电压法应用 2

习题 3.3

1. 填空题

（1）节点电压法的实质是以 _____ 为变量，直接列写 _____ 方程。

（2）试用节点电压表示图 3-35 所示电路的各变量。

$$U_{s1} = \underline{\qquad}, U_4 = \underline{\qquad}, U_3 = \underline{\qquad}$$

$$I_4 = \underline{\qquad}, I_5 = \underline{\qquad}, I_6 = \underline{\qquad}$$

2. 分析计算题

（1）试列写图 3-36 所示的电路节点电压方程并解之。

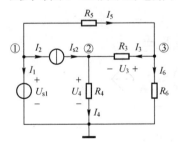
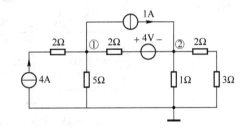

图 3-35　填空题（2）图　　　　　图 3-36　分析计算题（1）图

（2）试列写如图 3-37~图 3-45 所示电路的节点电压方程（不解方程）。

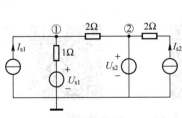
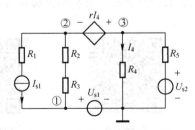

图 3-37　分析计算题（2）图 1　　　　　图 3-38　分析计算题（2）图 2

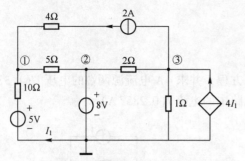

图 3-39　分析计算题（2）图 3

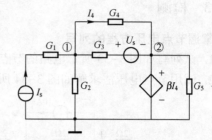

图 3-40　分析计算题（2）图 4

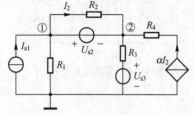

图 3-41　分析计算题（2）图 5

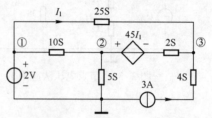

图 3-42　分析计算题（2）图 6

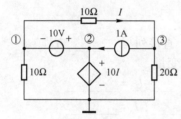

图 3-43　分析计算题（2）图 7

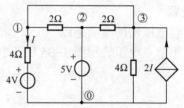

图 3-44　分析计算题（2）图 8

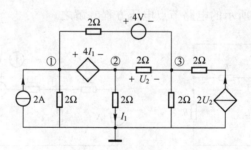

图 3-45　分析计算题（2）图 9

例题精讲 3-1

例题精讲 3-2

例题精讲 3-3

电路（新形态）

第4章 电路定理

利用支路电流法、回路（网孔）电流法、节点电压法进行电路的分析计算，能够求出各自分析方法的全部未知量。但有时并不需要求出整个电路的全部支路电流或支路电压，而是仅需要求出某一条支路的电流或电压，这时用电路分析方法显得笨拙且工作量大，电路定理则为解决这一类问题提供了很好的途径。本章介绍叠加定理、齐次定理、替代定理、戴维南定理、诺顿定理、最大功率传输定理、特勒根定理及互易定理。这些定理能灵活地分析电路，是电路理论的重要组成部分。值得注意的是，尽管本章是以电阻电路为对象来讨论这几个定理，但它们的运用范围并不局限于电阻电路，也可以推广到其他线性电路。

4.1 叠加定理和齐次定理

4.1.1 节前思考

（1）为什么叠加定理只适用于求解线性电路的电压和电流？
（2）线性系统中所有元件是否都应该是线性元件？

4.1.2 知识点

叠加定理是线性电路的一个重要定理，是线性电路重要性质的体现。

图 4-1 所示电路中有两个独立源共同作用于电路。现用节点电压法求电流 I_1、电压 U_{ab}。节点电压方程为

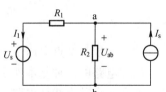

$$\left(\frac{1}{R_1}+\frac{1}{R_2}\right)U_{ab}=\frac{U_s}{R_1}+I_s$$

解得

$$\begin{cases} U_{ab}=\dfrac{R_2}{R_1+R_2}U_s+\dfrac{R_1 R_2}{R_1+R_2}I_s \\[2mm] I_1=\dfrac{U_{ab}-U_s}{R_1}=-\dfrac{1}{R_1+R_2}U_s+\dfrac{R_2}{R_1+R_2}I_s \end{cases} \tag{4-1}$$

图 4-1 叠加定理示例

由式（4-1）可以看出，电流 I_1、电压 U_{ab} 分别由两个分量组成，每一个分量都只与电路中一个激励源成正比。式中的比例系数只取决于电路结构和电路参数，对于线性电路，比例系数都是常数。也可以这样理解，电路中某支路电流（或电压）是各激励源的线性组合。

当电路中只有电压源 U_s 单独作用，电流源 I_s 不作用时，即 $I_s=0$，如图 4-2a 所示，电压 $U_{ab}^{(1)}$、电流 $I_1^{(1)}$ 分别为

$$U_{ab}^{(1)}=\frac{R_2}{R_1+R_2}U_s$$

$$I_1^{(1)} = -\frac{1}{R_1+R_2}U_s$$

它们都是式（4-1）中的第 1 项。

当电路中只有电流源 I_s 单独作用，电压源 U_s 不作用时，即 $U_s=0$，如图 4-2b 所示，电压 $U_{ab}^{(2)}$、电流 $I_1^{(2)}$ 分别为

$$U_{ab}^{(2)} = \frac{R_1R_2}{R_1+R_2}I_s$$

$$I_1^{(2)} = \frac{R_2}{R_1+R_2}I_s$$

它们都是式（4-1）中的第 2 项。

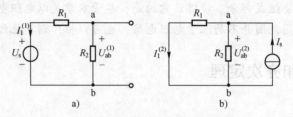

图 4-2 电源单独作用的电路

a）电压源单独作用的电路 b）电流源单独作用的电路

由此可见，对于图 4-1 的电压 U_{ab} 及电流 I_1 可以看成为电压源 U_s 单独作用下（见图 4-2a）和电流源 I_s 单独作用下（见图 4-2b）响应分量的叠加，即

$$U_{ab} = U_{ab}^{(1)} + U_{ab}^{(2)} = \frac{R_2}{R_1+R_2}U_s + \frac{R_1R_2}{R_1+R_2}I_s$$

$$I_1 = I_1^{(1)} + I_1^{(2)} = -\frac{1}{R_1+R_2}U_s + \frac{R_2}{R_1+R_2}I_s$$

这个结果与节点电压法求出的式（4-1）的电压 U_{ab} 及电流 I_1 完全一致。

线性电路的这种基本性质，表现为电路的激励和响应之间具有线性关系。对一个具有 b 条支路和 n 个节点线性电路，可以得到相同的结论，即为叠加定理。

叠加定理：线性电阻电路中，多个独立源共同激励下的响应（任何支路的电压或电流），等于独立源单独（或分组）激励下响应的代数和。

应用叠加定理不仅可以简化线性电路的计算，而且可以证明电路的一些定理。

当电路中含有受控源时，叠加定理仍然适用。但是受控源在电路中不起激励作用，所以在应用叠加定理进行各分电路计算时，将受控源保留在电路中。

使用叠加定理要注意以下几个问题：

1）叠加定理适用于线性电路，不适用于非线性电路。

2）在叠加的各个分电路中，电压源不作用时，相当于电压源所在位置用短路线替代；电流源不作用时，相当于电流源所在位置开路。电路中电阻不能变动，受控源仍保留在各分电路中。

3）叠加时注意各分量的方向，总电压（或电流）是各分量的代数和。

4）功率不能叠加，即电路的功率不等于由各分电路计算的功率之和，因为功率等于电

压电流的乘积，或电压（电流）的二次函数。

叠加定理反映了线性电路的性质。在线性电路中，各个激励所产生的响应分量是互不影响的，一个激励的存在并不会影响另一个激励所引起的响应。若各激励频率不同，当共同作用于一个线性电路时，所得的响应将包含所有各激励源的频率，而不会产生新的频率成分。利用叠加定理分析电路，有助于简化复杂电路的计算。

有关"叠加定理"的概念可以扫描二维码 4-1、二维码 4-2 进一步学习。

有关例题可扫描二维码 4-3 学习。

二维码 4-1

二维码 4-2

二维码 4-3

齐次性是线性电路的另一重要性质，齐次定理描述了线性电路的比例特性。

在线性电路中，当所有激励（独立电压源和独立电流源）同时增大或缩小 K 倍（K 为实常数）时，则电路的响应（电流和电压）也将同样地增大或缩小 K 倍。这就是线性电路的齐次定理。

应用齐次定理时要注意，此定理只适用于线性电路，所谓激励是指独立源，不是受控源。另外，必须当所有激励同时增大或缩小 K 倍时，电路的响应才能增大或缩小同样的 K 倍。显然，当线性电路中只有一个激励时，电路中的任一响应都与激励成正比。

有关"齐次定理"的概念可以扫描二维码 4-4 进一步学习。

叠加定理和齐次定理是线性电路的基本性质，可以用来直接计算电路响应，其基本思想是将具有多个电源的复杂电路转化为具有单个电源的简单电路来分析。但在电路中独立源个数较多时，其使用有时并不方便。

二维码 4-4

4.1.3　检测

熟练掌握叠加定理及其应用

1. 应用叠加定理求解图 4-3 所示电路中的电压 $u(26.4\,\mathrm{V})$ 和电流 $i(-1.8\,\mathrm{A})$。
2. 应用叠加定理求解图 4-4 所示电路中的电流 $I(15\,\mathrm{A})$。

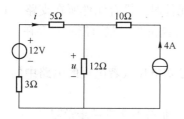
图 4-3　叠加定理应用 1

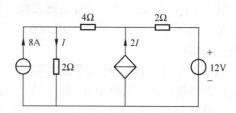
图 4-4　叠加定理应用 2

4.2 替代定理

4.2.1 节前思考

试述"替代"与"等效"的区别。

4.2.2 知识点

替代定理又称为置换定理，是应用范围颇广的定理，它不仅适用于线性电路，也适用于非线性电路。

替代定理可叙述为：在任何一个电路中，若第 k 条支路的电流为 i_k、电压为 u_k，那么这条支路就可以用一个电压等于 u_k 的电压源或电流等于 i_k 的电流源替代，如果替代后的电路有唯一解，则替代后电路中全部电压和电流均保持原值。如图 4-5a 所示的电路，N 表示第 k 条支路以外的电路。第 k 条支路用小方框表示，它可以是电阻、电压源与电阻的串联组合或电流源与电阻的并联组合。图 4-5b 所示的是用电流等于 i_k 的电流源替代第 k 条支路后的新电路，从图 4-5a 和 b 两个图中可以看出，两个电路的 KCL 和 KVL 方程相同。在新电路中第 k 条支路的电流 i_k 没有变动，而且电压又不受本支路约束。因此，原电路的全部电压和电流仍能满足替换后的新电路的全部约束方程。也就是说，原电路的解也是新电路的解。定理指出替换后的新电路的解是唯一的，所以原电路的这组解就是新电路的唯一解。

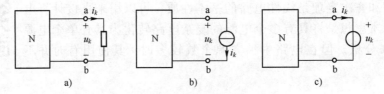

图 4-5 替代定理示意图

如果第 k 条支路用 $u_s = u_k$ 的独立电压源替代，也可做类似证明。

使用替代定理的几点说明如下：

1）替代定理对线性、非线性、时变和时不变电路均适用。

2）当电路中含有受控源、耦合电感之类的耦合元件时，耦合元件所在支路与其控制量所在的支路一般不能应用替代定理。因为在替代后该支路的控制量可能不复存在，从而造成电路分析的困难。

3）替代定理不仅可以用电压源或者电流源替代已知电压或者电流的电路中的某一条支路，而且可以替代已知端口处电压和电流的二端网络。

有关"替代定理"的概念可以扫描二维码 4-5～二维码 4-7 进一步学习。

有关例题可扫描二维码 4-8 学习。

二维码 4-5　　　　　二维码 4-6　　　　　二维码 4-7　　　　　二维码 4-8

4.2.3　检测

理解替代定理及其应用

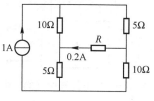

图 4-6　替代定理应用

1. 试应用替代定理求解图 4-6 所示电路的电阻 $R(5\,\Omega)$。

2. 试求出图 3-16、图 3-17 中的电流 $I_2(i_2)$，并用替代定理解释之。

习题 4.1

1. 填空题

（1）某个线性电路包含 3 个独立源、1 个受控电流源和若干个电阻，当利用叠加定理求此电路某一个元件上的电压时，可将此电路最多分解为_____个分电路。

（2）利用叠加定理分别求出分电路中某电阻 $R = 2\,\Omega$ 的分电流（参考方向相同）为 $I^{(1)} = 1\,\text{A}$，$I^{(2)} = 3\,\text{A}$，那么该电阻所消耗的功率为_____W。

2. 分析计算题（请准确画出各个分电路）

（1）试用叠加定理求图 4-7 所示的电路 U、I。

（2）试用叠加定理求图 4-8 所示电路的 I_2、U 及 5 A 电流源发出的功率。

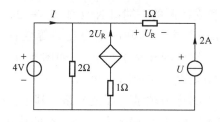

图 4-7　分析计算题（1）图

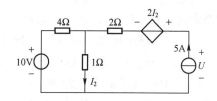

图 4-8　分析计算题（2）图

（3）已知图 4-9 所示电路的 N 为含独立源的线性电阻电路，且当 $U_s = 8\,\text{V}$，$I_s = 0\,\text{A}$ 时，$U = 6\,\text{V}$；当 $U_s = 0\,\text{V}$，$I_s = 2\,\text{A}$ 时，$U = 0\,\text{V}$；当 $U_s = -4\,\text{V}$，$I_s = -1\,\text{A}$ 时，$U = 2\,\text{V}$；试求 $U_s = 4\,\text{V}$，$I_s = 3\,\text{A}$ 时的 U。

（4）电路如图 4-10 所示，改变电阻 R 使：$I = 2\,\text{A}$ 时，$U_1 = 40\,\text{V}$；$I = 4\,\text{A}$ 时，$U_1 = 60\,\text{V}$。求当 $I = 3\,\text{A}$ 时的 U_1。

（5）电路如图 4-11 所示，若改变电流源 I_s 时，电流表的读数始终保持不变，则求图中的 μ 应为多大？此电流表的读数为多大？

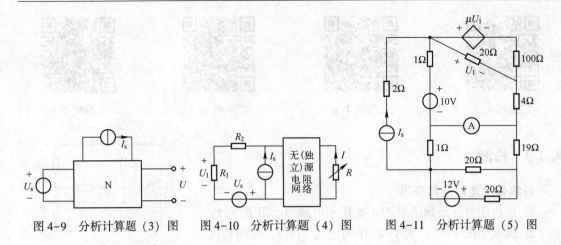

图4-9　分析计算题（3）图　　图4-10　分析计算题（4）图　　图4-11　分析计算题（5）图

4.3　戴维南定理和诺顿定理

4.3.1　节前思考

戴维南等效电路和诺顿等效电路在某种意义下完全是相互等效的，那为什么有了戴维南定理后，还需要诺顿定理呢？

4.3.2　知识点

由第2章所介绍的电路等效变换概念可知，对于一个无源一端口可以用一个等效电阻来置换；对于一个含独立源的一端口，也可以通过等效变换，简化为一个电源与电阻的有源支路。

戴维南定理指出：一个含独立源、线性电阻和受控源的一端口 N_s（如图4-12a所示），对外电路来说，在一般情况下，可以用一个电压源与电阻串联的组合支路等效置换（如图4-12b所示）。该电压源的电压等于这个有源一端口的开路电压 u_{oc}，如图4-12c所示；电阻等于该有源一端口的全部独立源置零后的输入电阻 R_{eq}，如图4-12d所示。

图4-12b中电压源 u_{oc} 与电阻 R_{eq} 串联的组合支路称为戴维南等效电路，其中，u_{oc} 称为戴维南等效电压源，R_{eq} 称为戴维南等效电阻。图4-12d中 N_0 表示为 N_s 中所有的独立源置零后的一端口，也就是把电压源用短路替代、电流源用开路替代后的无源一端口。

此定理可以应用替代定理和叠加定理来证明。

假设一个与外电路连接的有源一端口 N_s，其端口的电压为 u，电流为 i。根据替代定理，将外接电路用一个电流等于 i 的电流源替代，将不改变一端口内部工作状态。如图4-13a所示。

根据叠加定理，图4-13a的端口电压 u 是图4-13b所示的一端口 N_s 内部独立源全部共同作用（电流源置零）时所产生的电压 $u^{(1)}$ 与图4-13c所示电路中电流源单独作用（N_s 内部独立源全部置零）时产生的电压 $u^{(2)}$ 之和，即

$$u = u^{(1)} + u^{(2)} \tag{4-2}$$

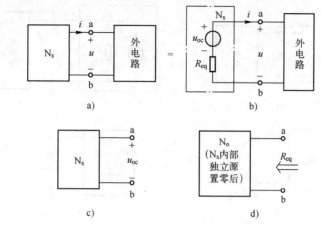

图4-12 戴维南定理

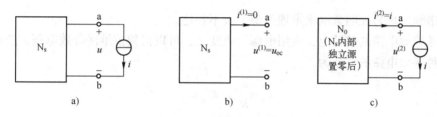

图4-13 戴维南定理的证明

由图4-13b可见，$i^{(1)}=0$，$u^{(1)}$ 就是含源一端口 N_s 中 a、b 开路时的开路电压 u_{oc}；在图4-13c中，N_s 中全部的独立源置零后，无源一端口 N_0 的输入电阻为 R_{eq}，此时，$u^{(2)}=-R_{eq}i$，根据叠加定理，端口 a、b 间的电压为

$$u=u^{(1)}+u^{(2)}=u_{oc}-R_{eq}i \qquad (4-3)$$

故由式（4-3）得一端口的等效电路如图4-12b所示 a、b 左端的电路。

应用戴维南定理时，需要求出含源一端口的开路电压 u_{oc} 和等效电阻 R_{eq}。求开路电压 u_{oc} 可运用前面介绍的各种电路分析方法来计算得到；求等效电阻有下面三种常用的方法：

1）对简单电路（不含受控源的）可以先将独立源置零后，直接应用电阻的串、并联及 Y-△ 变换关系计算等效电阻。

2）将一端口 N_s 内全部独立源置零后，在无源一端口 N_0 的端口处施加一电压源（或电流源），求出此端口处的电流（或电压）。在两者为关联参考方向时，电压与电流的比值为输入电阻，即等于等效电阻 R_{eq}。

3）分别求出含源一端口 N_s 处的开路电压 u_{oc} 和短路电流 i_{sc}，等效电阻 $R_{eq}=\dfrac{u_{oc}}{i_{sc}}$，注意，$u_{oc}$ 与 i_{sc} 对一端口而言，为非关联参考方向。

诺顿定理指出：一个含独立源、线性电阻和受控源的有源一端口电路 N_s（如图4-14a所示），对外部电路来说，在一般情况下，可以用一个电流源与电导（或电阻）并联组合的支路等效替代。电流源的电流等于这个一端口的短路电流，电导（或电阻）等于该一端口的全部独立源置零后的输入电导（或电阻）。此电流源与电阻并联的组合电路称为诺顿等效电路，如图4-14b所示 a、b 左端的电路。

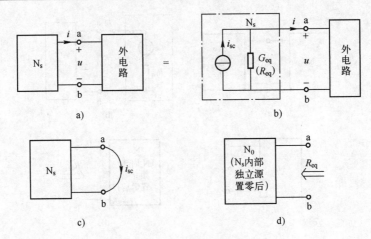

图 4-14　诺顿定理

证明诺顿定理与证明戴维南定理类似，故不赘述。

在诺顿等效电路的基础上，应用电源等效变换，可以得到戴维南等效电路，逆推也是成立的。两种等效电路的关系为

$$i_{sc} = \frac{u_{oc}}{R_{eq}}, \quad G_{eq} = \frac{1}{R_{eq}}$$

戴维南定理和诺顿定理在电路分析中的应用很广泛。从上述分析可以看出，在求解线性有源电路中某一个支路电压或电流及电功率时，这两个定理尤为适用。例如，分析测量仪表在测量过程中引起的误差时要用到这两个定理。

在求含源一端口的戴维南等效电路和诺顿等效电路时，通常情况下，两种等效电路同时存在。但是当含源一端口内有受控源时，它内部的独立源置零后，输入电阻或等效电阻有可能为零或无穷大，这时两种等效电路不可能同时存在。

有关"戴维南定理和诺顿定理"的概念可扫描二维码 4-9、二维码 4-10 进一步学习。有关例题可扫描二维码 4-11 学习。

二维码 4-9　　　　　二维码 4-10　　　　　二维码 4-11

4.3.3　检测

掌握戴维南定理和诺顿定理

1. 试求图 4-15 所示电路的戴维南等效电路（$u_{oc} = 7\,\text{V}$、$R_{eq} = 1.875\,\Omega$）。

2. 试求图 4-16 所示电路的戴维南等效电路（$u_{oc} = 26\,\text{V}$、$R_{eq} = 3.5\,\Omega$）。

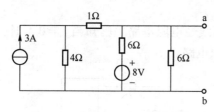

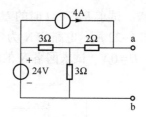

图 4-15　戴维南定理和诺顿定理应用 1　　图 4-16　戴维南定理和诺顿定理应用 2

3. 试求图 4-17 所示电路的戴维南等效电路（$u_{oc} = 28\,\text{V}$、$R_{eq} = 16\,\Omega$）。

4. 试求图 4-18 所示电路的诺顿等效电路（$i_{sc} = 1.5\,\text{A}$、$R_{eq} = 6\,\Omega$）。

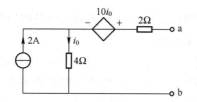

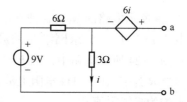

图 4-17　戴维南定理和诺顿定理应用 3　　图 4-18　戴维南定理和诺顿定理应用 4

习题 4.2

1. 填空题

（1）已知某含源一端口网络的开路电压 $U_{oc} = 10\,\text{V}$，短路电流 $I_{sc} = 2\,\text{A}$，则该一端口的等效电阻 $R_{eq} = \underline{\qquad}\,\Omega$。

（2）已知某含源一端口网络的端口伏安关系为 $U = 20-4I$，则该一端口网络的戴维南等效电路中的 $U_{oc} = \underline{\qquad}\,\text{V}$，$R_{eq} = \underline{\qquad}\,\Omega$。

（3）已知某含源一端口网络的端口伏安关系为 $I = 5-2U$，则该一端口网络的诺顿等效电路中的 $I_{sc} = \underline{\qquad}\,\text{A}$，$G_{eq} = \underline{\qquad}\,\text{S}$。

（4）已知某含源一端口网络的戴维南等效电路中的 $U_{oc} = 10\,\text{V}$，$R_{eq} = 2\,\Omega$，则该一端口网络的诺顿等效电路中的 $I_{sc} = \underline{\qquad}\,\text{A}$，$G_{eq} = \underline{\qquad}\,\text{S}$。

2. 分析计算题

（1）试用戴维南定理或诺顿定理求图 4-19 所示电路的 I_2。

（2）电路如图 4-20 所示，试求该电路的戴维南等效电路和诺顿等效电路。

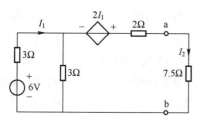

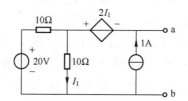

图 4-19　分析计算题（1）图　　图 4-20　分析计算题（2）图

（3）如图 4-21 所示的 N_s 为线性含源电阻网络。已知当 $R = 10\,\Omega$ 时，$U = 15\,\text{V}$；$R = 20\,\Omega$

时，$U = 20\,\mathrm{V}$。试求 $R = 30\,\Omega$ 时的 U。

（4）图 4-22 所示电路的 $\mathrm{N_s}$ 为含独立源的线性电阻电路。已知当 $I_\mathrm{s} = 0\,\mathrm{A}$ 时，$U = -2\,\mathrm{V}$；$I_\mathrm{s} = 2\,\mathrm{A}$ 时，$U = 0\,\mathrm{V}$。试求网络 $\mathrm{N_s}$ 的戴维南等效电路。

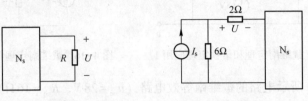

图 4-21　分析计算题（3）图　　　图 4-22　分析计算题（4）图

（5）图 4-23 所示电路的 $\mathrm{N_s}$ 为含独立源的线性电阻电路。开关断开时测得电压 $U = 13\,\mathrm{V}$，接通时测得电流 $I = 3.9\,\mathrm{A}$。试求网络 $\mathrm{N_s}$ 的最简等效电路。

（6）已知图 4-24 所示电路中，当 $R = 1\,\Omega$ 时，$I_1 = 4\,\mathrm{A}$，$I_2 = 5\,\mathrm{A}$；当 $R = 3\,\Omega$ 时，$I_1 = 8\,\mathrm{A}$，$I_2 = 3\,\mathrm{A}$；试问当 R 为多大时，$1\,\Omega$ 电阻上消耗的功率为最小，此最小功率为多大（图中未标注数值的电阻均为未知阻值）？

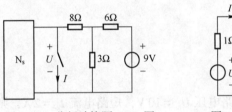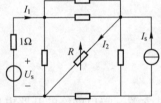

图 4-23　分析计算题（5）图　　　图 4-24　分析计算题（6）图

4.4　最大功率传输定理

4.4.1　节前思考

如果原电路中只含有一个独立源。当负载获得最大功率时，该独立源发出的功率是否等于负载获得的最大功率的两倍？为什么？

4.4.2　知识点

给定一线性含源一端口 $\mathrm{N_s}$，接在其端口 a、b 两端的负载电阻不同，从一端口 $\mathrm{N_s}$ 传递给负载的功率也不同。那么在什么情况下，负载获得的功率最大？可先将线性含源一端口 $\mathrm{N_s}$ 用戴维南和诺顿等效电路替代，如图 4-25 所示。设负载电阻为 R_L，则 R_L 很大时，电流很小，因而 R_L 所得的功率 $R_\mathrm{L}i^2$ 很小；如果 R_L 很小，功率同样很小。当 R_L 在 $0\sim\infty$ 范围内变化时，将总会有一个 R_L 值使其获得的电功率最大。要确定 R_L 值，先计算 R_L 的电功率。

其电功率为

$$p = R_\mathrm{L}i^2 = \left(\frac{u_\mathrm{oc}}{R_\mathrm{eq} + R_\mathrm{L}}\right)^2 R_\mathrm{L} \tag{4-4}$$

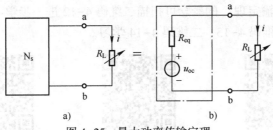

图 4-25 最大功率传输定理

要使 p 最大，应使 $\dfrac{\mathrm{d}p}{\mathrm{d}R_\mathrm{L}}=0$，由此可求 p 为最大值时的 R_L 值。

对式（4-4）求导，得

$$\frac{\mathrm{d}p}{\mathrm{d}R_\mathrm{L}}=\left[\frac{(R_\mathrm{eq}+R_\mathrm{L})^2-2(R_\mathrm{eq}+R_\mathrm{L})R_\mathrm{L}}{(R_\mathrm{eq}+R_\mathrm{L})^4}\right]u_\mathrm{oc}^2=\frac{R_\mathrm{eq}-R_\mathrm{L}}{(R_\mathrm{eq}+R_\mathrm{L})^3}u_\mathrm{oc}^2 \tag{4-5}$$

令式（4-5）等于零。由此可得

$$R_\mathrm{L}=R_\mathrm{eq} \tag{4-6}$$

由于

$$\left.\frac{\mathrm{d}^2p}{\mathrm{d}R_\mathrm{L}^2}\right|_{R_\mathrm{L}=R_\mathrm{eq}}=-\frac{u_\mathrm{oc}^2}{8R_\mathrm{eq}^3}<0$$

故式（4-6）即为 p 取最大值的条件。因此，由线性含源一端口传递给可变负载电阻 R_L 的功率最大值的条件是负载电阻 R_L 与戴维南（或诺顿）等效电路的等效电阻 R_eq 相等。满足 $R_\mathrm{L}=R_\mathrm{eq}$ 时，称为 R_L 与一端口等效电阻 R_eq 匹配。此时，负载电阻获得的最大功率为

$$P_\mathrm{Lmax}=\frac{u_\mathrm{oc}^2}{4R_\mathrm{eq}} \tag{4-7}$$

如由诺顿等效电路推导，则有

$$P_\mathrm{Lmax}=\frac{1}{4}R_\mathrm{eq}i_\mathrm{sc}^2 \tag{4-8}$$

最大功率传输定理是在负载可变，而 R_eq 不变的情况下得到的。

概括以上内容便得最大功率传输定理：对给定的电源，当负载电阻等于该电源的内阻时，负载可以从电源获得最大功率，此功率由式（4-7）或式（4-8）给出。

含源一端口内的电源传递给负载的电功率百分比，即效率一般小于 50%，原因是含源一端口与其等效电路对外电路而言是等效的，而对内电路来说并不等效。另外，在 R_eq 实实在在地作为一电压源的内阻的情况下，负载获得最大功率时，电源传递给负载的效率为 50%，这时电源内阻和负载电阻消耗的电功率相等。

对一个实际电源，例如蓄电池、发电机等，都不可能工作在匹配状态。一方面是由于效率太低而白白浪费宝贵的电能；另一方面是由于匹配时电源供给的电流已达短路电流的一半，远远超过其额定电流，电源会因为过载而损坏或发生过载保护。

然而，当电源或等效电源本身的内阻较大，或有不可避免的大电阻要串联在电源和负载之间时，此时获得最大功率不仅是可能的，而且从满足负载的需求来看也是必要的。在电信工程中由于传输功率很小，效率问题不再重要，因此常常要设法使电源和负载处于匹配连接以使负载获得最大功率。

有关"最大功率传输定理"的概念可扫描二维码4-12进一步学习。

有关例题可扫描二维码4-13、二维码4-14学习。

二维码4-12　　　　　二维码4-13　　　　　二维码4-14

4.4.3　检测

掌握最大功率传输定理

1. 电路如图4-26所示，试问 R_L（4Ω）为何值时获得最大功率，并计算最大功率（4W）。

2. 电路如图4-27所示，试问 R_L（1.6Ω）为何值时可获得最大功率，并计算最大功率（0.025W）。

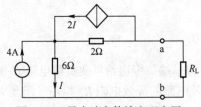

图4-26　最大功率传输定理应用1

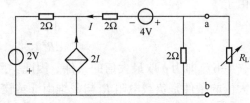

图4-27　最大功率传输定理应用2

习题 4.3

1. 填空题

（1）已知某电路的戴维南等效电路的 $U_{oc} = 8\,V$，$R_{eq} = 4\,\Omega$，当负载电阻 $R_L =$ _____ Ω时，可获得最大功率为_____ W。

（2）已知某电路的诺顿等效电路的 $I_{sc} = 4\,A$，$G_{eq} = 0.2\,S$，当负载电阻 $R_L =$ _____ Ω时，可获得最大功率为_____ W。

（3）某含源一端口电路接有可变负载 R_L，若 $R_L = 9\,\Omega$ 时获得最大功率，且最大功率 $P_{Lmax} = 1\,W$，则该含源一端口的戴维南等效电路的开路电压 $U_{oc} =$ _____ V，等效电阻 $R_{eq} =$ _____ Ω。

（4）某含源一端口电路接有可变负载 R_L，若 $R_L = 6\,\Omega$ 时获得最大功率，且最大功率 $P_{Lmax} = 3\,W$，则该含源一端口的诺顿等效电路的短路电流 $I_{sc} =$ _____ A，等效电阻 $R_{eq} =$ _____ Ω。

2. 分析计算题

（1）电路如图4-28所示，$R_L = 10\,\Omega$，R_1 为可取任意值的线性可调电阻，试问当 R_1 为何值时，R_L 能获得最大功率？该最大功率 P_{Lmax} 为多大？

（2）电路如图4-29所示，R_L 为可取任意值的线性可调电阻，试问 R_L 为何值时它能获得

最大功率 P_{Lmax}，并求之。

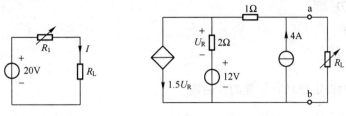

图 4-28　分析计算题 (1) 图　　　图 4-29　分析计算题 (2) 图

　　(3) 电路如图 4-30 所示，N_s 为含有独立源的线性电阻电路，R_L 为可取任意值的线性可调电阻。已知当 $R_L = 12\,\Omega$ 时能获得最大功率，该功率值为 48 W，试求 N_s 的诺顿等效电路。

　　(4) 电路如图 4-31 所示，R 为可取任意值的线性可调电阻（其余参数保持不变），若当 $R = 20\,\Omega$ 时它获得的功率达到最大值，试推算电流放大倍数 β 为多大，并求出此时电阻 R 的功率 $P_{\max}$。

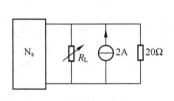
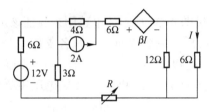

图 4-30　分析计算题 (3) 图　　　图 4-31　分析计算题 (4) 图

　　(5) 图 4-32 所示电路中，R_L 为可取任意值的线性可调电阻，试问 R_L 为何值时它能获得最大功率，并求出该最大功率 P_{Lmax}。

　　(6) 图 4-33 所示电路中，N_R 为线性纯电阻网络。当 $u_s = 10\,V$，$R_2 = 0\,\Omega$ 时，$i_2 = 2\,A$；当 $u_s = 20\,V$，$R_2 = 4\,\Omega$ 时，$u_2 = 8\,V$。试求：

　　① 当 $u_s = 5\,V$，$R_2 = 6\,\Omega$ 时的 i_2。

　　② 当 $u_s = 15\,V$ 时，改变电阻 R_2 并使其能够获得的最大功率值是多大？此时该电阻是多大？

　　(7) 图 4-34 所示电路中，N 为无独立源线性电阻网络。当 $u_s = 12\,V$，$R_1 = 0\,\Omega$ 时，$i_1 = 5\,A$，$i_2 = 4\,A$；当 $u_s = 18\,V$，$R_1 \rightarrow \infty$ 时，$u_1 = 15\,V$，$i_2 = 1\,A$。试求当 $u_s = 6\,V$，$R_1 = 3\,\Omega$ 时的 i_2。

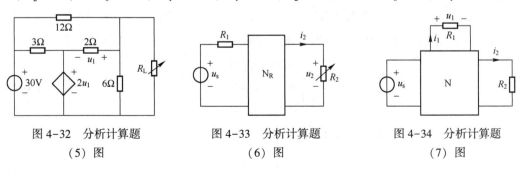

图 4-32　分析计算题　　　图 4-33　分析计算题　　　图 4-34　分析计算题
　　　(5) 图　　　　　　　　　(6) 图　　　　　　　　　(7) 图

4.5 特勒根定理

4.5.1 节前思考

为什么说特勒根定理具有很强的普遍性？

4.5.2 知识点

特勒根定理如同基尔霍夫定律一样，它适合于任何集总参数电路，且与电路元件的性质无关。特勒根定理有两个。

特勒根定理 1：对一个具有 n 个节点、b 条支路的电路，若支路电流和支路电压分别用 $(i_1、i_2、\cdots、i_b)$ 和 $(u_1、u_2、\cdots、u_b)$ 表示，且各支路电压和支路电流为关联参考方向，则对任何时间 t，有

$$\sum_{k=1}^{b} u_k i_k = 0 \tag{4-9}$$

下面通过图 4-35 所示的电路图来验证该定理。

设图 4-35 为一个有向图，其各支路电压和电流分别为 u_1、u_2、u_3、u_4、u_5、u_6 和 i_1、i_2、i_3、i_4、i_5、i_6。并以节点④为参考点，其余三个节点电压为 u_{n1}、u_{n2} 和 u_{n3}。支路电压用节点电压表示为

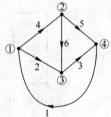

图 4-35　有向图

$$\begin{cases} u_1 = -u_{n1} \\ u_2 = u_{n1} - u_{n3} \\ u_3 = u_{n3} \\ u_4 = u_{n1} - u_{n2} \\ u_5 = u_{n2} \\ u_6 = u_{n2} - u_{n3} \end{cases} \tag{4-10}$$

该电路在任何时刻 t，各支路吸收电功率的代数和为

$$\sum_{k=1}^{6} u_k i_k = u_1 i_1 + u_2 i_2 + u_3 i_3 + u_4 i_4 + u_5 i_5 + u_6 i_6 \tag{4-11}$$

将式（4-10）代入式（4-11）中，经整理可导出节点电压和支路电流的关系式

$$\sum_{k=1}^{6} u_k i_k = u_{n1}(-i_1 + i_2 + i_4) + u_{n2}(-i_4 + i_5 + i_6) + u_{n3}(-i_2 + i_3 - i_6) \tag{4-12}$$

根据 KCL，对节点①、②、③列写方程，又有

$$\begin{cases} -i_1 + i_2 + i_4 = 0 \\ -i_4 + i_5 + i_6 = 0 \\ -i_2 + i_3 - i_6 = 0 \end{cases} \tag{4-13}$$

将式（4-13）代入式（4-12）中，得

$$\sum_{k=1}^{6} u_k i_k = 0 \tag{4-14}$$

上述验证方法可推广到任何具有 n 个节点和 b 条支路的电路，即有

$$\sum_{k=1}^{b} u_k i_k = 0$$

这个定理是电路功率守恒定理，它表示任一集总电路中各独立电源提供的功率总和，等于其余各元件吸收的功率总和。也就是说，全部元件吸收的电功率是守恒的。

特勒根定理 2：设有两个由不同性质的二端元件组成的电路 N 和 N̂，均有 b 条支路和 n 个节点，且具有相同的有向图。假设各支路电压和支路电流取关联参考方向，并分别为 $(i_1、i_2、\cdots、i_b)$、$(u_1、u_2、\cdots、u_b)$ 和 $(\hat{i}_1、\hat{i}_1、\cdots、\hat{i}_b)$、$(\hat{u}_1、\hat{u}_1、\cdots、\hat{u}_b)$，则在任何时刻 t，有

$$\sum_{k=1}^{b} u_k \hat{i}_k = 0 \tag{4-15}$$

或

$$\sum_{k=1}^{b} \hat{u}_k i_k = 0 \tag{4-16}$$

特勒根定理 2 的证明，可先设另有一电路 N̂，其有向图与图 4-35 有向图完全相同。然后按验证特勒根定理 1 的方法进行证明，请读者自行完成。

特勒根定理 2 表明，有向图相同的任意两个电路中，在任何时刻 t，任一电路的支路电压与另一电路相应支路电流的乘积的代数和恒等于零。

式（4-15）和式（4-16）中的每一项，可以是一个电路的支路电压与另一电路在同一时刻相应支路电流的乘积，也可以是同一电路同一支路在不同时刻的电压与电流的乘积，因而该乘积仅仅是一个数学量，没有物理意义，像功率而不是功率，故称为似功率定理。

要注意该定理要求 u（或 $\hat{u}$）和支路电流 i（或 $\hat{i}$）应分别满足 KVL 和 KCL，定理只与电路的电压和电流有关，而与元件的性质无关。

有关"特勒根定理"的概念可扫描二维码 4-15 进一步学习。

有关例题可扫描二维码 4-16 学习。

二维码 4-15

二维码 4-16

4.5.3 检测

掌握特勒根定理及其应用

1. 图 4-36 所示电路的 N_R 仅由电阻线性组成。已知当 $U_s = 8\,V$、$R_1 = R_2 = 2\,\Omega$ 时，$I_1 = 2\,A$、$U_2 = 2\,V$；当 $U_s = 9\,V$、$R_1 = 1.4\,\Omega$、$R_2 = 0.8\,\Omega$ 时，$I_1 = 3\,A$。试求此时的 U_2 值（1.6 V）。

2. 图 4-37 所示电路的 N_R 仅由电阻线性组成。已知当 $U_s = 6\,V$、$R_2 = 2\,\Omega$ 时，$I_1 = 2\,A$、$U_2 = 2\,V$；当 $U_s = 10\,V$、$R_2 = 4\,\Omega$ 时，$I_1 = 3\,A$。试求此时的 U_2 值（4 V）。

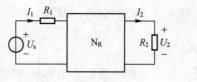

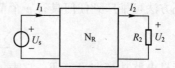

图 4-36　特勒根定理应用 1　　　　　图 4-37　特勒根定理应用 2

4.6　互易定理

4.6.1　节前思考

满足什么条件的元件、网络可称为互易元件和互易网络？

4.6.2　知识点

互易性是某些线性电路的一个重要性质。本节将应用特勒根定理来论述互易定理的三种形式。

第一种形式，如图 4-38a 所示，电路 N_R 内仅含线性电阻，不含任何独立源和受控源，1-1′端接电压源 u_s，2-2′端短路，其短路电流为 i_2；若将激励和响应互换位置，如图 4-38b 所示，2-2′端接电压源 u_s，1-1′端短路，其电流为 $\hat{i}_1$，则 $\hat{i}_1 = i_2$。

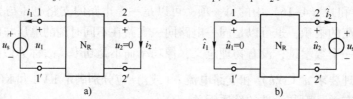

图 4-38　互易定理的第一种形式

第二种形式，如图 4-39a 所示，电路 N_R 内仅含线性电阻，不含任何独立源和受控源，1-1′端接电流源 i_s，2-2′开路电压为 u_2；若将激励和响应互换位置，如图 4-39b 所示，2-2′端接电流源 i_s，1-1′端开路，其电压为 $\hat{u}_1$，则 $\hat{u}_1 = u_2$。

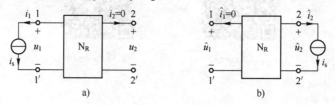

图 4-39　互易定理的第二种形式

对于前两种形式，互易定理的内容可概述为：在单一激励（独立源）的情况下，当激励与其在另一支路的响应（电压或电流）互换位置时，同一数值激励所产生的响应在数值上将不会改变。

第三种形式，如图 4-40a 所示，电路 N_R 内仅含线性电阻，不含任何独立源和受控源，

1-1′端接电流源 i_s，2-2′端短路，其短路电流为 i_2；若将激励和响应互换位置，如图 4-40b 所示，2-2′端接电压源 u_s 取代电流源 i_s，则 $\dfrac{i_2}{i_s} = \dfrac{\hat{u}_1}{u_s}$。

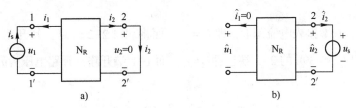

图 4-40　互易定理的第三种形式

　　互易定理可由似功率定理证明。具有 b 条支路、N_R 内无受控源和独立源的电阻电路，设 1-1′端为激励源端口，2-2′端为响应端口，激励源端口接 1 支路，响应端口接 2 支路，N_R 中的支路有 3~b 条。支路电压和支路电流分别用（u_1、u_2、$\cdots$、u_b）和（i_1、i_2、$\cdots$、i_b）表示。当激励源和响应互换位置时，即在 2-2′端接电源，1-1′端为响应时，支路电压、电流分别用（$\hat{u}_1$、$\hat{u}_1$、$\cdots$、$\hat{u}_b$）和（$\hat{i}_1$、$\hat{i}_1$、$\cdots$、$\hat{i}_b$）表示。应用特勒根定理，可得

$$u_1 \hat{i}_1 + u_2 \hat{i}_2 + \sum_{k=3}^{b} u_k \hat{i}_k = 0 \tag{4-17}$$

和

$$\hat{u}_1 i_1 + \hat{u}_2 i_2 + \sum_{k=3}^{b} \hat{u}_k i_k = 0 \tag{4-18}$$

N 和 $\hat{N}_R$ 内均由（b-2）条线性电阻构成电路，所以根据欧姆定律，可得

$$u_k = R_k i_k$$

$$\hat{u}_k = R_k \hat{i}_k$$

$$\sum_{k=3}^{b} u_k \hat{i}_k = \sum_{k=3}^{b} R_k i_k \hat{i}_k$$

$$\sum_{k=3}^{b} \hat{u}_k i_k = \sum_{k=3}^{b} R_k \hat{i}_k i_k$$

故

$$\sum_{k=3}^{b} u_k \hat{i}_k = \sum_{k=3}^{b} \hat{u}_k i_k \tag{4-19}$$

　　于是根据式（4-17）、式（4-18）和式（4-19），得

$$u_1 \hat{i}_1 + u_2 \hat{i}_2 = \hat{u}_1 i_1 + \hat{u}_2 i_2 \tag{4-20}$$

　　在图 4-38a 中，1-1′端接电压源 u_s，即 $u_1 = u_s$，而将端口 2-2′短路，其短路电流为 i_2；然后将电压源 u_s 接于图 4-38b 的 2-2′端，即 $\hat{u}_2 = u_s$，而 1-1′端短路，短路电流为 $\hat{i}_1$。则式（4-20）中有

$$u_1 = u_s, \quad \hat{u}_2 = u_s, \quad u_2 = 0, \quad \hat{u}_1 = 0$$

可得

$$u_s \hat{i}_1 = u_s i_2$$

故有

$$\hat{i}_1 = i_2 \tag{4-21}$$

式（4-21）表明激励电压源与短路端口互换位置，短路端口的响应电流不变。这是互易定理的第一种形式。

图 4-39a 中，1-1′接入电流源 i_s，即 $i_1 = i_s$，而将端口 2-2′开路，其开路电压为 u_2；然后将电流源 i_s 改接于图 4-39b 的 2-2′端，即 $\hat{i}_2 = i_s$，而 1-1′端开路，开路电压为 $\hat{u}_1$。则式（4-20）中有

$$i_1 = i_s,\ \hat{i}_2 = i_s,\ i_2 = 0,\ \hat{i}_1 = 0$$

可得

$$u_2 i_s = \hat{u}_1 i_s$$

故有

$$\hat{u}_1 = u_2 \tag{4-22}$$

式（4-22）表明激励电流源与开路端口互换位置时，开路端口的响应电压不变。这是互易定理的第二种形式。

同样，在图 4-40a 中，1-1′接入电流源 i_s，即 $i_1 = -i_s$，而将端口 2-2′短路，其短路电流为 i_2；然后将电压源 u_s 改接于图 4-40b 的 2-2′端，即 $\hat{u}_2 = u_s$，而 1-1′端开路，开路电压为 $\hat{u}_1$。则式（4-20）中有

$$i_1 = -i_s,\ \hat{u}_2 = u_s,\ u_2 = 0,\ \hat{i}_1 = 0$$

可得

$$-\hat{u}_1 i_s + u_s i_2 = 0$$

故有

$$\frac{i_2}{i_s} = \frac{\hat{u}_1}{u_s} \tag{4-23}$$

这是互易定理的第三种形式。

有关"互易定理"的概念可扫描二维码 4-17～二维码 4-19 进一步学习。

有关例题可扫描二维码 4-20 学习。

二维码 4-17　　　　　二维码 4-18　　　　　二维码 4-19　　　　　二维码 4-20

4.6.3　检测

理解互易定理及其应用

1. 试用互易定理求图 4-41 所示电路的电流 I(1.2 A)。
2. 试用互易定理求图 4-42 所示电路的电流 I(0.4 A)。

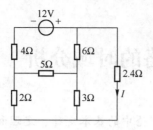
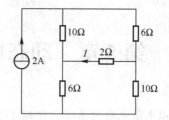

图 4-41 互易定理应用 1　　　图 4-42 互易定理应用 2

例题精讲 4-1　　　　例题精讲 4-2　　　　例题精讲 4-3　　　　例题精讲 4-4

例题精讲 4-5　　　　例题精讲 4-6　　　　例题精讲 4-7

第 5 章　动态电路的时域分析

前面几章，以电阻电路为基础，介绍了电路理论中的基本定律、定理和一般分析方法。电阻元件的伏安关系是代数关系，通常把这类元件称为静态元件。在电阻电路中描述电路激励–响应关系的数学方程为代数方程，通常把这类电路称为静态电路。静态电路的响应仅由外加激励所引起。当电阻电路从一种工作状态转到另一种工作状态时，电路中的响应也将立即从一种状态转到另一种状态。

在实际应用中，许多电路除了含有电源和电阻元件外，还常常含有电容元件和电感元件。由于这两种元件的伏安关系都为微分或积分的关系，故称电容或电感元件为动态元件。如果描述含有动态元件的电路激励–响应关系的数学方程是微分方程，则该电路称为动态电路。动态电路的响应与激励的全部历史有关，这与电阻电路上任一时刻的响应仅取决于该时刻激励完全不同。当动态电路的工作状态突然发生变化时，电路原有的工作状态需要经过一个过程逐步达到另一个新的稳定工作状态，这个过程称为电路的过渡过程或暂态过程。分析动态电路就是要分析和研究过渡过程中电压与电流的变化规律。本章将在时间域中分析动态电路响应随时间变化的规律，故称为动态电路的时域分析。

动态电路的阶数与描述电路的微分方程的阶数一致。在实际中常遇到只含一个动态元件的动态电路，可用一阶微分方程描述，称为一阶电路。一般而言，如果电路中含有 n 个独立的动态元件，则描述它的将是 n 阶微分方程，该电路可称为 n 阶电路。

本章首先讨论电容元件和电感元件的特性，然后详细分析一阶电路和二阶电路的动态响应。

5.1　电容元件和电感元件

5.1.1　节前思考

(1) 若考虑实际电容器的损耗，则对实际电容器应该如何建模？

(2) 若考虑实际电感线圈的损耗及其工作频率，则对实际电感线圈应该如何建模？

5.1.2　知识点

1. 电容元件

虽然实际电容器的品种很多，规格不同，但其结构相似，都是由相同材料的两金属板间隔以不同介质组成。当对电容施加电源时，两极板上分别积聚等量的正负电荷，并在介质中建立电场，存储电场能量。当电源移去后，电荷仍继续保存，电场继续存在。电容器具有保存电荷、存储电场能量的电磁特性。电容元件就是用以模拟这种特性的理想元件，其电路符号如图 5-1a 所示，两条隔离短线表示电容的两个极板，"$+q$" 和 "$-q$" 号分别表示存储的电荷，电容端电压的参考方向应从带正电荷 $+q$ 的极板指向带负电荷 $-q$ 的极板

（习惯上，在电容的电路符号中，只标电压不标电荷）。

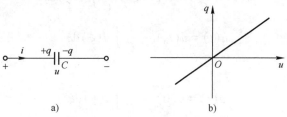

图 5-1　线性电容元件的图形符号及其库伏特性曲线

一个二端元件，如在任何时刻，其端电压 $u(t)$ 与元件所存储的电荷 $q(t)$ 成正比关系，即

$$q(t) = Cu(t) \tag{5-1}$$

这种二端元件称为线性时不变电容元件，简称为电容。式（5-1）中称 C 为电容元件的参数，称为电容量，也简称为电容。电容的单位是 F（法拉，简称法）。

电容的电荷和电压特性是通过 q-u 坐标平面上原点的一条直线，如图 5-1b 所示。由于电荷的单位是 C（库仑，简称库），电压单位为 V（伏），所以该曲线称为库伏特性曲线。在 u、q 取关联参考方向下，且 $C > 0$ 时，特性曲线在一、三象限。

由此可得线性时不变电容元件的电流 i 和端电压 u 在关联参考方向下的关系为

$$i = \frac{\mathrm{d}q}{\mathrm{d}t} = C\frac{\mathrm{d}u}{\mathrm{d}t} \tag{5-2}$$

式（5-2）说明，通过电容的电流 i 与其端电压 u 的变化率成正比，所以电容称为动态元件。反过来，用电流表示电荷的关系是积分关系式，反映了电荷量的积累过程，有

$$q(t) = \int_{-\infty}^{t} i(\xi)\,\mathrm{d}\xi \tag{5-3}$$

可由式（5-3）得到电压与电流关系为

$$u(t) = \frac{1}{C}\int_{-\infty}^{t} i(\xi)\,\mathrm{d}\xi \tag{5-4}$$

式（5-4）表明，t 时刻电容两端的电压是此时刻以前电容电流积累起来的，所以某时刻的电压值不仅与此时刻的电流值有关，而且与此时刻以前电流的全部"历史"有关，即电容具有记忆性质，称电容为记忆元件。

如果只讨论某一时刻 t_0 以后电容电荷的变化情况，则式（5-3）可以写为

$$q(t) = \int_{-\infty}^{t} i(\xi)\,\mathrm{d}\xi = \int_{-\infty}^{t_0} i(\xi)\,\mathrm{d}\xi + \int_{t_0}^{t} i(\xi)\,\mathrm{d}\xi$$

或写为

$$q(t) = q(t_0) + \int_{t_0}^{t} i(\xi)\,\mathrm{d}\xi \tag{5-5}$$

式中，$q(t_0)$ 为 t_0 时刻电容所带的电荷量。t 时刻电容具有的电荷量 $q(t)$ 等于 t_0 时刻的电量与从 t_0 到 t 时所增加的电荷量之和。如果指定 t_0 为时间的起点，并设为 $t_0 = 0$，式（5-5）可写为

$$q(t) = q(0) + \int_{0}^{t} i(\xi)\,\mathrm{d}\xi \tag{5-6}$$

式中，$q(0)$ 称为电容电荷的初始值。

同理由式（5-4）可得

$$u(t) = \frac{1}{C} \int_{-\infty}^{t_0} i(\xi) \, \mathrm{d}\xi + \frac{1}{C} \int_{t_0}^{t} i(\xi) \, \mathrm{d}\xi$$

或

$$u(t) = u(t_0) + \frac{1}{C} \int_{t_0}^{t} i(\xi) \, \mathrm{d}\xi \qquad (5-7)$$

当 $t_0 = 0$ 时，可得

$$u(t) = u(0) + \frac{1}{C} \int_{0}^{t} i(\xi) \, \mathrm{d}\xi \qquad (5-8)$$

式中，$u(0) = \frac{1}{C} \int_{-\infty}^{0} i(\xi) \, \mathrm{d}\xi$ 称为电容电压的初始值，或称初始状态。

在电流和电压关联参考方向下，电容元件吸收的电功率为

$$p = ui = Cu \frac{\mathrm{d}u}{\mathrm{d}t}$$

从 $-\infty$ 到 t 时刻，电容元件吸收的电场能量为

$$\begin{aligned}
w_C &= \int_{-\infty}^{t} Cu(\xi) \frac{\mathrm{d}u(\xi)}{\mathrm{d}\xi} \mathrm{d}\xi \\
&= C \int_{u(-\infty)}^{u(t)} u(\xi) \, \mathrm{d}u(\xi) \\
&= \frac{1}{2} Cu^2(t) - \frac{1}{2} Cu^2(-\infty)
\end{aligned}$$

假设 $u(-\infty) = 0$，得

$$w_C = \frac{1}{2} Cu^2(t) \qquad (5-9)$$

式中，C 为正值。无论 $u(t)$ 为何函数，到 t 时刻为止，电容元件吸收的能量 $w(t) \geq 0$。根据能量转换与守恒原理，电容所释放的能量充其量等于它在放电前所存储的能量。从工作的全过程来看，电容不能像电源那样对外持续地提供电能，因此电容又属于无源元件。对于理想电容，在充、放电过程中没有能量损耗，所以理想电容又属于无损元件。

电容在某时刻 t 吸收的能量取决于此时刻的电压 $u(t)$ 值，当电压减小时，存储在电容元件中的能量也减小，即电容向外电路释放能量。当电压减到零时，能量全部释放，电容释放的总能量就等于原来吸收的总能量，能量没有被消耗，所以称电容为无损元件。电容元件吸收的能量以电能的形式存储在相关的电场中，所以电容是储能元件。

如果电容的库伏特性曲线在 q-u 平面上不是过原点的一条直线，而是任意的一条曲线，称此元件为非线性电容元件。另外，电容元件 C 也有可能出现负值，故上述一些结论不能直接沿用。

有关 "电容元件" 的概念可以扫描二维码 5-1 进一步学习。

二维码 5-1

2. 电感元件

电感元件也是电路的基本元件，它模拟的是实际线圈，如图 5-2 所示。当电流 i 通过线圈时，线圈周围产生磁场，在线圈中形成与其交链的磁通 Φ，若磁通与 N 匝线圈交链，则总磁通为 $\Psi_1 + \Psi_2 + \cdots + \Psi_N$，称为磁通链，简称磁链，用 $\Psi(=\Psi_1 + \Psi_2 + \cdots + \Psi_N)$ 表示。现将线圈的磁特性抽象为一个元件，定义为电感元件。

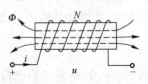

图 5-2　线圈

如果一个二端元件，在任何时刻 t，元件电流 i 与磁通链 Ψ 成正比关系，那么这种二端元件就称为线性电感元件。数学表达式为

$$\Psi = Li \tag{5-10}$$

式中，L 称为电感系数。磁链的单位是 Wb（韦伯，简称韦），电感的单位是 H（亨）。线圈通过的电流 i 与其产生的磁链 Ψ 成右手螺旋定则关系（也称为右螺旋关系）。电感元件的电路符号如图 5-3a 所示。

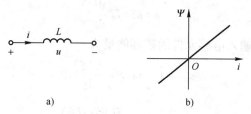

图 5-3　线性电感元件的图形符号及其韦安特性

当磁通链随时间变化时，在线圈端子间产生感应电动势 ε。根据电磁感应定律，有

$$u = -\varepsilon = \frac{\mathrm{d}\Psi}{\mathrm{d}t} \tag{5-11}$$

式中，u 为感应电压。

将式（5-10）代入（5-11）得

$$u = L\frac{\mathrm{d}i}{\mathrm{d}t} \tag{5-12}$$

可见，电感电压 u 与电感电流的变化率成正比，说明电感是一个动态元件。如果由电压表示磁链，则为积分关系

$$\Psi(t) = \int_{-\infty}^{t} u(\xi)\,\mathrm{d}\xi \tag{5-13}$$

由式（5-12）可进一步得到电感电压与电流的关系为

$$i(t) = \frac{1}{L}\int_{-\infty}^{t} u(\xi)\,\mathrm{d}\xi \tag{5-14}$$

式（5-13）和式（5-14）表明电感中任一时刻的磁链和电流值，不仅与此时刻的电压有关，而且与此时刻以前电压的全部"历史"情况有关。因此电感元件也是一个记忆元件。

如果只讨论 $t \geq t_0$ 时电感磁链的情况，则式（5-13）可以写为

$$\Psi(t) = \int_{-\infty}^{t} u(\xi)\,\mathrm{d}\xi = \int_{-\infty}^{t_0} u(\xi)\,\mathrm{d}\xi + \int_{t_0}^{t} u(\xi)\,\mathrm{d}\xi$$

或写为

$$\Psi(t) = \Psi(t_0) + \int_{t_0}^{t} u(\xi)\,\mathrm{d}\xi \tag{5-15}$$

同理由式（5-14）可得

$$i(t) = \frac{1}{L}\int_{-\infty}^{t_0} u(\xi)\,\mathrm{d}\xi + \frac{1}{L}\int_{t_0}^{t} u(\xi)\,\mathrm{d}\xi$$

或

$$i(t) = i(t_0) + \frac{1}{L}\int_{t_0}^{t} u(\xi)\,\mathrm{d}\xi \tag{5-16}$$

式中，$i(t_0)$ 为 t_0 时刻电感的电流。t 时刻流过电感的电流 $i(t)$ 等于 t_0 时刻的电流加上 t_0 到 t 时间间隔内增加的电流。如果指定 t_0 为时间的起点，并设为 $t_0=0$，则式（5-16）可写为

$$i(t) = i(0) + \frac{1}{L}\int_0^t u(\xi)\mathrm{d}\xi \tag{5-17}$$

式中，$i(0)$ 称为电感电流的初始值，或称为电感电流的初始状态。

在电流和电压关联参考方向下，电感元件的电功率为

$$p = ui = Li\frac{\mathrm{d}i}{\mathrm{d}t}$$

从 $t=-\infty$ 到 t 时刻，输入电感元件的磁场能量为

$$\begin{aligned}
w_L &= \int_{-\infty}^t Li(\xi)\frac{\mathrm{d}i(\xi)}{\mathrm{d}\xi}\mathrm{d}\xi \\
&= L\int_{i(-\infty)}^{i(t)} i(\xi)\mathrm{d}i(\xi) \\
&= \frac{1}{2}Li^2(t) - \frac{1}{2}Li^2(-\infty)
\end{aligned}$$

设 $i(-\infty)=0$，此时磁场能量也为零。这样，电感 t 于时刻存储的磁场能量 $w_L(t)$ 等于它吸收的能量，可写为

$$w_L = \frac{1}{2}Li^2(t) \tag{5-18}$$

由式（5-18）可见，当 $L>0$ 时，电感能量不可能为负值。从工作的全过程来看，电感不能持续地向外电路提供电能，因此电感属于无源元件。与电容情况相仿，当电流增加时，对电感输入能量，并存储在磁场中，而没有消耗能量。当电流减少时，电感要释放能量，当电流为零时，电感将存储的能量全部释放。当然，释放的能量不可能大于存储的能量，所以电感元件是储能元件而不是耗能元件。

如果磁链与电流不成正比关系，这种电感为非线性电感，例如带铁心线圈。对非线性电感的分析方法可参考非线性电路的有关材料。

有关"电感元件"的概念可以扫描二维码 5-2 进一步学习。

有关"电容元件和电感元件的比较"可以扫描二维码 5-3。

有关"电容的串、并联与电感的串、并联"可以扫描二维码 5-4 进一步学习。

相关拓展知识可以扫描二维码 5-5 进一步学习。

二维码 5-2　　　　二维码 5-3　　　　二维码 5-4　　　　二维码 5-5

5.1.3　检测

了解电容串联与并联等效

1. 电容器由于内部电介质存在微弱的导电性，应该用电容元件和电阻元件（称为漏电

阻）并联为其模型，但漏电阻通常很大（在此将其视为∞）。

1）试用 3 个 10 μF、耐压值为 16 V 的电容器组合成等效电容为 30 μF、(10/3) μF、(20/3) μF 的电容器组（3 个并联、3 个串联、2 个并联后与 1 个串联）。

2）计算电容器组的耐压值（16 V、48 V、24 V），并总结电容器组合对电容量、耐压值的影响规律（串联使电容量变小、耐压值提高，并联使电容量加大、耐压值降低）。

了解电感串联与并联等效

2. 图 5-4 所示电路中，$L = 1\ \text{H}$、$L_1 = 2\ \text{H}$、$L_2 = 3\ \text{H}$，$u = 22\sin 2t\ \text{V}$，所有电感为零初始，试求：

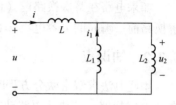

1）端口的等效电感 $L_{eq}\ [(11/5)\ \text{H}]$。

2）电流 $i\ [5(1-\cos 2t)\ \text{A}]$。

3）电流 $i_1\ [3(\cos 2t - 1)\ \text{A}]$。

4）电压 $u_2\ (12\sin 2t\ \text{V})$。

图 5-4　电感串联与并联等效

习题 5.1

1. 填空题

（1）若 C_1、C_2 两电容并联，则其等效电容 $C = $ _____；把这两个电容串联，则等效电容 $C = $ _____。

（2）若 L_1、L_2 两电感串联，则其等效电感 $L = $ _____；把这两个电感并联，则等效电感 $L = $ _____。

（3）任何时刻，电容 C 的电荷 q 与其两端电压 u 的关系为 _____，电感 L 的磁链 Ψ 与其电流 i 的关系为 _____。

（4）设 $i(-\infty) = 0$，则电感 L 在 t 时刻存储的磁场能量为 _____。

（5）设 $u(-\infty) = 0$，则电容 C 在 t 时刻存储的电场能量为 _____。

2. 分析计算题

（1）电路如图 5-5 所示，试求等效电容 C_{eq}。

（2）电路如图 5-6 所示，开关处于断开位置已经很久了。试求：

① 开关闭合前，电感电流及电感电压、电容电流及电容电压的值。

② 开关闭合后，过了很久，电路重新处于稳态时，电感电流及电感电压、电容电流及电容电压的值。

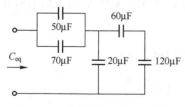

图 5-5　分析计算题（1）图

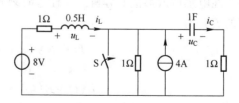

图 5-6　分析计算题（2）图

5.2 换路定律和初始值的确定

5.2.1 节前思考

如果电路在某次换路前（假设在 $t=0$ 时刻发生换路）没有达到稳态，那么此时如何求解换路前一瞬间的电容电压 $u_C(0_-)$ 和电感电流 $i_L(0_-)$？

5.2.2 知识点

用经典法求解常微分方程时，必须给定初始条件才能确定通解中的待定系数。假设电路在 $t=0$ 时换路，若描述电路动态过程的微分方程为 n 阶，则其初始条件就是指所求电路变量（电压或电流）及其 $(n-1)$ 阶导数在 $t=0_+$ 时刻的值，这就是电路变量的初始值。电路变量在 $t=0_-$ 时刻的值一般都是给定的，或者可由换路前的电路求得，而在换路的瞬间即从 $t=0_-$ 到 $t=0_+$，有些变量是不变化，有些变量则会发生跃变。

有关"换路"的概念可以扫描二维码 5-6 进一步学习。

对线性电容，在任意时刻 t，它的电荷 q、电压 u_C 与电流 i_C 在关联参考方向下的关系为

二维码 5-6

$$q(t) = q(t_0) + \int_{t_0}^{t} i_C(\xi) \, d\xi$$

$$u_C(t) = u_C(t_0) + \frac{1}{C} \int_{t_0}^{t} i_C(\xi) \, d\xi$$

设 $t=0$ 时刻换路，令 $t_0=0_-$，$t=0_+$，则有

$$q(0_+) = q(0_-) + \int_{0_-}^{0_+} i_C(\xi) \, d\xi \tag{5-19a}$$

$$u_C(0_+) = u_C(0_-) + \frac{1}{C} \int_{0_-}^{0_+} i_C(\xi) \, d\xi \tag{5-19b}$$

从上面两式可以看出，如果换路瞬间电容电流 $i_C(t)$ 为有限值，则式中积分项将为零，于是有

$$q(0_+) = q(0_-) \tag{5-20a}$$

$$u_C(0_+) = u_C(0_-) \tag{5-20b}$$

这一结果说明，如果换路瞬间流经电容的电流为有限值，则电容上的电荷和电压在换路前后保持不变，即电容的电荷和电压在换路瞬间不发生跃变。

对线性电感可做类似的分析。在任意时刻 t，它的磁链 Ψ、电压 u_L 与电流 i_L 在关联参考方向下的关系为

$$\Psi(t) = \Psi(t_0) + \int_{t_0}^{t} u_L(\xi) \, d\xi$$

$$i_L(t) = i_L(t_0) + \frac{1}{L} \int_{t_0}^{t} u_L(\xi) \, d\xi$$

令 $t_0=0_-$，$t=0_+$，则有

$$\Psi(0_+) = \Psi(0_-) + \int_{0_-}^{0_+} u_L(\xi) \, d\xi \tag{5-21a}$$

$$i_{\mathrm{L}}(0_+) = i_{\mathrm{L}}(0_-) + \frac{1}{L}\int_{0_-}^{0_+} u_{\mathrm{L}}(\xi)\,\mathrm{d}\xi \tag{5-21b}$$

从上面两式可以看出，如果换路瞬间电感电压 $u_{\mathrm{L}}(t)$ 为有限值，则式中积分项将为零，于是有

$$\Psi(0_+) = \Psi(0_-) \tag{5-22a}$$

$$i_{\mathrm{L}}(0_+) = i_{\mathrm{L}}(0_-) \tag{5-22b}$$

这一结果说明，如果换路瞬间电感电压为有限值，则电感中的磁链和电感电流在换路瞬间不发生跃变。

换路瞬间电容电压和电感电流不能跃变是因为储能元件上的能量一般不能跃变。电容中存储的电场能量 $w_{\mathrm{C}} = \frac{1}{2}Cu_{\mathrm{C}}^2$，电感中存储的磁场能量 $w_{\mathrm{L}} = \frac{1}{2}Li_{\mathrm{L}}^2$。如果 u_{C} 和 i_{L} 跃变，则意味着电容中的电场能量和电感中的磁场能量发生跃变，而能量的跃变又意味着功率为无限大 $\left(p = \dfrac{\mathrm{d}w}{\mathrm{d}t}\right)$，在一般情况下这是不可能的。只有某些特定的条件下，u_{C} 和 i_{L} 才可能跃变。

在研究工程问题时，如果所使用的电路模型中出现电容电压或电感电流的跃变现象，说明该模型已不能很好地反映客观电路，应修改电路模型，恢复那些已被忽略的电磁现象，并用相应的参数来表示。

式 (5-20)、式 (5-22) 称为换路定律。有关"换路定律"的概念可以扫描二维码 5-7 进一步学习。

由于电容电压 u_{C} 和电感电流 i_{L} 换路后的初始值与它们换路前的储能状态密切相关，因此称 $u_{\mathrm{C}}(0_+)$ 和 $i_{\mathrm{L}}(0_+)$ 为独立初始值。而其他电压和电流（如电阻的电压或电流、电容电流、电感电压等）的初始值称为非独立初始值。非独立初始值由独立初始值 $u_{\mathrm{C}}(0_+)$ 和 $i_{\mathrm{L}}(0_+)$ 结合电路中的电源并运用 KCL、KVL 等进一步确定。

二维码 5-7

非独立初始条件在换路瞬间一般都可能发生跃变，因此，不能把式 (5-20) 和式 (5-22) 的关系式随意应用于 u_{C} 和 i_{L} 以外的电压和电流初始值的计算中。

有关例题可扫描二维码 5-8~二维码 5-10 学习。

二维码 5-8　　　　　　二维码 5-9　　　　　　二维码 5-10

5.2.3　检测

掌握确定动态电路的初始值

1. 电路如图 5-7 所示，试求 $u_{\mathrm{C}}(0_+)(0\,\mathrm{V})$、$i_{\mathrm{L}}(0_+)(0\,\mathrm{A})$、$i_{\mathrm{C}}(0_+)(I_{\mathrm{s}})$ 及 $u_{\mathrm{L}}(0_+)(R_1 I_{\mathrm{s}})$。

2. 电路如图 5-8 所示，试求 $u_{\mathrm{C}}(0_+)(u_{\mathrm{s}})$、$i_{\mathrm{L}}(0_+)(u_{\mathrm{s}}/R_1)$、$i_{\mathrm{C}}(0_+)(-u_{\mathrm{s}}/R_1)$ 及 $u_{\mathrm{L}}(0_+)(u_{\mathrm{s}})$。

3. 电路如图 5-9 所示，试求 $u_C(0_+)$（10 V）、$i_L(0_+)$（10 A）、$i_C(0_+)$（-13.3 A）及 $u_R(0_+)$（10 V）。

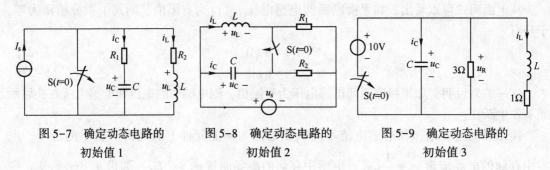

图 5-7 确定动态电路的　　图 5-8 确定动态电路的　　图 5-9 确定动态电路的
初始值 1　　　　　　　初始值 2　　　　　　　初始值 3

习题 5.2

分析计算题

（1）电路如图 5-10 所示，换路前电路已处稳态。在 $t=0$ 时开关 S 闭合，试确定换路后瞬间 u_C、i_C、u_L、i_L 的值。分析其中哪些量发生了跃变。

（2）电路如图 5-11 所示，已知换路前电路已处稳态。在 $t=0$ 时开关 S 断开，试确定换路后瞬间的 u_C、i_C、u_L、i_L 的值。分析其中哪些量发生了跃变。

（3）电路如图 5-12 所示，已知换路前电路已处稳态。在 $t=0$ 时开关 S 闭合，试确定换路后瞬间的 u_C、i_C、u_L、i_L 的值。分析其中哪些量发生了跃变。

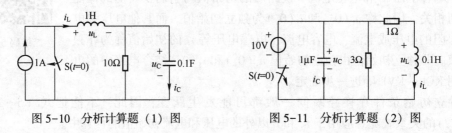

图 5-10 分析计算题（1）图　　　图 5-11 分析计算题（2）图

（4）电路如图 5-13 所示，开关处于断开位置已经很久了。换路前电路已处稳态。在 $t=0$ 时开关 S 闭合，试求：

① 确定换路后瞬间的 u_C、i_C、i、i_L 的值。分析其中哪些量发生了跃变。

② 换路后很久，电路重新处于稳态时，u_C、i_C、i、i_L 的值为多大？

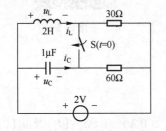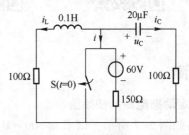

图 5-12 分析计算题（3）图　　　图 5-13 分析计算题（4）图

5.3　一阶电路的动态响应

5.3.1　节前思考

零输入响应、零状态响应与强迫响应、自由响应之间是什么关系？

5.3.2　知识点

储能元件电容、电感的电压和电流的约束关系是微分关系，因此当电路中含有电容元件和电感元件时，描述该电路的方程，在一般情况下将是微分方程，这类电路称为动态电路。

对含有直流、交流电源的动态电路，若电路已经接通了相当长的时间，电路中各元件的工作状态已趋于稳定，则称电路达到了稳定状态，简称为稳态。在直流稳态电路中，电容相当于开路，电感相当于短路，电路方程简化为代数方程组。在正弦电路中，利用相量的概念（见第 6 章）将问题归结为复数形式的代数方程组。如果电路发生某些变动，例如电路参数的改变、电路结构的变动、电源的改变等（这些统称为换路），电路的原有状态就会被破坏，电路中的电容可能出现充电与放电现象，电感可能出现充磁与去磁现象。储能元件上的电场或磁场能量所发生的变化一般都不可能瞬间完成，而必须经历一定的过程才能达到新的稳态。这种介于两种稳态之间的变化过程叫作过渡过程，简称为瞬态或暂态。电路的过渡过程的特性广泛地应用于通信、计算机、自动控制等许多工程实际中。同时，在电路的过渡过程中由于储能元件状态发生变化而使电路中可能出现过电压、过电流等特殊现象，在设计电气设备时必须予以考虑，以确保其安全运行。因此，研究动态电路的过渡过程具有十分重要的理论意义和现实意义。

电路的瞬态过程是一个时变过程。在分析动态电路的瞬态过程时，必须严格界定时间的概念。通常将零时刻作为换路的计时起点，即 $t=0$，相应地，用 $t=0_-$ 表示换路前的最终时刻，用 $t=0_+$ 表示换路后的最初时刻。$t=0_-$ 时刻的电路变量一般可由换路前的稳态电路确定。本章的任务就是研究电路变量从 $t=0_-$ 时刻到 $t=0_+$ 时刻其量值所发生的变化，从而求出 $t>0$ 后的变化规律。电路发生换路后，电路变量从 $t=0_-$ 到 $t\to\infty$ 的整个时间段内的变化规律称为电路的动态响应。如果电路中发生多次换路，可将第二次换路时刻计为 $t=t_0$，将第三次换路时刻计为 $t=t_1$，依此类推。

分析动态电路过渡过程的方法之一，是根据电路的 KCL、KVL 和元件的 VCR 建立描述电路的微分方程，对于线性时不变电路，建立的方程是以时间为自变量的线性常微分方程，求解此常微分方程，即可得到所求电路变量在过渡过程中的变化规律，这种方法称为经典法。因为它是在时间域中进行分析的，所以又称为时域分析法。

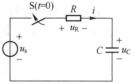

图 5-14　一阶动态电路

现以图 5-14 所示电路为例说明时域分析法的求解过程。图中开关 S 在 $t=0$ 时刻闭合，换路前电路处于稳态。

按图示电压电流参考方向，根据 KVL 列出回路的电压方程为

$$u_R + u_C = u_s$$

由元件的 VCR，有

$$u_R = Ri$$

$$i = C \frac{du_C}{dt}$$

代入电压方程，得

$$RC \frac{du_C}{dt} + u_C = u_s \qquad (5-23)$$

对线性时不变电路，式（5-23）是一个以电容电压 u_C 为未知量的一阶常系数非齐次线性微分方程。把用一阶微分方程描述的电路称为一阶电路。方程（5-23）的通解 u_C 等于该方程的特解 u_{Cp} 和与该方程相对应的齐次微分方程的通解 u_{Ch} 之和，即

$$u_C = u_{Cp} + u_{Ch}$$

式中，特解 u_{Cp} 的函数形式取决于电源 u_s，通解 u_{Ch} 的函数形式取决于电路参数。式（5-23）所对应的齐次微分方程的特征方程为

$$RCp + 1 = 0$$

由此求得方程的特征根 $p = -\frac{1}{RC}$，因此式（5-23）对应的齐次微分方程的通解为

$$u_{Ch} = Ae^{pt}$$

即电路换路后的电容电压为

$$u_C = u_{Cp} + Ae^{pt} \qquad (5-24)$$

根据电路的激励及初始条件即可求得上式中的待定系数 A，从而确定一阶电路的过渡过程的性态。

可见，时域分析的方法就是数学中的一阶微分方程的经典求解方法，关键是如何利用所学过的电路知识确定初始条件、特解和特征根等。

在换路后的电路中，激励对任一元件、任一支路、任一回路等引起的电路变量的变化均称为电路的响应，而产生响应的源（即激励）只有两种，一种是外加电源，另一种则是储能元件的初始储能。对于线性电路，动态响应是两种激励的叠加。这一节先研究电路在外施激励为零的条件下一阶电路的动态响应，此响应是由储能元件的初始储能激励的，称为零输入响应，此过渡过程即为能量的释放过程。再研究电路在初始储能为零，由外施激励条件下的动态响应。最后是两种激励共同作用下的动态响应。

1. RC 电路的零输入响应

在图 5-15 所示电路中，设开关动作前电容已充电到 $u_C = U_0$，现以开关动作时刻作为计时起点，令 $t = 0$，开关打到 2 后，即 $t \geq 0_+$ 时，根据 KVL 可得

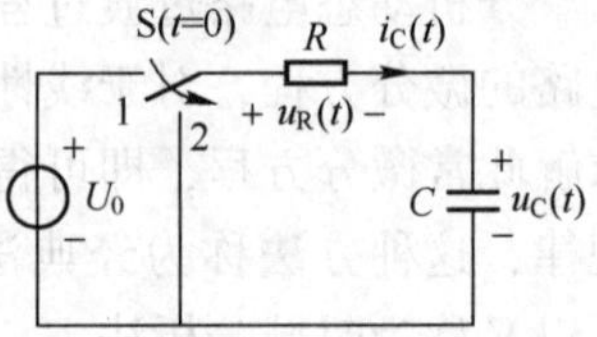

$$u_R + u_C = 0$$

将 $u_R = Ri$ 及 $i_C = C \frac{du_C}{dt}$ 代入上式，有

$$RC \frac{du_C}{dt} + u_C = 0$$

图 5-15　RC 电路的零输入响应示意图

此式为一阶常系数齐次线性微分方程，相应的特征方程为

$$RCp+1=0$$

特征根为

$$p=-\frac{1}{RC}$$

故微分方程的通解为

$$u_C=Ae^{pt}=Ae^{-\frac{t}{RC}}$$

换路瞬间电容电流为有限值，所以 $u_C(0_+)=u_C(0_-)=U_0$，将此代入上式，可得积分常数

$$A=u_C(0_+)=U_0$$

因此得到 $t\geq0_+$ 时电容电压的表达式为

$$u_C=u_C(0_+)e^{-\frac{t}{RC}}=U_0e^{-\frac{t}{RC}} \tag{5-25}$$

电阻上的电压电流分别为

$$u_R=-u_C=-U_0e^{-\frac{t}{RC}}$$

$$i_C=C\frac{du_C}{dt}=-\frac{U_0}{R}e^{-\frac{t}{RC}}$$

u_C、u_R 和 i_C 随时间变化的曲线如图 5-16 所示。

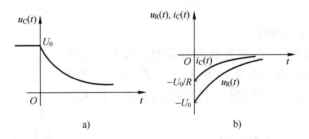

a)   b)

图 5-16 u_C、u_R 和 i_C 随时间变化的曲线

从上述分析可见，RC 电路的零输入响应 u_C、u_R、i_C 都是按照同样的指数规律衰减的。若记 $\tau=RC$，u_C 可进一步表示为

$$u_C=u_C(0_+)e^{-\frac{t}{\tau}} \tag{5-26}$$

当 R 的单位为 Ω，C 的单位为 F 时，τ 的单位为 s，称 τ 为电路的时间常数。表 5-1 列出了电容电压在 $t=0$、$t=\tau$、$t=2\tau$、…时刻的值。

表 5-1   电容电压值

t	0	τ	2τ	3τ	4τ	5τ	…	∞
$u_C(t)$	U_0	$0.368U_0$	$0.135U_0$	$0.05U_0$	$0.018U_0$	$0.0067U_0$	…	0

在理论上要经过无限长时间 u_C 才能衰减到零，但换路后经过 $3\tau\sim5\tau$ 时间，响应已衰减到初始值的 5%~0.67%，一般在工程上即认为过渡过程结束。

从表 5-1 可知，时间常数 τ 就是响应从初始值衰减到初值的 36.8% 所需的时间。事实上，在过渡过程中从任意时刻开始算起，经过一个时间常数 τ 后响应都会衰减 63.2%。

时间常数 τ 的大小决定了一阶电路过渡过程的进展速度，而 $p=-\dfrac{1}{RC}=-\dfrac{1}{\tau}$ 正是电路特征方程的特征根，它仅取决于电路的结构和电路参数，而与电路的初始值无关。因此说电路响应的性态是电路所固有的，所以又称零输入响应为电路的固有响应。

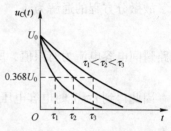

τ 越小，响应衰减越快，过渡过程的时间越短。由 $\tau=RC$ 知，R、C 值越小，τ 越小。这在物理概念上是很容易理解的。当 U_0 一定时，C 越小，电容存储的初始能量就越少，同样条件下放电的时间相对也就越短；R 越小，放电电流越大，同样条件下能量消耗越快。所以改变电路参数 R 或 C 即可控制过渡过程的 "快慢"。图 5-17 给出了不同 τ 值下的电容电压随时间的变化曲线。

图 5-17　不同 τ 值的响应曲线

在放电过程中，电容不断释放能量，电阻则不断地消耗能量，最后存储在电容中的电场能量全部被电阻吸收转换成热能，即

$$w_R=\int_0^\infty i^2(t)R\mathrm{d}t=\int_0^\infty\left(\frac{U_0}{R}\mathrm{e}^{-\frac{t}{RC}}\right)^2R\mathrm{d}t=\frac{U_0^2}{R}\int_0^\infty\mathrm{e}^{-\frac{2t}{RC}}\mathrm{d}t=\frac{1}{2}CU_0^2=w_C$$

有关 "RC 电路的零输入响应" 的概念可以扫描二维码 5-11 进一步学习。

二维码 5-11

2. RL 电路的零输入响应

图 5-18 所示电路中，电源为直流电流源，设开关动作前电路处于稳态，则电感中电流 $i_L(0_-)=I_0$。在 $t=0$ 时刻将开关闭合，电感元件将通过电阻 R 释放磁场能量。由 KVL 可得

$$u_L+u_R=0$$

将 $u_R=Ri_L$ 及 $u_L=L\dfrac{\mathrm{d}i_L}{\mathrm{d}t}$ 代入上式，有

图 5-18　RL 电路的零输入响应

$$L\frac{\mathrm{d}i_L}{\mathrm{d}t}+Ri_L=0 \tag{5-27}$$

式 (5-27) 为一阶常系数齐次线性微分方程，其相应的特征方程为

$$Lp+R=0$$

特征根为

$$p=-\frac{R}{L}$$

故微分方程 (5-27) 的通解为

$$i_L=A\mathrm{e}^{pt}=A\mathrm{e}^{-\frac{R}{L}t}$$

因为换路瞬间电感电压为有限值，所以 $i_L(0_+)=i_L(0_-)=I_0$，将此代入上式可得

$$A=i_L(0_+)=I_0$$

因此得到 $t\geqslant0_+$ 时刻电感电流为

$$i_L=i_L(0_+)\mathrm{e}^{-\frac{R}{L}t}=I_0\mathrm{e}^{-\frac{R}{L}t} \tag{5-28}$$

令 $\tau = \dfrac{L}{R}$，则电路的响应分别为

$$i_\mathrm{L} = I_0 \mathrm{e}^{-\frac{t}{\tau}}$$

$$u_\mathrm{R} = R i_\mathrm{L} = R I_0 \mathrm{e}^{-\frac{t}{\tau}}$$

$$u_\mathrm{L} = L \dfrac{\mathrm{d} i_\mathrm{L}}{\mathrm{d} t} = -R I_0 \mathrm{e}^{-\frac{t}{\tau}}$$

图 5-19 分别为 i_L、u_L、u_R 随时间变化的曲线。式中 $\tau = \dfrac{L}{R}$，当 R 的单位为 Ω，L 的单位为 H 时，τ 的单位为 s，称 τ 为 RL 电路的时间常数，它具有如同 RC 电路中 $\tau = RC$ 一样的物理意义。在整个过渡过程中，存储在电感中的磁场能量 $w_\mathrm{L} = \dfrac{1}{2} L I_0^2$ 全部被电阻吸收转换成热能。

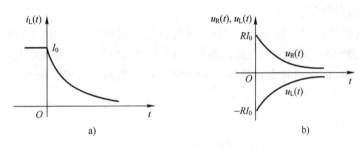

图 5-19　i_L、u_L、u_R 随时间变化的曲线

将 RC 电路和 RL 电路的零输入响应式（5-25）与式（5-28）进行对照，可以看到它们之间存在的对应关系。若令 $f(t)$ 表示零输入响应 u_C 或 i_L，$f(0_+)$ 表示变量的初始值 $u_\mathrm{C}(0_+)$ 或 $i_\mathrm{L}(0_+)$，τ 为时间常数 RC 或 L/R，则有零输入响应的通解表达式

$$f(t) = f(0_+) \mathrm{e}^{-\frac{t}{\tau}}, \quad t > 0 \tag{5-29}$$

可见，一阶电路的零输入响应与初始值成线性关系。此外，式（5-29）不仅适用于本节所示电路 u_C、i_L 的零输入响应的计算，而且适用于任何一阶电路任意变量的零输入响应的计算。

有关 "RL 电路的零输入响应" 的概念可以扫描二维码 5-12 进一步学习。

有关例题可扫描二维码 5-13 学习。

二维码 5-12

二维码 5-13

3. RC 电路的零状态响应

若换路前电路中的储能元件的初始状态为零，则称电路处于零初始状态，电路在零初始状态下的响应叫作零状态响应。此时储能元件的初始储能为零，响应单纯由外加电源激励，

因此该过渡过程即为能量的建立过程。

图 5-20 所示的电路中，开关动作前电路处于稳态，换路后 $u_C(0_+) = u_C(0_-) = 0$，为零初始状态。根据 KVL 及元件 VCR 可得

$$RC\frac{\mathrm{d}u_C}{\mathrm{d}t} + u_C = U_s \tag{5-30}$$

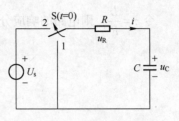

图 5-20　RC 电路的零状态响应示意图

此式为一阶常系数非齐次线性微分方程，其一般解由非齐次微分方程的特解 u_{Cp} 和相应的齐次微分方程的通解 u_{Ch} 构成。

由上一小节的分析已知

$$u_{Ch} = Ae^{-\frac{t}{RC}}$$

它是一个随时间衰减的指数函数，其变化规律与激励无关。当 $t \to \infty$ 时，$u_{Ch} \to 0$，因此又称之为响应的瞬态分量。

特解 u_{Cp} 是电源强制建立起来的，当 $t \to \infty$ 时，过渡过程结束，电路达到新的稳态，因此 u_{Cp} 就是换路后电路新的稳定状态的解，所以又称之为响应的稳态分量。稳态分量与输入函数密切相关，二者具有相同的变化规律。对于图示直流激励的电路，则有

$$u_{Cp} = U_s$$

因此

$$u_C = u_{Cp} + u_{Ch} = U_s + Ae^{-\frac{t}{RC}}$$

代入初始值 $u_C(0_+) = u_C(0_-) = 0$，有

$$A = -U_s$$

故电路的零状态响应为

$$u_C = U_s - U_s e^{-\frac{t}{RC}} = U_s(1 - e^{-\frac{t}{RC}})$$

记 $\tau = RC$，则

$$u_C = U_s(1 - e^{-\frac{t}{\tau}}) \tag{5-31}$$

电路电流为

$$i = C\frac{\mathrm{d}u_C}{\mathrm{d}t} = \frac{U_s}{R}e^{-\frac{t}{\tau}}$$

RC 电路的零状态响应曲线如图 5-21 所示。

电容电压 u_C 由零逐渐充电至 U_s，而充电电流在换路瞬间由零跃变到 $\dfrac{U_s}{R}$，$t > 0$ 后再逐渐衰减到零。在此过程中，电容不断充电，最终存储的电场能为

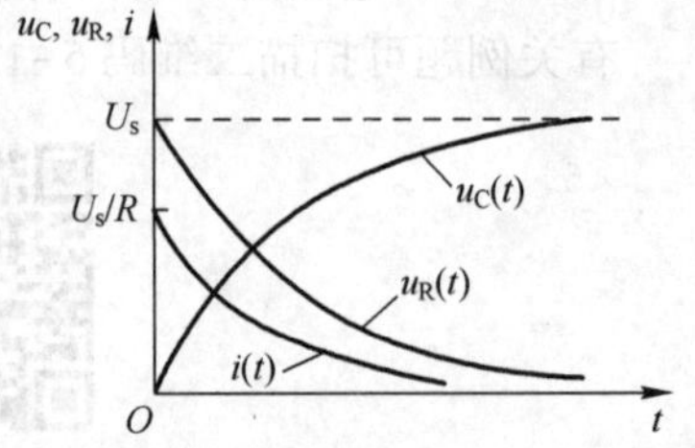

$$w_C = \frac{1}{2}CU_s^2$$

图 5-21　RC 电路的零状态响应曲线

而电阻则不断地消耗能量，其消耗的能量为

$$w_R = \int_0^\infty i^2(t)R\mathrm{d}t = \int_0^\infty \left(\frac{U_s}{R}e^{-\frac{t}{RC}}\right)^2 R\mathrm{d}t = \frac{U_s^2}{R}\int_0^\infty e^{-\frac{2t}{RC}}\mathrm{d}t = \frac{1}{2}CU_s^2 = w_C$$

可见，不论电容 C 和电阻 R 的数值为多少，充电过程中电源提供的能量只有一半转变

为电场能量存储在电容中，故其充电效率只有 50%。

有关"RC 电路的零状态响应"的概念可扫描二维码 5-14 进一步学习。

由上一小节的讨论可以相应地推出 RL 电路在直流电源激励下的零状态响应，这里不再赘述。

有关"RL 电路的零状态响应"的概念可扫描二维码 5-15 进一步学习。

有关例题可扫描二维码 5-16 学习。

二维码 5-14　　　　　二维码 5-15　　　　　二维码 5-16

分析式（5-31）可知，U_s 是电容充电结束后的电压值，即 $u_C(\infty)=U_s$，仿照式（5-31），可以写出一阶电路的零状态响应为

$$f(t)=f(\infty)(1-e^{-\frac{t}{\tau}}),\quad t>0_+ \tag{5-32}$$

式中，$f(\infty)$ 为响应 $f(t)$（u_C 或 i_L）的稳态值。显然，一阶电路的零状态响应与激励成线性关系。

4. 一阶电路的全响应

非零初始状态的一阶电路在电源激励下的响应称为全响应。全响应时电路中储能元件的初始储能不为零，响应由外加电源和初始条件共同作用而产生。显然，零输入响应和零状态响应都是全响应的特例。

现以 RC 串联电路接通直流电源的电路响应为例来介绍全响应的分析方法。图 5-22 所示电路中，开关动作

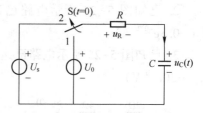

图 5-22　一阶电路的全响应

前电容已充电至 U_0，即 $u_C(0_-)=U_0$，开关 S 由 1 打向 2 后，根据 KVL 及元件 VCR 可得

$$RC\frac{du_C}{dt}+u_C=U_s \tag{5-33}$$

此方程与式（5-30）形式相同，唯一不同的只是电容的初始值不一样，因而只是确定方程解的积分常数的初始条件改变而已。

由上一小节的分析已知

$$u_C=u_{Cp}+u_{Ch}=U_s+Ae^{-\frac{t}{RC}}$$

其中 $\tau=RC$ 为电路的时间常数。

代入初始值 $u_C(0_+)=u_C(0_-)=U_0$，有

$$A=U_0-U_s$$

故电容电压为

$$u_C=U_s+(U_0-U_s)e^{-\frac{t}{\tau}} \tag{5-34}$$

分析上式可见，响应的第一项是由外加电源强制建立起来的，称之为响应的强迫分量；第二项是由电路本身的结构和参数决定的，称之为响应的自由分量。所以全响应可表示为

$$全响应=强迫分量+自由分量 \tag{5-35}$$

一般情况下，电路的时间常数都是正的，因此自由分量将随着时间的推移而最终消失，电路达到新的稳态，此时又称自由分量为瞬态分量，强迫分量为稳态分量。所以全响应又可表示为

$$全响应=稳态分量+瞬态分量 \tag{5-36}$$

如果把求得的电容电压改写成

$$u_C = U_0 e^{-\frac{t}{\tau}} + U_s\left(1-e^{-\frac{t}{\tau}}\right)$$

则可以发现，上式第一项正是由初始值单独激励下的零输入响应；而第二项则是外加电源单独激励时的零状态响应，这正是线性电路叠加性质的体现。所以全响应又可表示为

$$全响应=零输入响应+零状态响应 \tag{5-37}$$

二维码5-17

有关"一阶电路的全响应"的概念可以扫描二维码5-17进一步学习。

5.3.3 检测

掌握一阶电路的零输入响应

1. 已知图5-23所示电路的 $u_C(0_-)=12\text{V}$，$t=0$ 时开关闭合。试求 $t>0$ 的 $u_C(12e^{-0.2t}\text{V})$。

2. 已知图5-24所示电路已达稳态，$t=0$ 时开关打开。试求 $t>0$ 的 $u_C(4e^{-0.2t}\text{V})$、$i_C(-0.8e^{-0.2t}\text{A})$。

3. 已知图5-25所示电路已达稳态，$t=0$ 时开关由1打向2。试求 $t>0$ 的 $i_L(3e^{-5t}\text{A})$、$u_L(-30e^{-5t}\text{V})$。

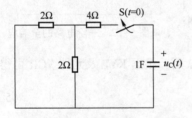

图5-23　一阶电路的零输入响应求解1

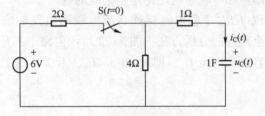

图5-24　一阶电路的零输入响应求解2

掌握一阶电路的全响应

4. 已知图5-26所示电路已达稳态，$t=0$ 时开关打开。试求 $t>0$ 的 $u_C\left[(10-5e^{-t/2.8})\text{V}\right]$。

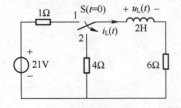

图5-25　一阶电路的零输入响应求解3

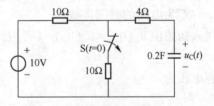

图5-26　一阶电路的全响应求解

习题 5.3

分析计算题

（1）图 5-27 所示电路的开关在位置 2 已经很久了。试

① 求此时电容电压值为多大？

② 若在 $t=0$ 时开关 S 由位置 2 迅速打到位置 1。建立换路后的关于 u_C 的微分方程并求之。问此响应属于什么响应？

③ 求 $t \to \infty$ 后的 u_C 的值。

④ 求换路后的 i_C。

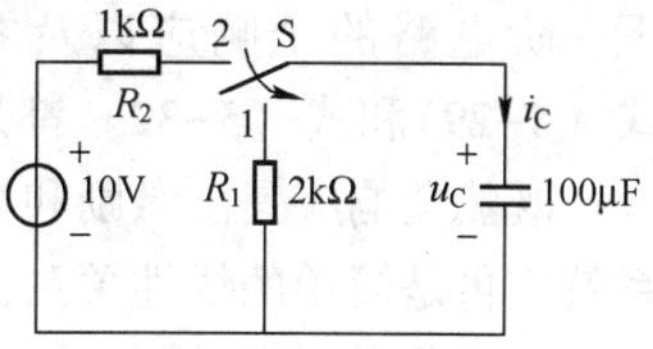

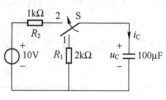

图 5-27 分析计算题（1）图

⑤ 思考：增大 R_2 是否影响过渡过程快慢？增大 R_1 是否影响过渡过程快慢？增大电压源电压是否影响过渡过程快慢？增大电容值是否影响过渡过程快慢？为什么？

（2）图 5-28 所示电路的开关在位置 1 已经很久了。试

① 求此时电容电压值为多大？

② 若在 $t=0$ 时开关 S 由位置 1 迅速打到位置 2。建立换路后的关于 u_C 的微分方程并求之。此响应属于什么响应？

③ 求换路后的 i_C。该电流在开关动作瞬间发生跃变了吗？

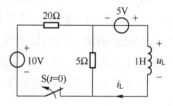

图 5-28 分析计算题（2）图

④ 思考：增大 R_2 是否影响过渡过程快慢？增大 R_1 是否影响过渡过程快慢？增大电压源电压是否影响过渡过程快慢？增大电容值是否影响过渡过程快慢？为什么？

（3）图 5-29 所示电路原已稳定，若在 $t=0$ 时开关 S 断开。试

① 建立换路后的关于 i_L 的微分方程，并求出 i_L 与 u_L。

② 此响应属于什么响应？

③ 求 $t \to \infty$ 后的 i_L 与 u_L 的值。

④ 求换路后的瞬间，i_L 与 u_L 的值。

图 5-29 分析计算题（3）图

5.4 一阶电路的三要素法

5.4.1 节前思考

（1）如果一阶 RC 电路只有一个电容，但不止一个电阻，如何求解该电路的时间常数？

（2）如果一阶 RL 电路只有一个电感，但不止一个电阻，如何求解该电路的时间常数？

5.4.2 知识点

5.3.2 节的第一、二种分解方式［式（5-35）和式（5-36）］说明了电路过渡过程的物理实质，第三种分解方式［式（5-37）］则说明了初始状态和激励与响应之间的因果关系，只是不同的分解方法而已，电路的实际响应仍是全响应，是由初始值、特解和时间常数三个

要素决定的。

在直流电源的激励下，设响应的初始值为 $f(0_+)$，特解为稳态解 $f(\infty)$，时间常数为 τ，则全响应 $f(t)$ 可写为

$$f(t)=f(\infty)+[f(0_+)-f(\infty)]e^{-\frac{t}{\tau}} \tag{5-38}$$

只要求出 $f(0_+)$、$f(\infty)$ 和 τ 这三个要素，就可根据式（5-38）直接写出直流电源激励下一阶电路的全响应以及零输入响应和零状态响应，这种方法称为三要素法。显然，式（5-29）和式（5-32）都是式（5-38）的特例。

既然全响应是由激励和初始值共同作用而产生，因此其响应的性态与激励和初始值的关系就不再是简单的线性关系，这一点与零输入响应和零状态响应不同。

在正弦电源激励下，$f(0_+)$ 与 τ 的含义同上，只有特解不同。正弦电源激励时特解 $f_p(t)$ 是时间的正弦函数，则全响应 $f(t)$ 可写为

$$f(t)=f_p(t)+[f(0_+)-f_p(0_+)]e^{-\frac{t}{\tau}} \tag{5-39}$$

其中 $f_p(0_+)=f_p(t)\big|_{t=0_+}$ 为初始值。

一阶电路在其他函数形式的电源 $g(t)$ 激励下的响应可由类似的方法求出。特解 $f_p(t)$ 与激励具有相似的函数形式，见表 5-2。

表 5-2　特解 $f_p(t)$ 与激励 $g(t)$ 的函数形式

$g(t)$ 的形式	Kt	Kt^2	$Ke^{-bt}\left(b\neq\dfrac{1}{\tau}\right)$	$Ke^{-bt}\left(b=\dfrac{1}{\tau}\right)$
$f_p(t)$ 的形式	A_1+A_2t	$A_1+A_2t+A_3t^2$	Ae^{-bt}	Ate^{-bt}

需要指出，对某一具体电路而言，所有响应的时间常数都是相同的。当电路变量的初始值、特解和时间常数都比较容易确定时，可直接应用三要素法求过渡过程的响应。而电容电压 u_C 和电感电流 i_L 的初始值较其他非独立初始值容易确定，因此也可应用戴维南定理或诺顿定理对储能元件以外的一端口网络进行等效变换，利用式（5-38）求解 u_C 和 i_L，再由等效变换的原电路求解其他电压和电流的响应。实际应用时，要视电路的具体情况选择不同的方法。

有关"一阶电路的三要素法"的概念以及例题可扫描二维码 5-18～二维码 5-20 进一步学习。

二维码 5-18 　　二维码 5-19 　　二维码 5-20

5.4.3　检测

熟练掌握一阶电路的三要素法

1. 已知图 5-30 所示电路已达稳态，$t=0$ 时开关打开。试求 $t>0$ 时的 $u_C\left[(10-5e^{-t/2.8})\,\mathrm{V}\right]$。

2. 已知图 5-31 所示电路已达稳态，$t=0$ 时开关闭合。试求 $t>0$ 时的 $u(t)$ $[(19.2-1.2e^{-10t})\,V]$。

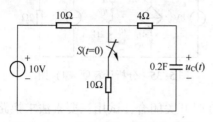

图 5-30　一阶电路的三要素法应用 1

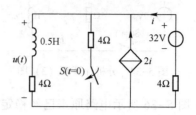

图 5-31　一阶电路的三要素法应用 2

习题 5.4

1. 填空题

（1）一阶动态电路中的三要素分别指_____、_____、_____。

（2）直流作用下的一阶电路的三要素法公式（在 $t=0$ 时刻换路）的一般形式为_____。

（3）一阶 RL 电路的时间常数计算公式为_____。

（4）一阶 RC 电路的时间常数计算公式为_____。

（5）在一阶 RL 电路中，若要使换路后过渡过程变长，可采取的措施是_____。

（6）在一阶 RC 电路中，若 C 不变，R 越大，则换路后过渡过程越_____。

（7）已知 RL 串联的一阶电路的响应 $i_L=10(1-e^{-10t})\,A$，电感 $L=100\,mH$，则电路的时间常数 $\tau=$_____s，电路的电阻 $R=$_____Ω。

（8）已知某一阶 RC 电路的电容电压响应为 $u_C=(8+6e^{-5t})\,V$，则稳态分量为_____，暂态分量为_____；零输入响应为_____，零状态响应为_____。

2. 分析计算题

（1）图 5-32 所示电路已达稳态。若在 $t=0$ 时开关 S 由位置 1 迅速打到位置 2。试用三要素法求换路后的 u_C 和 i_C。

（2）图 5-33 所示电路已达稳态。在 $t=0$ 时开关 S 由位置 2 迅速打到位置 1。试用三要素法求换路后的 u_C 和 i_C。

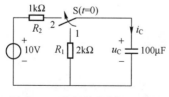

图 5-32　分析计算题（1）图

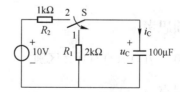

图 5-33　分析计算题（2）图

（3）图 5-34 所示电路已达稳态。在 $t=0$ 时开关 S 断开，试用三要素法求换路后的 i_L 与 u_L。

（4）图 5-35 所示电路已达稳态。$t=0$ 时开关闭合，试用三要素法求换路后的 i_L、u_L。

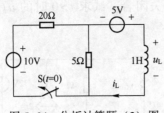

图 5-34　分析计算题（3）图

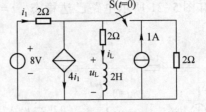

图 5-35　分析计算题（4）图

（5）图 5-36 所示电路原来已经稳定，$t=0$ 时开关闭合，试用三要素法求换路后的 i_L、i_C 及 i。

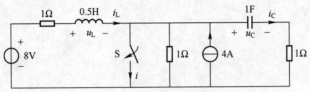

图 5-36　分析计算题（5）图

（6）图 5-37 所示电路原已稳定。$t=0$ 时开关断开，试用三要素法求 i_L、u_C。

（7）图 5-38 所示电路的 N 仅含电阻元件，$C=2\text{F}$，且无初始储能。若 $t=0$ 时开关闭合，且已知开关闭合后输出电压为 $u_0=(1+\mathrm{e}^{-0.25t})\text{V}$。若将图 5-38 中的电容元件替换为 $L=2\,\text{H}$ 的电感元件，且也无初始储能，试求开关在 $t=0$ 时闭合后电路的输出电压 u_0'。

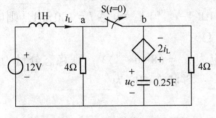

图 5-37　分析计算题（6）图

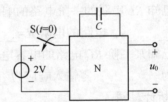

图 5-38　分析计算题（7）图

5.5　一阶电路的阶跃响应

5.5.1　节前思考

$f(t)(t\geqslant0)$、$f(t)\varepsilon(t)$ 有什么区别？

5.5.2　知识点

电路的激励除了直流激励和正弦激励之外，常见的还有另外两种奇异函数，即阶跃函数和冲激函数。本节和下一节分别讨论这两种函数的定义、性质及作用于动态电路时引起的响应。

单位阶跃函数用 $\varepsilon(t)$ 表示，它定义为

$$\varepsilon(t)=\begin{cases}0, & t<0_-\\1, & t>0_+\end{cases}\tag{5-40}$$

波形如图 5-39a 所示。可见它在 $t=0$ 时刻发生了跃变。

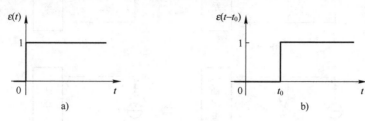

图 5-39　单位阶跃函数

若单位阶跃函数的阶跃点不在 $t=0$ 处，而在 $t=t_0$ 处，如图 5-39b 所示，则称它为延迟的单位阶跃函数，用 $\varepsilon(t-t_0)$ 表示为

$$\varepsilon(t-t_0)=\begin{cases}0, & t<t_{0_-}\\1, & t>t_{0_+}\end{cases}\tag{5-41}$$

阶跃函数可以作为开关的数学模型，所以有时也称为开关函数。如把电路在 $t=t_0$ 时刻与一个电流为 2A 的直流电流源接通，则此外施电流就可写作 $2\varepsilon(t-t_0)$A。

单位阶跃函数还可用来"起始"任意一个函数 $f(t)$。如图 5-40 所示，$f(t)$、$f(t)\varepsilon(t-t_1)$、$f(t)[\varepsilon(t-t_1)-\varepsilon(t-t_2)]$ 则分别具有不同的含义。

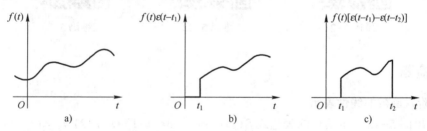

图 5-40　单位阶跃函数的起始作用

请读者画出图 5-40a 所示 $f(t)$ 对应的 $f(t-t_1)\varepsilon(t-t_1)$ 示意图。

实际应用中常利用阶跃函数和延迟阶跃函数对分段函数进行分解，再利用齐次定理和叠加原理进行求解。

阶跃函数本身无量纲，当用它表示电压或电流时，单位分别为伏特和安培，并统称为阶跃信号。

在动态电路分析中，阶跃函数可以用来描述开关 S 的动作。例如，在 $t=0$ 时将电压源 U_s 接入动态电路中，则可以用 $U_s\varepsilon(t)$ 来表示这一开关动作，如图 5-41a、b 所示，两者是等效的。同理，在 $t=t_0$ 时将电流源 I_s 接入动态电路中，则可以用 $I_s\varepsilon(t-t_0)$ 来表示这一带有延迟时间的开关动作，如图 5-41c、d 所示，两者也是等效的。由此可见，阶跃函数可以作为开关动作的数学模型。

电路对于单位阶跃函数激励的零状态响应称为单位阶跃响应，记为 $s(t)$。若已知电路的 $s(t)$，则该电路在恒定激励 $U_s\varepsilon(t)$［或 $I_s\varepsilon(t)$］下的零状态响应即为 $U_s s(t)$［或 $I_s s(t)$］。

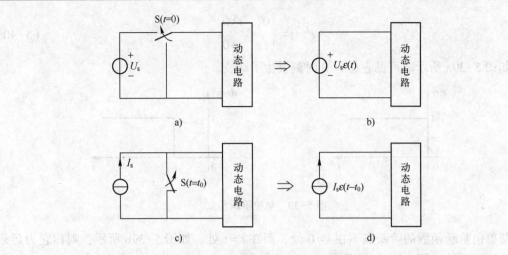

图 5-41　用阶跃函数表示开关动作

有关"一阶电路的阶跃响应"的概念可扫描二维码 5-21 进一步学习。

有关例题可扫描二维码 5-22、二维码 5-23 学习。

二维码 5-21　　　　二维码 5-22　　　　二维码 5-23

5.5.3　检测

理解阶跃函数的线性表示

1. 写出图 5-42 所示信号的表达式 $f_1(t)$ $[2\varepsilon(t)-3\varepsilon(t-1)+\varepsilon(t-2)]$、$f_2(t)$ $[(t-1)+\varepsilon(t-2)+\varepsilon(t-3)-3\varepsilon(t-4)]$。

掌握一阶电路的阶跃响应、一阶电路的三要素法

2. 如图 5-43 所示电路，N 中不含储能元件，$u_s(t)=2\varepsilon(t)\text{V}$，$C=2\text{F}$，其零状态响应为 $u_0=(1+\text{e}^{-0.25t})\varepsilon(t)\text{V}$。如果用 $L=2\text{H}$ 的电感代替电容 C，求替换后电路输出电压的零状态响应 $u_0(t)$ $[(2-\text{e}^{-t})\varepsilon(t)\text{V}]$。

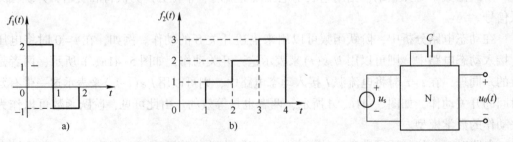

图 5-42　阶跃函数的线性表示　　　　图 5-43　一阶电路的阶跃响应求解

5.6　一阶电路的冲激响应

5.6.1　节前思考

（1）如果电路的阶跃响应没有表示成全时间域的形式，那么对它求导得出的电路的冲激响应存在什么问题？

（2）除了电路中有冲激激励的情况外，还有什么情况下，电容电压和电感电流在换路前后发生跳变？

5.6.2　知识点

单位冲激函数用 $\delta(t)$ 表示，它定义为

$$\begin{cases} \delta(t) = 0, & t \neq 0 \\ \displaystyle\int_{-\infty}^{\infty} \delta(t)\,\mathrm{d}t = 1 \end{cases} \tag{5-42}$$

单位冲激函数可以看作是单位脉冲函数的极限情况。图 5-44a 为一个单位矩形脉冲函数 $p(t)$ 的波形。它的高为 $1/\Delta$，宽为 Δ，当脉冲宽度 $\Delta \to 0$ 时，可以得到一个宽度趋于零，幅度趋于无限大，而面积始终保持为 1 的脉冲，这就是单位冲激函数 $\delta(t)$，记作

$$\delta(t) = \lim_{\Delta \to 0} p(t)$$

单位冲激函数的波形如图 5-44b 所示，箭头旁注明"1"。图 5-44c 表示强度为 k 的冲激函数。类似地，可以把发生在 $t=t_0$ 时刻的单位冲激函数写为 $\delta(t-t_0)$，用 $k\delta(t-t_0)$ 表示强度为 k，发生在 $t=t_0$ 时刻的冲激函数。

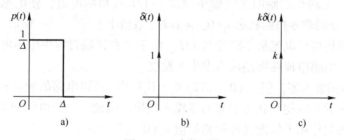

图 5-44　冲激函数

工程上并不存在冲激函数这样的信号，它是对那些变化时间特别短、变化幅度特别大的信号的物理抽象和数学近似。

冲激函数具有如下性质：

1）单位冲激函数 $\delta(t)$ 对时间的积分等于单位阶跃函数 $\varepsilon(t)$，即

$$\int_{-\infty}^{t} \delta(\xi)\,\mathrm{d}\xi = \varepsilon(t) \tag{5-43}$$

反之，阶跃函数 $\varepsilon(t)$ 对时间的一阶导数等于冲激函数 $\delta(t)$，即

$$\frac{\mathrm{d}\varepsilon(t)}{\mathrm{d}t} = \delta(t) \tag{5-44}$$

2）单位冲激函数具有"筛分性质"。对于任意一个在 $t=0$ 和 $t=t_0$ 时连续的函数 $f(t)$，都有 [设 $f(t)$ 在 $t=0$ 和 $t=t_0$ 存在]

$$\int_{-\infty}^{\infty} f(t)\delta(t)\,\mathrm{d}t = f(0) \tag{5-45}$$

$$\int_{-\infty}^{\infty} f(t)\delta(t-t_0)\,\mathrm{d}t = f(t_0) \tag{5-46}$$

可见冲激函数具有把一个函数在某一时刻"筛"出来的本领，所以称单位冲激函数具有"筛分性质"。

当把一个单位冲激电流 $\delta_\mathrm{i}(t)$ 加到初始电压为零的电容 C 上时，电容电压 u_C 为

$$u_C = \frac{1}{C}\int_{0_-}^{0_+}\delta_\mathrm{i}(t)\,\mathrm{d}t = \frac{1}{C}(\text{数值上})$$

可见

$$q(0_-) = Cu_C(0_-) = 0$$
$$q(0_+) = Cu_C(0_+) = 1(\text{数值上})$$

即单位冲激电流在 0_- 到 0_+ 的瞬时把 1 库仑的电荷转移到电容上，使得电容电压从零跃变为 $1/C$，即电容由原来的零初始状态 $u_C(0_-) = 0$ 转变到非零初始状态 $u_C(0_+) = 1/C$（数值上）。

同理，当把一个单位冲激电压 $\delta_\mathrm{u}(t)$ 加到初始电流为零的电感 L 上时，电感电流为

$$i_L = \frac{1}{L}\int_{0_-}^{0_+}\delta_\mathrm{u}(t)\,\mathrm{d}t = \frac{1}{L}(\text{数值上})$$

有

$$\Psi(0_-) = Li_L(0_-) = 0$$
$$\Psi(0_+) = Li_L(0_+) = 1(\text{数值上})$$

即单位冲激电压在 0_- 到 0_+ 的瞬时在电感中建立了 $1/L$ 安培的电流，使电感由原来的零初始状态 $i_L(0_-) = 0$ 转变到非零初始状态 $i_L(0_+) = 1/L$（数值上）。

单位冲激电压使电感电流从零跳变到 $1/L$。由于"在换路过程中电感电压为有限值"的换路条件不满足，电感电流在换路前后发生了跳变。

$t>0$ 后，冲激函数为零，但 $u_C(0_+)$ 和 $i_L(0_+)$ 不为零，所以电路的响应相当于换路瞬间由冲激函数建立起来的非零初始状态引起的零输入响应。因此，一阶电路冲激响应的求解关键在于计算在冲激函数作用下储能元件的初始值 $u_C(0_+)$ 或 $i_L(0_+)$。

电路对于单位冲激函数激励的零状态响应称为单位冲激响应，记为 $h(t)$。下面就以图 5-45 所示电路为例讨论其响应。

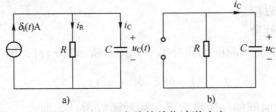

图 5-45 RC 电路的单位冲激响应

根据 KCL 有

$$C\frac{\mathrm{d}u_{\mathrm{C}}}{\mathrm{d}t}+\frac{u_{\mathrm{C}}}{R}=\delta_{\mathrm{i}}(t) \quad (0_- \leqslant t \leqslant 0_+)$$

而 $u_{\mathrm{C}}(0_-)=0$。

为了求 $u_{\mathrm{C}}(0_+)$ 的值，对上式两边从 0_- 到 0_+ 求积分，得

$$\int_{0_-}^{0_+} C\frac{\mathrm{d}u_{\mathrm{C}}}{\mathrm{d}t}\mathrm{d}t + \int_{0_-}^{0_+}\frac{u_{\mathrm{C}}}{R}\mathrm{d}t = \int_{0_-}^{0_+}\delta_{\mathrm{i}}(t)\mathrm{d}t$$

若 u_{C} 为冲激函数，则 $\mathrm{d}u_{\mathrm{C}}/\mathrm{d}t$ 将为冲激函数的一阶导数，这样 KCL 方程式将不能成立。因此 u_{C} 只能是有限值，于是第二积分项为零，从而可得

$$C[u_{\mathrm{C}}(0_+)-u_{\mathrm{C}}(0_-)]=1$$

故

$$u_{\mathrm{C}}(0_+)=\frac{1}{C}+u_{\mathrm{C}}(0_-)=\frac{1}{C}(\text{数值上})$$

单位冲激电流使电容电压从零跳变到 $1/C$。显然在这一过程中，换路定律成立的前提条件"在换路过程中流过电容的电流为有限值"不满足，因此电容电压在换路前后发生了跳变。请读者思考，除了上述有冲激激励的情况，还有什么情况下电容电压和电感电流在换路前后会发生跳变？

于是便可得到 $t>0_+$ 时电路的单位冲激响应

$$u_{\mathrm{C}}=u_{\mathrm{C}}(0_+)\mathrm{e}^{-\frac{t}{RC}}=\frac{1}{C}\mathrm{e}^{-\frac{t}{RC}}$$

式中，$\tau=RC$，为电路的时间常数。

利用阶跃函数将该冲激响应写作

$$u_{\mathrm{C}}=\frac{1}{C}\mathrm{e}^{-\frac{t}{RC}}\varepsilon(t)$$

由此可进一步求出电容电流

$$i_{\mathrm{C}}=C\frac{\mathrm{d}u_{\mathrm{C}}}{\mathrm{d}t}=\mathrm{e}^{-\frac{t}{RC}}\delta(t)-\frac{1}{RC}\mathrm{e}^{-\frac{t}{RC}}\varepsilon(t)=\delta(t)-\frac{1}{RC}\mathrm{e}^{-\frac{t}{RC}}\varepsilon(t)$$

图 5-46 为 u_{C} 和 i_{C} 的变化曲线。其中电容电流在 $t=0$ 时有一冲激电流，正是该电流使电容电压在此瞬间由零跃变到 $1/C$。

有关"单位冲激函数及响应"的概念可扫描二维码 5-24、二维码 5-25 进一步学习。

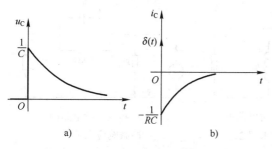

图 5-46　RC 电路的单位冲激响应曲线

 二维码 5-24　　　 二维码 5-25

由于阶跃函数 $\varepsilon(t)$ 和冲激函数 $\delta(t)$ 之间具有微分和积分的关系，可以证明，线性电路中单位阶跃响应 $s(t)$ 和单位冲激响应 $h(t)$ 之间也具有相似的关系

$$h(t)=\frac{\mathrm{d}s(t)}{\mathrm{d}t} \tag{5-47}$$

99

$$s(t)=\int_{-\infty}^{t}h(\xi)\mathrm{d}\xi \tag{5-48}$$

有了以上关系，就可以先求出电路的单位阶跃响应，然后将其对时间求导，便可得到所求的单位冲激响应。事实上，阶跃函数 $\varepsilon(t)$ 和冲激函数 $\delta(t)$ 之间具有的这种微分和积分的关系可以推广到线性电路中任一激励与响应中。即，当已知某一激励函数 $f(t)$ 的零状态响应 $r(t)$ 时，若激励变为 $f(t)$ 的微分（或积分）函数时，其响应也将是 $r(t)$ 的微分（或积分）函数。

电路的输入为冲激函数时，电容电压和电感电流会发生跃变。此外，当换路后出现纯电容回路、纯电容与独立电压源组成的回路或纯电感割集、纯电感与独立电流源组成的割集时，电路状态也可能发生跃变。这种情况下，一般可先利用 KCL、KVL 及电荷守恒或磁链守恒求出电容电压或电感电流的跃变值，然后再进一步分析电路的动态过程。

有关“单位阶跃响应和单位冲激响应之间的关系”的概念可扫描二维码 5-26 进一步学习。有关例题可扫描二维码 5-27 学习。

二维码 5-26　　二维码 5-27

5.6.3 检测

掌握一阶电路的冲激响应

1. 已知图 5-47 所示电路的 $u_C(0_-)=0$，$R_1=2\,\mathrm{k\Omega}$，$R_2=4\,\mathrm{k\Omega}$，$C=2\,\mu\mathrm{F}$。试求电路的冲激响应 $i_C\{[0.5\delta(t)-187.5\mathrm{e}^{-375t}\varepsilon(t)]\mathrm{mA}\}$、$u_C[250\mathrm{e}^{-375t}\varepsilon(t)\mathrm{V}]$。

2. 已知图 5-48 所示电路的 $i_L(0_-)=0$，$R_1=60\,\Omega$，$R_2=40\,\Omega$，$L=100\,\mathrm{mH}$。试求电路的冲激响应 $i_L[4\mathrm{e}^{-240t}\varepsilon(t)\mathrm{A}]$、$u_L\{[0.4\delta(t)-96\mathrm{e}^{-240t}\varepsilon(t)]\mathrm{V}\}$。

3. 已知图 5-49 所示电路的 $i_s=5\delta(t)\,\mathrm{mA}$。试求电路的冲激响应 $u_C[400\mathrm{e}^{-20t}\varepsilon(t)\mathrm{V}]$、$i_C\{[2\delta(t)-40\mathrm{e}^{-20t}\varepsilon(t)]\mathrm{mA}\}$。

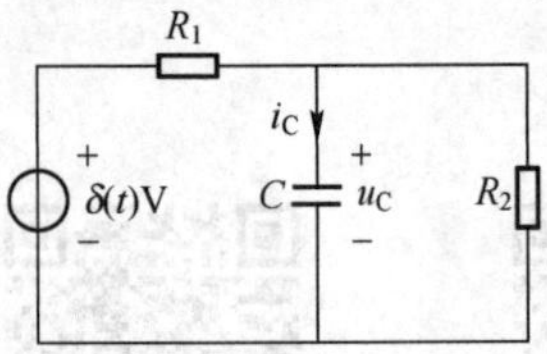

图 5-47　一阶电路的冲激响应求解 1

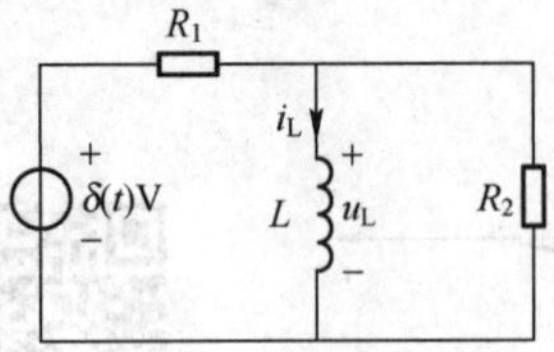

图 5-48　一阶电路的冲激响应求解 2

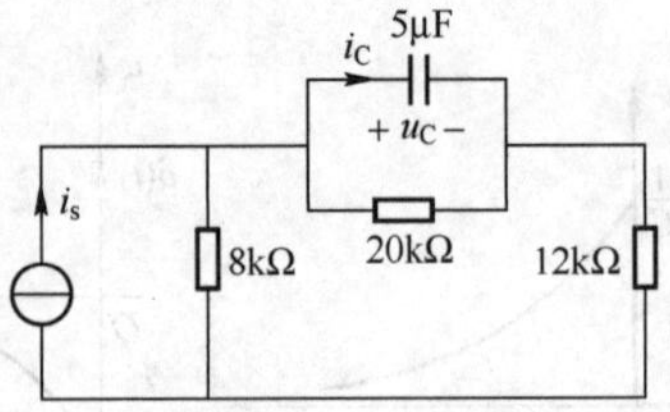

图 5-49　一阶电路的冲激响应求解 3

习题 5.5

分析计算题

（1）已知图 5-50 所示电路的 $u(0_-)=0$。

① 若 $u_s = \varepsilon(t)\,\mathrm{V}$，试求 u、i。　　　② 若 $u_s = \delta(t)\,\mathrm{V}$，试求 u、i。

③ 若 $u_s = 3\delta(t)\,\mathrm{V}$，试求 u、i。　　④ 若 $u_s = 3\varepsilon(t-1)\,\mathrm{V}$，试求 u、i。

（2）已知电路如图 5-51 所示。当 $u_s = \varepsilon(t)\,\mathrm{V}$，$i_s = 0$ 时，$u_C = (0.5 + 2\mathrm{e}^{-2t})\varepsilon(t)\,\mathrm{V}$；当 $u_s = 0$，$i_s = \varepsilon(t)\,\mathrm{A}$ 时，$u_C = (2 + 0.5\mathrm{e}^{-2t})\varepsilon(t)\,\mathrm{V}$。试求：

① R_1、R_2、C 的值。

② 当 $u_s = \varepsilon(t)\,\mathrm{V}$，$i_s = \varepsilon(t)\,\mathrm{A}$ 时的 u_C（设电容的初始储能不变）。

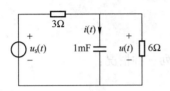
图 5-50　分析计算题（1）图

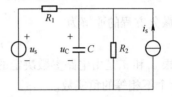
图 5-51　分析计算题（2）图

5.7　二阶电路的动态响应

5.7.1　节前思考

举例说明二阶电路在工程实际中的应用。

5.7.2　知识点

用二阶微分方程描述的电路称为二阶电路。与一阶电路类似，二阶电路的全响应也可以分解为零输入响应和零状态响应的叠加，其中零输入响应只含固有响应项，其函数形式取决于电路的结构与参数，即二阶微分方程的特征根。对不同的电路，特征根可能是实数、虚数或共轭复数，因此电路的动态过程将呈现不同的变化规律。下面以 *RLC* 串联电路的零输入响应为例加以讨论。

图 5-52 所示电路中电容原已充电至 $u_C(0_-) = U_0$，开关在 $t=0$ 时闭合（不妨设电感电流的初始值为零）。

根据 KVL 及元件的 VCR 列出电路方程为

$$u_C = u_R + u_L$$

将 $i = -C\dfrac{\mathrm{d}u_C}{\mathrm{d}t}$、$u_R = Ri$、$u_L = L\dfrac{\mathrm{d}i}{\mathrm{d}t} = -LC\dfrac{\mathrm{d}^2 u_C}{\mathrm{d}t^2}$ 代入式中，求得满足 u_C 的微分方程为

$$\frac{\mathrm{d}^2 u_C}{\mathrm{d}t^2} + \frac{R}{L}\frac{\mathrm{d}u_C}{\mathrm{d}t} + \frac{1}{LC}u_C = 0 \qquad (5-49)$$

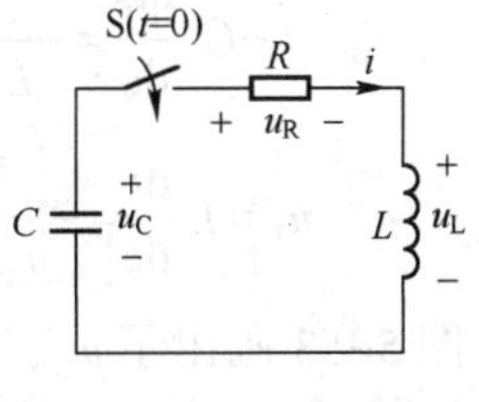

图 5-52　*RLC* 串联电路

上述微分方程的两个初始值为

$$u_C(0_+) = u_C(0_-) = U_0$$

$$\left.\frac{\mathrm{d}u_C}{\mathrm{d}t}\right|_{t=0_+}=-\frac{1}{C}i(0_+)=-\frac{1}{C}i(0_-)=0$$

此齐次微分方程的特征方程及特征根为

$$p^2+\frac{R}{L}p+\frac{1}{LC}=0$$

$$p_{1,2}=-\frac{R}{2L}\pm\sqrt{\left(\frac{R}{2L}\right)^2-\frac{1}{LC}}$$

齐次微分方程的通解为

$$u_C=A_1\mathrm{e}^{p_1t}+A_2\mathrm{e}^{p_2t} \tag{5-50}$$

特征根 p_1 和 p_2 是由电路参数决定的，可能出现下列三种情况：

1）两个不相等的负实数。

2）一对实部为负的共轭复数。

3）一对相等的负实数。

下面分别加以讨论。

有关上述二阶电路的"三种情况"的分析可以扫描二维码 5-28 进一步学习。

二维码 5-28

1. 特征根为不相等的负实数，电路为非振荡放电过程（电路呈现过阻尼状态）

当 $R>2\sqrt{\dfrac{L}{C}}$ 时，p_1 和 p_2 是两个不相等的负实数，此时电容电压以指数规律衰减，响应式（5-50）中待定系数 A_1 和 A_2 可由初始条件确定如下：

$$u_C(0_+)=A_1+A_2=U_0$$

$$\left.\frac{\mathrm{d}u_C}{\mathrm{d}t}\right|_{t=0_+}=A_1p+A_2p=0$$

得

$$A_1=\frac{p_2}{p_2-p_1}U_0, \quad A_2=-\frac{p_1}{p_2-p_1}U_0$$

将 A_1 和 A_2 代入式（5-50），求得响应 u_C 为

$$u_C=\frac{U_0}{p_2-p_1}(p_2\mathrm{e}^{p_1t}-p_1\mathrm{e}^{p_2t})$$

因此电流和电感电压分别为

$$i=-C\frac{\mathrm{d}u_C}{\mathrm{d}t}=-\frac{U_0}{L(p_2-p_1)}(\mathrm{e}^{p_1t}-\mathrm{e}^{p_2t})$$

$$u_L=L\frac{\mathrm{d}i}{\mathrm{d}t}=-\frac{U_0}{p_2-p_1}(p_1\mathrm{e}^{p_1t}-p_2\mathrm{e}^{p_2t})$$

图 5-53 画出了 u_C、i、u_L 随时间变化的曲线。从图中可以看出，在整个过程中电容一直释放所储存的电能，因此称为非振荡放电，又称为过阻尼放电。放电电流从零开始增大，至 $t=t_m$ 时达到最大，然后逐渐减小最后趋于零。

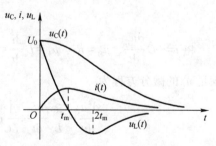

图 5-53　u_C、i、u_L 的变化曲线

t_m 可由 $\dfrac{\mathrm{d}i}{\mathrm{d}t}=0$ 求得

$$t_m=\frac{\ln(p_2/p_1)}{p_1-p_2}$$

$t=t_m$ 正是电感电压过零的时刻。$t<t_m$ 时，电感吸收能量，建立磁场；$t>t_m$ 时，电感释放能量，磁场逐渐减弱最后趋于消失。

有关"二阶电路的过阻尼状态"的概念可扫描二维码 5-29、二维码 5-30 进一步学习。

二维码 5-29　　　　二维码 5-30

2. 特征根是一对实部为负的共轭复数，电路为振荡放电过程（电路呈现欠阻尼状态）

当 $R<2\sqrt{\dfrac{L}{C}}$ 时，特征根 p_1 和 p_2 是一对共轭复数。令 $p_{1,2}=-\alpha\pm j\omega$，其中 $\alpha=\dfrac{R}{2L}$，$\omega^2=\dfrac{1}{LC}-\left(\dfrac{R}{2L}\right)^2=\omega_0^2-\alpha^2$，$\omega_0=\dfrac{1}{\sqrt{LC}}$，存在如图 5-54 所示的直角三角形关系。

所以有 $\omega_0=\sqrt{\alpha^2+\omega^2}$，$\theta=\arctan\dfrac{\omega}{\alpha}$，$\alpha=\omega_0\cos\theta$，$\omega=\omega_0\sin\theta$。

根据欧拉方程 $e^{j\theta}=\cos\theta+j\sin\theta$，可进一步求得

$$p_1=-\omega_0e^{-j\theta},\quad p_2=-\omega_0e^{j\theta}$$

由前面的分析可得

$$
\begin{aligned}
u_C&=\frac{U_0}{p_2-p_1}(p_2e^{p_1t}-p_1e^{p_2t})\\
&=\frac{U_0}{-j2\omega}\left[-\omega_0e^{j\theta}e^{(-\alpha+j\theta)t}+\omega_0e^{-j\theta}e^{(-\alpha-j\theta)t}\right]\\
&=\frac{U_0\omega_0}{\omega}e^{-\alpha t}\left[\frac{e^{j(\omega t+\theta)}-e^{-j(\omega t+\theta)}}{j2}\right]\\
&=\frac{U_0\omega_0}{\omega}e^{-\alpha t}\sin(\omega t+\theta)
\end{aligned}
$$

进一步求得电流和电感电压分别为

$$i=-C\frac{\mathrm{d}u_C}{\mathrm{d}t}=\frac{U_0}{\omega L}e^{-\alpha t}\sin\omega t$$

$$u_L=L\frac{\mathrm{d}i}{\mathrm{d}t}=-\frac{U_0\omega_0}{\omega}e^{-\alpha t}\sin(\omega t-\theta)$$

可见，在整个过渡过程中 u_C、i、u_L 周期性地改变方向，呈现衰减振荡的状态，即电容和电感周期性地交换能量，电阻则始终消耗能量，电容上原有的电能最终全部转化为热能消

耗掉。u_C、i、u_L 的波形如图 5-55 所示，这种振荡称为衰减振荡或阻尼振荡。其中 $\alpha = \dfrac{R}{2L}$ 称

为衰减系数，$\omega = \sqrt{\dfrac{1}{LC} - \left(\dfrac{R}{2L}\right)^2}$ 为振荡角频率。

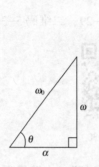

图 5-54 ω、ω_0、α、θ 的关系示意图

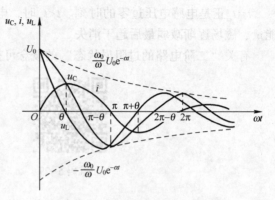

图 5-55 u_C、i、u_L 的变化曲线

表 5-3 列出了换路后第一个 1/2 周期内元件之间能量转换的情况。

表 5-3 换路后第一个半周期内各元件的能量转换情况

元 件 类 型	$0<\omega t<\theta$	$\theta<\omega t<\pi-\theta$	$\pi-\theta<\omega t<\pi$
电容	释放	释放	吸收
电感	吸收	释放	释放
电阻	消耗	消耗	消耗

有关"二阶电路的欠阻尼状态"的概念可扫描二维码 5-31 进一步学习。

特殊地，当 $R=0$ 时，$\alpha = \dfrac{R}{2L} = 0$，$\omega = \omega_0$，在这种情况下（电路呈现无阻尼状态），特征根 p_1 和 p_2 是一对纯虚数，这时可求得 u_C、i、u_L 分别为

二维码 5-31

$$u_C = U_0 \cos\omega_0 t$$

$$i = \frac{U_0}{\omega_0 L}\sin\omega_0 t = \frac{U_0}{\sqrt{\dfrac{L}{C}}}\sin\omega_0 t$$

$$u_L = U_0 \cos\omega_0 t = u_C$$

由于回路中无电阻，因此电压与电流均为不衰减的正弦量，称为无阻尼自由振荡。电容上原有的能量在电容和电感之间相互转换，而总能量不减少，即为等幅振荡。

有关"二阶电路的无阻尼状态"的概念可扫描二维码 5-32 进一步学习。

二维码 5-32

3. 特征根为一对相等的负实数（电路呈现临界阻尼状态）

当 $R = 2\sqrt{\dfrac{L}{C}}$ 时，特征方程存在二重根，$p_1 = p_2 = -\dfrac{R}{2L} \overset{\text{def}}{=\!=} -\alpha$。此时微分方程的通解为

$$u_C = (A_1 + A_2 t)\,\mathrm{e}^{-\alpha t}$$

根据初始条件可求得

$$A_1 = U_0, \quad A_2 = \alpha U_0$$

所以

$$u_C = U_0(1 + \alpha t)\,\mathrm{e}^{-\alpha t}$$

$$i = -C\frac{\mathrm{d}u_C}{\mathrm{d}t} = \frac{U_0}{L}t\,\mathrm{e}^{-\alpha t}$$

$$u_L = L\frac{\mathrm{d}i}{\mathrm{d}t} = U_0(1 - \alpha t)\,\mathrm{e}^{-\alpha t}$$

可以看出，特征根为一对相等的负实数时，动态电路的响应与特征根为一对不相等的负实数时的响应类似，即 u_C、i、u_L 具有非振荡的性质，两者的波形相似。由于这种过渡过程刚好介于振荡与非振荡之间，因此称为临界状态。

有关"二阶电路的临界阻尼状态"的概念可扫描二维码 5-33 进一步学习。

以上讨论了 RLC 串联电路在 $u_C(0_-) = U_0$、$i_L(0_-) = 0$ 的特定初始条件下的零输入响应，尽管电路响应的形式与初始条件无关，但积分常数的确定却与初始条件有关。因此当初始条件改变时积分常数也需相应地改变。

二维码 5-33

此外，如果要求计算在外加电源作用下的零状态响应或全响应，则既要计算强制分量，又要计算自由分量，其强制分量由外加激励决定，自由分量与零输入响应的形式一样，仍取决于电路的结构与参数。二阶电路的阶跃响应和冲激响应也可仿照一阶电路的方法做类似的分析。

有关"二阶电路的零状态响应和全响应"的概念可扫描二维码 5-34 进一步学习。

二维码 5-34

有关例题可扫描二维码 5-35~二维码 5-39 进一步学习。

二维码 5-35　　　　二维码 5-36　　　　二维码 5-37　　　　二维码 5-38　　　　二维码 5-39

5.7.3　检测

掌握二阶电路的动态响应

1. 图 5-56 所示电路中开关 S 闭合已久，$t = 0$ 时开关 S 打开。试求换路后的 u_C [$-1154.8\mathrm{e}^{-25t}\sin(43.3t)\,\mathrm{V}$]、$i_L$ [$5.774\mathrm{e}^{-25t}\sin(43.3t + 60°)\,\mathrm{A}$]。

2. 已知图 5-57 所示电路已达稳态，$t=0$ 时开关 S 闭合。试求换路后的电感电压 u_L [$(-1.489\mathrm{e}^{-8.87t}+11.489\mathrm{e}^{-1.13t})\mathrm{V}$]。

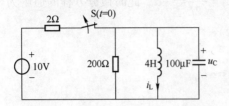

图 5-56　二阶电路的动态响应求解 1

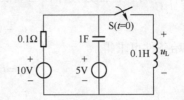

图 5-57　二阶电路的动态响应求解 2

习题 5.6

分析计算题

（1）对图 5-58 所示电路，开关 S 已在位置 1 很久了。在 $t=0$ 时刻开关 S 由位置 1 打到位置 2，试分析开关 S 动作对电路中电压电流的影响（电感无初始储能）。试

① 计算换路后瞬间的 $u_C(0_+)$。

② 计算换路后很长时间的 $u_C(\infty)$、$i_L(\infty)$、$u_L(\infty)$。

③ 利用 RLC 间的关系判断换路后电路过渡过程的状态。

④ 对图 5-58 换路后的电路，列写出该电路关于 u_C 的二阶微分方程。

⑤ 写出对应的特征方程，解出特征根对应的通解。

⑥ 根据 $u_C(0_+)$ 及 $\dfrac{\mathrm{d}u_C}{\mathrm{d}t}\Big|_{t=0_+}$ 确定 u_C 的待定系数，解出 u_C。

（2）图 5-59 所示电路中，开关 S 已在位置 1 很久了，在 $t=0$ 时刻开关 S 由位置 1 打到位置 2（电感无初始储能）。试

① 判断电路处于何种过渡过程，求 u_C。

② 若电阻 R 可变，则当 R 取何值时，该电路的过渡过程是临界阻尼非振荡放电状态？当 R 取何值时，该电路的过渡过程是过阻尼振荡状态？

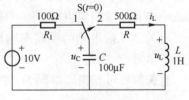

图 5-58　分析计算题（1）图

（3）图 5-60 电路原处于稳态，试判断换路后的过渡过程是什么状态（电感无初始储能）。

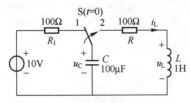

图 5-59　分析计算题（2）图

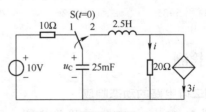

图 5-60　分析计算题（3）图

例题精讲 5-1　　　例题精讲 5-2　　　例题精讲 5-3　　　例题精讲 5-4

例题精讲 5-5　　　例题精讲 5-6　　　例题精讲 5-7

第6章　正弦稳态电路分析

电路的正弦稳态分析在实际应用和理论上都很重要。许多电工设备和仪器中的电路都工作在正弦稳态，特别在电力系统中，大量的问题依靠正弦稳态分析来解决，很多电力设备的设计和性能也都是根据正弦稳态来考虑的；而常用的音频信号发生器输出的信号是正弦信号，语音广播及电视广播技术中所用的"高频载波"或"超高频载波"是正弦波。正因为如此，读者应切实掌握本章的内容。

正弦稳态分析是研究和讨论线性时不变电路在同一频率的正弦电源激励下电路的稳态响应。求解电路的正弦稳态响应，统称为电路的正弦稳态分析，是电路分析的基础内容之一，是从频率域的角度对电路进行分析，也是电路信号、频谱分析的基础。电路的正弦稳态分析借助于相量或相量图进行分析和计算。而且一旦知道了电路对某一正弦输入的响应，就可以有效地计算出它对任何信号的响应。

本章主要研究正弦量的三要素、正弦量的有效值、正弦量的相量表示法；电阻、电容、电感的相量模型；复阻抗、复导纳及其等效变换；基尔霍夫定律相量形式及正弦交流电路的计算方法；正弦交流电路的功率。本章所讨论的内容，不但是研究正弦电流电路所必需的，同时也为讨论非正弦周期电流电路的分析计算打下基础。

6.1　正弦量及其相量表示

6.1.1　节前思考

（1）为什么一般只对同频率的正弦量比较相位差？
（2）"相量"和"向量"的区别是什么？
（3）正弦量的乘除可以对应成相量的乘除吗？
（4）相量法的适用范围是什么？

6.1.2　知识点

1. 正弦量

（1）正弦量的三要素

正弦波形是常用的波形之一，而且一般周期性变化的波形常常可以分解为许多正弦波形的叠加，从而使正弦波形成为电力和电子工程中传递能量或信息的主要形式。

电路中按正弦规律变化的电流、电压统称为正弦量。正弦量既可以用正弦函数 sine 表示，也可以用余弦函数 cosine 表示。本书采用国家标准，统一采用余弦函数表示正弦量。

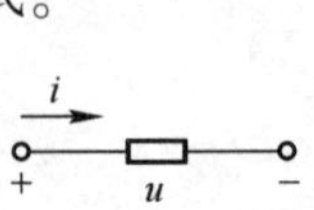

图 6-1 所示电路中有一正弦电流 i，在其参考方向下的数学表达式定义为

图 6-1　一段
正弦电流电路

$$i(t) = I_\mathrm{m}\cos(\omega t + \varphi_\mathrm{i}) \tag{6-1}$$

式中，I_m、ω、φ_i 分别称为正弦量的振幅（或最大值）、角频率、初相位。

振幅 I_m 是正弦量在整个振荡过程中所能够达到的最大值，即当 $\cos(\omega t + \varphi_\mathrm{i}) = 1$ 时，有

$$i_\mathrm{max} = I_\mathrm{m}$$

正弦量每重复变化一次所经历的时间间隔即为它的周期，用 T 表示，周期的单位为 s （秒）。正弦量每经过一个周期 T，对应的角度变化了 2π 弧度，所以

$$\omega T = 2\pi \tag{6-2a}$$

$$\omega = \frac{2\pi}{T} = 2\pi f \tag{6-2b}$$

式中，ω 是正弦量的相位 $(\omega t + \varphi_\mathrm{i})$ 随时间变化的角速度，即

$$\omega = \frac{\mathrm{d}}{\mathrm{d}t}(\omega t + \varphi_\mathrm{i}) \tag{6-3}$$

用 rad/s（弧度/秒）作为角频率的单位。

式（6-2）中的 $f = \dfrac{1}{T}$ 是频率，表示单位时间内正弦量变化的循环次数，用 1/s（1/秒）作为频率的单位，称为 Hz（赫兹，简称赫）。我国工业化生产的电能为正弦电压源，其频率为 50 Hz。工程中还常以频率区分电路，如音频电路、高频电路、甚高频电路等。

初相（位）φ_i 是正弦量在 $t = 0$ 时刻的相位，即

$$(\omega t + \varphi_\mathrm{i})\big|_{t=0} = \varphi_\mathrm{i} \tag{6-4}$$

初相的单位用弧度或度表示，通常在主值范围内取值，即 $|\varphi_\mathrm{i}| \leqslant 180°$。初相与计时零点有关。对于任一正弦量，初相是允许任意赋值的，但对于同一电路系统中的许多相关正弦量，只能相对于一个共同的计时零点确定各自的相位。

通常将振幅、角频率和初相位称为正弦量的三要素，它们是正弦量之间进行比较和区分的依据。图 6-2 所示的是初相不同时各正弦量的波形。

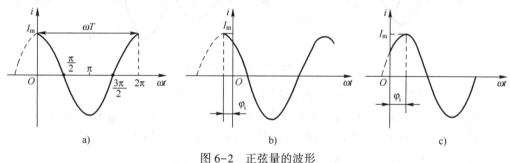

图 6-2　正弦量的波形

a) $\varphi_\mathrm{i} = 0$　b) $\varphi_\mathrm{i} > 0$　c) $\varphi_\mathrm{i} < 0$

同样，所有的正弦量都需要振幅、角频率和初相这三个要素来表示其变化规律。计算正弦电流电路时不仅关心各正弦量的振幅，还要计算它们之间的相位关系。本章研究由同频率正弦电压源和电流源激励的线性电路，并且各响应变量均是与电源同频率的正弦量。下面讨论与正弦量振幅和相位有关的两个问题。

有关"正弦量的三要素"的概念可以扫描二维码 6-1 进一步学习。

二维码 6-1

（2）同频率正弦量的相位差

在正弦交流电路的分析中，经常要比较两个同频率正弦量的相位差。相位关系的不同，反映了负载性质的不同。因此常用"相位差"来表示两个同频率正弦量的相位关系。设有两个同频率的正弦电压 u 和正弦电流 i，如式（6-5）所示。

$$i(t) = I_m\cos(\omega t + \varphi_i)$$
$$u(t) = U_m\cos(\omega t + \varphi_u)$$
（6-5）

则 u、i 的相位差等于它们之间的相位之差，即

$$\varphi = (\omega t + \varphi_u) - (\omega t + \varphi_i) = \varphi_u - \varphi_i$$
（6-6）

式（6-6）表明，同频率正弦量的相位差等于它们的初相之差，它是一个与时间无关的常数。电路中常用"超前""滞后""同相"等来说明两个同频率正弦量相位比较的结果。

1）若 $\varphi > 0$，即 $\varphi_u > \varphi_i$，称电压超前电流（或电流滞后电压）。也就是说，在同一个周期内，电压 u 先于电流 i 达到极值点，如图 6-3a 所示。

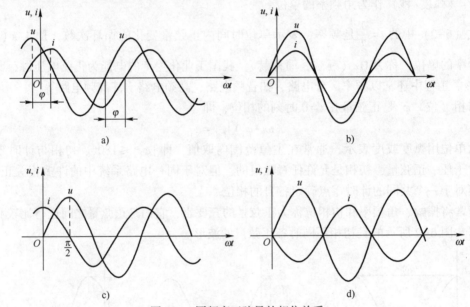

a)   b)

c)   d)

图 6-3 同频率正弦量的相位关系

2）若 $\varphi = 0$，即 $\varphi_u = \varphi_i$，称电压和电流同相，如图 6-3b 所示。

3）若 $\varphi < 0$，即 $\varphi_u < \varphi_i$，称电压滞后电流（或电流超前电压），如图 6-3c 所示。

4）若 $|\varphi| = \pi$，即 $\varphi_u = \varphi_i \pm \pi$，称电压和电流反相，如图 6-3d 所示。

5）若 $|\varphi| = \dfrac{\pi}{2}$，即 $\varphi_u = \varphi_i \pm \dfrac{\pi}{2}$，称电压和电流正交，如图 6-3c 所示。

从图 6-3 可以看到，在同一坐标系中，同频率正弦信号的相位差与计时起点无关。

由于正弦量的初相与设定的参考方向有关，当改变某一正弦量的参考方向时，则该正弦量的初相将改变 π，它与其他正弦量的相位差也将相应地改变 π。

有关"同频率正弦量的相位差"的概念可以扫描二维码 6-2 进一步学习。

二维码 6-2

（3）正弦量的有效值

周期性电压和电流的大小是不断随时间而变化的，要确切地表示它们的大小，必须写出它们的瞬时式，这种表达方式虽然完整但比较复杂。对于具体的问题，常采用不同的指标来表示周期信号的大小。如考虑两个频率不太高的周期电压 u_1、u_2 对一个电容器的绝缘危害问题时，只需考虑这两个电压的峰值 $U_{1\max}$、$U_{2\max}$。功率消耗是电路计算中常涉及的问题。考虑一个周期电流 i 通过电阻 R 的功率损耗时，应计算该周期内电阻消耗的电能

$$W = \int_0^T i^2 R \mathrm{d}t$$

若在同一个周期内通过该电阻 R 一直流电流 I，消耗了相同的电能，即

$$W = RI^2 T$$

比较上述两式，可得

$$RI^2 T = \int_0^T i^2 R \mathrm{d}t$$

即

$$I = \sqrt{\frac{1}{T} \int_0^T i^2 \mathrm{d}t} \tag{6-7}$$

式（6-7）就是周期性电流 i 的有效值 I 的定义式。此式表明，周期性电流 i 的有效值 I 等于它的瞬时电流 i 的二次方在一个周期内的平均值的二次方根，故有效值又称为方均根值。

对于其他周期性的量，可同样给出其有效值的定义。例如，周期性电压 u 的有效值定义为

$$U = \sqrt{\frac{1}{T} \int_0^T u^2 \mathrm{d}t}$$

当电流 i 是正弦量时，可得到正弦量的有效值与正弦量的振幅之间的特殊关系，此时有

$$I = \sqrt{\frac{1}{T} \int_0^T i^2 \mathrm{d}t} = \sqrt{\frac{1}{T} \int_0^T \left[I_\mathrm{m}^2 \cos^2(\omega t + \varphi_\mathrm{i}) \right] \mathrm{d}t}$$

$$= \sqrt{\frac{1}{T} \int_0^T \left[I_\mathrm{m}^2 \times \frac{1 + \cos(2\omega t + 2\varphi_\mathrm{i})}{2} \right] \mathrm{d}t}$$

$$= \frac{I_\mathrm{m}}{\sqrt{2}} = 0.707 I_\mathrm{m} \tag{6-8}$$

可以看到，正弦量的有效值与最大值之间有 $\sqrt{2}$ 倍的关系，所以正弦量 i、u 又可以写为

$$\begin{cases} i(t) = \sqrt{2} I \cos(\omega t + \varphi_\mathrm{i}) \\ u(t) = \sqrt{2} U \cos(\omega t + \varphi_\mathrm{u}) \end{cases} \tag{6-9}$$

式中，$I(U)$、ω、$\varphi_\mathrm{i}(\varphi_\mathrm{u})$ 也称为正弦量的三要素。正弦量的有效值与正弦量的频率、初相都无关。

通常所说的电力线路的电压是 220 V，电动机的电流是 5 A 等，指的都是有效值。但是电气设备上的绝缘水平——耐压，则是按最大值考虑。大多数交流电压表和交流电流表都是测量有效值的，其表盘上刻度也是正弦电流（压）的有效值。

有关"正弦量的有效值"的概念可以扫描二维码 6-3 进一步学习。

二维码 6-3

2. 正弦量的相量表示

(1) 复数

复数及其运算是应用相量法的基础。

一个复数有多种表示形式。复数 F 的代数形式为

$$F=a+\mathrm{j}b \tag{6-10}$$

式中，$\mathrm{j}=\sqrt{-1}$ 是虚数的单位（数学中虚单位用 i 表示，为了与电流 i 不混淆，本书采用符号 j 表示虚单位）。a 称为复数 F 的实部，记为 $a=\mathrm{Re}[F]$；b 称为复数 F 的虚部，记为 $b=\mathrm{Im}[F]$。复数 F 还可以在复平面上用向量 $\boldsymbol{OF}$ 表示，如图 6-4 所示。$\boldsymbol{OF}$ 的长度为复数的模 $|F|$，$\boldsymbol{OF}$ 在实轴上的投影为复数 F 的实部 a；$\boldsymbol{OF}$ 在虚轴上的投影为复数 F 的虚部 b；$\boldsymbol{OF}$ 与正实轴的交角 θ 为复数 F 的辐角，即

$$\theta=\arg F$$

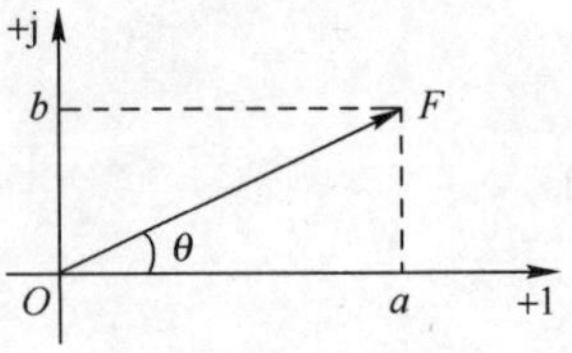

图 6-4　复数的表示

由图 6-4 可以得到复数 F 的三角形式为

$$F=|F|\cos\theta+\mathrm{j}|F|\sin\theta=|F|(\cos\theta+\mathrm{j}\sin\theta) \tag{6-11}$$

式中，θ 的单位用度或弧度表示。所以有

$$a=|F|\cos\theta, b=|F|\sin\theta$$

$$|F|=\sqrt{a^2+b^2}, \theta=\arctan\left(\frac{b}{a}\right)$$

利用欧拉公式 $\mathrm{e}^{\mathrm{j}\theta}=\cos\theta+\mathrm{j}\sin\theta$，可得复数 F 的指数形式为

$$F=|F|\mathrm{e}^{\mathrm{j}\theta} \tag{6-12}$$

和极坐标形式为

$$F=|F|\underline{/\theta} \tag{6-13}$$

F^* 表示复数 F 的共轭复数，即

$$F^*=a-\mathrm{j}b \quad 或 \quad F^*=|F|\underline{/-\theta}$$

下面介绍复数的运算。

复数的相加和相减必须用代数形式进行。设

$$F_1=a_1+\mathrm{j}b_1, F_2=a_2+\mathrm{j}b_2$$

则

$$\begin{aligned}F_1\pm F_2&=(a_1+\mathrm{j}b_1)\pm(a_2+\mathrm{j}b_2)\\&=(a_1\pm a_2)+\mathrm{j}(b_1\pm b_2)\end{aligned}$$

复数的加、减运算就是把它们的实部和虚部分别相加、减。复数的加、减运算也可以按照平行四边形法则在复平面上用向量的加、减运算求得，如图 6-5 所示。

若上述两个复数相乘，则

$$\begin{aligned}F_1F_2&=(a_1+\mathrm{j}b_1)(a_2+\mathrm{j}b_2)\\&=(a_1a_2-b_1b_2)+\mathrm{j}(a_1b_2+a_2b_1)\end{aligned}$$

或

$$\begin{aligned}F_1F_2&=|F_1|\mathrm{e}^{\mathrm{j}\theta_1}\times|F_2|\mathrm{e}^{\mathrm{j}\theta_2}\\&=|F_1||F_2|\mathrm{e}^{\mathrm{j}(\theta_1+\theta_2)}\end{aligned}$$

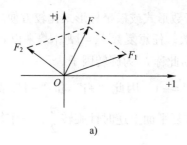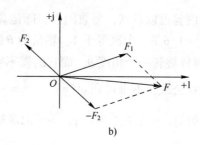

$$a) \qquad\qquad b)$$

图 6-5　复数代数和的图解示意

a)　$F = F_1 + F_2$　　b)　$F = F_1 - F_2$

所以

$$|F_1 F_2| = |F_1||F_2|$$

$$\arg[F_1 F_2] = \arg F_1 + \arg F_2$$

若上述两个复数相除，得

$$\frac{F_1}{F_2} = \frac{a_1 + jb_1}{a_2 + jb_2} = \frac{(a_1 + jb_1)(a_2 - jb_2)}{(a_2 + jb_2)(a_2 - jb_2)}$$

$$= \frac{a_1 a_2 + b_1 b_2}{a_2^2 + b_2^2} + j\frac{a_2 b_1 - a_1 b_2}{a_2^2 + b_2^2}$$

或

$$\frac{F_1}{F_2} = \frac{|F_1|\underline{/\theta_1}}{|F_2|\underline{/\theta_2}} = \frac{|F_1|}{|F_2|}\underline{/\theta_1 - \theta_2}$$

所以

$$\left|\frac{F_1}{F_2}\right| = \frac{|F_1|}{|F_2|}$$

$$\arg\left[\frac{F_1}{F_2}\right] = \arg F_1 - \arg F_2$$

$F_2 F_2^*$ 的结果为实数，称为有理化运算。

图 6-6 为复数的乘、除的图解表示。从图中可以看出，复数乘、除表示模的放大或缩小，辐角表示为顺时针旋转或逆时针旋转。

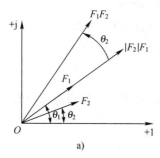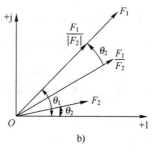

$$a) \qquad\qquad b)$$

图 6-6　复数乘、除的图解示意

a)　$F_1 F_2$　　b)　F_1/F_2

从上述内容可以看到，复数的乘、除运算用指数形式或极坐标形式比较方便。

复数 $e^{j\theta}=1\underline{/\theta}$ 是一个模等于 1、辐角为 θ 的复数。任意复数 $F_1=|F_1|e^{j\theta_1}$ 乘以 $e^{j\theta}$，等于把复数 F_1 逆时针旋转一个角度 θ，而它的模不变，因此称 $e^{j\theta}$ 为旋转因子。

根据欧拉公式，不难得到 $e^{j\frac{\pi}{2}}=j$，$e^{-j\frac{\pi}{2}}=-j$，$e^{j\pi}=-1$。因此 "±j" 和 "−1" 都可以看成旋转因子。例如，一个复数乘以 j，等于把该复数在复平面上逆时针旋转 $\frac{\pi}{2}$；一个复数除以 j，等于把该复数在复平面上顺时针旋转 $\frac{\pi}{2}$。

在复数运算中常用到两个复数相等的运算。两个复数 F_1、F_2 相等，必须满足

$$\mathrm{Re}[F_1]=\mathrm{Re}[F_2], \quad \mathrm{Im}[F_1]=\mathrm{Im}[F_2]$$

或者

$$|F_1|=|F_2|, \quad \arg F_1=\arg F_2$$

二维码 6-4

一个复数方程可以分解为两个实数方程。

有关"复数"的概念可以扫描二维码 6-4 进一步学习。

（2）正弦量的相量表示

正弦量除了用瞬时值和波形图表示外，还可以用相量来表示。这种表示方式在讨论同频率正弦量间的相位关系和进行同频率正弦量的加减运算时特别方便。

正弦量的一个重要性质是，正弦量乘以常数，正弦量的微分、积分，同频率正弦量的代数和等运算，其结果仍为一个同频率的正弦量。

对于线性电路而言，若电路中的所有激励都是同一频率的正弦量，则电路中各支路的电压和电流的稳态响应也将是与激励相同频率的正弦量。处于这种稳定状态的电路称为正弦稳态电路，又称为正弦电流电路。线性电路在正弦电源激励下的稳态分析在现实中有着重要意义，这是因为正弦稳态是线性电路的重要运行形式。例如在正常情况下，动力电网便是在正弦稳态下运行。许多通信技术中的电子电路在稳态下的工作特性也是普遍受到关注的问题。关于电路的正弦稳态成为分析许多电路问题的基础。

如果复数 $F=|F|e^{j\theta}$ 的辐角 $\theta=\omega t+\varphi$，则 F 是一个复指数函数。根据欧拉公式可以得到

$$F=|F|e^{j(\omega t+\varphi)}=|F|\cos(\omega t+\varphi)+j|F|\sin(\omega t+\varphi)$$

为了与正弦量对应，取该复指数函数的实部，有

$$\mathrm{Re}[F]=|F|\cos(\omega t+\varphi)$$

若正弦交流电流 $i=\sqrt{2}I\cos(\omega t+\varphi_i)$，则电流 i 可以用复指数函数表示为

$$i=\sqrt{2}I\cos(\omega t+\varphi_i)=\mathrm{Re}[\sqrt{2}Ie^{j(\omega t+\varphi_i)}]$$
$$=\mathrm{Re}[\sqrt{2}Ie^{j\varphi_i}e^{j\omega t}]$$

(6-14)

从式（6-14）可以看到，$Ie^{j\varphi_i}$ 是以正弦量的有效值为模，以初相为辐角的一个复数。这个复数定义为正弦量 i 的相量 $\dot{I}$ [⊖]，即

⊖ 1893 年，年仅 28 岁的斯泰因梅茨向国际电工委员会报告了用复数计算正弦电路的方法，他称为符号分析法，从而使人们计算交流电路的能力得以大大提高，使交流输电理论和交流电事业得到快速发展，并为电路理论做出了里程碑式的贡献。

$$\dot{I} = I\mathrm{e}^{\mathrm{j}\varphi_\mathrm{i}} = I\underline{/\varphi_\mathrm{i}} \tag{6-15}$$

字母 I 加上小圆点后表示相量，既可以与有效值区分，也可以与一般的复数区分（这种命名和记法是为了强调它与正弦量的联系，而在运算上与复数运算相同）。相量 $\dot{I}$ 与时域的正弦函数 i 建立起一一对应的关系。按正弦量有效值定义的相量称为"有效值相量"，简称相量；若按正弦量最大值定义的相量则称为"最大值相量"，可表示为

$$\dot{I}_\mathrm{m} = I_\mathrm{m}\underline{/\varphi_\mathrm{i}} \tag{6-16}$$

在以后的正弦交流电路的分析与计算中，若无特别说明，一般采用有效值相量进行计算。

在实际应用中，可直接根据正弦量写出与之对应的相量；反之，从相量直接写出相对应的正弦量，必须给出正弦量的角频率 ω。例如，正弦量 $220\sqrt{2}\cos(\omega t - 53°)$，它的有效值相量为 $220\underline{/-53°}$；反之，如果已知频率 $\omega = 314\,\mathrm{rad/s}$ 的正弦量的有效值相量为 $100\underline{/35°}$，则此正弦量为 $100\sqrt{2}\cos(314t + 35°)$。

相量是一个复数，它在复平面上的图形称为相量图，如图 6-7 所示。

在式（6-14）中与正弦量相对应的复指数函数在复平面上可以用旋转相量表示。其中 $\sqrt{2}I\mathrm{e}^{\mathrm{j}\varphi_\mathrm{i}}$ 称为旋转相量的复振幅，$\mathrm{e}^{\mathrm{j}\omega t}$ 是一个随时间变化而以角速度 ω 不断逆时针旋转的因子。复振幅乘以旋转因子 $\mathrm{e}^{\mathrm{j}\omega t}$ 即表示复振幅在复平面上不断逆时针旋转，称为旋转相量，这是复指数函数的几何意义。式（6-14）表示的几何意义为：正弦电流 i 的瞬时值等于其对应的旋转相量 $\sqrt{2}I\mathrm{e}^{\mathrm{j}\varphi_\mathrm{i}}\mathrm{e}^{\mathrm{j}\omega t}$ 在实轴上的投影，这一关系和正弦量波形的对应关系如图 6-8 所示。

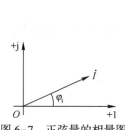

图 6-7　正弦量的相量图

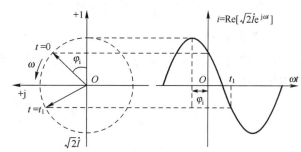

图 6-8　正弦波和旋转相量

对应两个同频率正弦量的旋转相量，其角速度相同，旋转相量之间的相对位置保持不变，这刚好反映了两个同频率正弦量的相位差为常量的事实。

下面讨论同频率正弦量的相量运算。

1）同频率正弦量的代数和。已知各条支路的电流分别为 $i_1 = \sqrt{2}I_1\cos(\omega t + \varphi_1)$，$i_2 = \sqrt{2}I_2\cos(\omega t + \varphi_2)$，$\cdots$ 这些电流的代数和为电流 $i = \sqrt{2}I\cos(\omega t + \varphi_\mathrm{i})$，则

$$i = i_1 + i_2 + \cdots = \mathrm{Re}\big[\sqrt{2}I_1\mathrm{e}^{\mathrm{j}\varphi_1}\mathrm{e}^{\mathrm{j}\omega t}\big] + \mathrm{Re}\big[\sqrt{2}I_2\mathrm{e}^{\mathrm{j}\varphi_2}\mathrm{e}^{\mathrm{j}\omega t}\big] + \cdots$$

$$= \mathrm{Re}\big[\sqrt{2}\dot{I}_1\mathrm{e}^{\mathrm{j}\omega t}\big] + \mathrm{Re}\big[\sqrt{2}\dot{I}_2\mathrm{e}^{\mathrm{j}\omega t}\big] + \cdots$$

$$= \mathrm{Re}\big[\sqrt{2}(\dot{I}_1 + \dot{I}_2 + \cdots)\mathrm{e}^{\mathrm{j}\omega t}\big]$$

而

$$i = \mathrm{Re}\big[\sqrt{2}\dot{I}\,\mathrm{e}^{\mathrm{j}\omega t}\big]$$

所以

$$\mathrm{Re}\left[\sqrt{2}\,\dot{I}\,\mathrm{e}^{\mathrm{j}\omega t}\right]=\mathrm{Re}\left[\sqrt{2}\left(\dot{I}_1+\dot{I}_2+\cdots\right)\mathrm{e}^{\mathrm{j}\omega t}\right]$$

上式对于任何时刻 t 都成立，故有

$$\dot{I}=\dot{I}_1+\dot{I}_2+\cdots$$

2）正弦量的微分。设正弦电流 $i=\sqrt{2}I\cos(\omega t+\varphi_\mathrm{i})$，对 i 求导，有

$$\frac{\mathrm{d}i}{\mathrm{d}t}=-\sqrt{2}\,\omega I\sin(\omega t+\varphi_\mathrm{i})=\sqrt{2}\,\omega I\cos\left(\omega t+\varphi_\mathrm{i}+\frac{\pi}{2}\right)$$

$$=\mathrm{Re}\left[\sqrt{2}\,\omega I\mathrm{e}^{\mathrm{j}\left(\omega t+\varphi_\mathrm{i}+\frac{\pi}{2}\right)}\right]$$

$$=\mathrm{Re}\left[\sqrt{2}\,\omega I\mathrm{e}^{\mathrm{j}\varphi_\mathrm{i}}\mathrm{e}^{\mathrm{j}\frac{\pi}{2}}\mathrm{e}^{\mathrm{j}\omega t}\right]$$

$$=\mathrm{Re}\left[\sqrt{2}\left(\mathrm{j}\omega\dot{I}\right)\mathrm{e}^{\mathrm{j}\omega t}\right]$$

上式说明正弦量的导数是一个同频率的正弦量。对照式（6-14）、式（6-15）可知，$\dfrac{\mathrm{d}i}{\mathrm{d}t}$ 对应的相量为 $\mathrm{j}\omega\dot{I}$，也就是原正弦量 i 的相量 $\dot{I}$ 乘以 $\mathrm{j}\omega$，即表示 $\dfrac{\mathrm{d}i}{\mathrm{d}t}$ 的相量为

$$\mathrm{j}\omega\dot{I}=\omega I\underline{/\varphi_\mathrm{i}+\frac{\pi}{2}}$$

此相量的模为 ωI，辐角则超前 $\dot{I}\dfrac{\pi}{2}$。

对正弦量 i 的高阶导数 $\dfrac{\mathrm{d}^n i}{\mathrm{d}t^n}$，其相量为 $(\mathrm{j}\omega)^n\dot{I}$。

（3）正弦量的积分

设正弦电流 $i=\sqrt{2}I\cos(\omega t+\varphi_\mathrm{i})$，有（不计积分常数，因为在正弦稳态电路中，不存在常量的电压和电流）

$$\int i\mathrm{d}t=\sqrt{2}\,\frac{I}{\omega}\sin(\omega t+\varphi_\mathrm{i})=\sqrt{2}\,\frac{I}{\omega}\cos\left(\omega t+\varphi_\mathrm{i}-\frac{\pi}{2}\right)$$

$$=\mathrm{Re}\left[\sqrt{2}\,\frac{I}{\omega}\mathrm{e}^{\mathrm{j}\left(\omega t+\varphi_\mathrm{i}-\frac{\pi}{2}\right)}\right]$$

$$=\mathrm{Re}\left[\sqrt{2}\,\frac{I}{\omega}\mathrm{e}^{\mathrm{j}\varphi_\mathrm{i}}\mathrm{e}^{-\mathrm{j}\frac{\pi}{2}}\mathrm{e}^{\mathrm{j}\omega t}\right]$$

$$=\mathrm{Re}\left[\sqrt{2}\left(\frac{\dot{I}}{\mathrm{j}\omega}\right)\mathrm{e}^{\mathrm{j}\omega t}\right]$$

上式说明正弦量的积分是一个同频率的正弦量。对照式（6-14）、式（6-15）可知，$\int i\mathrm{d}t$ 对应的相量为 $\dfrac{\dot{I}}{\mathrm{j}\omega}$，也就是原正弦量 i 的相量 $\dot{I}$ 除以 $\mathrm{j}\omega$，即表示 $\int i\mathrm{d}t$ 的相量为

$$\frac{\dot{I}}{\mathrm{j}\omega}=\frac{I}{\omega}\underline{/\varphi_\mathrm{i}-\frac{\pi}{2}}$$

此相量的模为 $\dfrac{I}{\omega}$，辐角则滞后 $\dot{I}\dfrac{\pi}{2}$。

对正弦量 i 的 n 重积分的相量为 $\dfrac{\dot{I}}{(j\omega)^n}$。

最后还要强调的是，相量之间所表示的运算关系只能在同频的正弦量中使用。

有关"正弦量的相量表示"的概念可扫描二维码 6-5~二维码 6-8 进一步学习。

二维码 6-5　　　　　二维码 6-6　　　　　二维码 6-7　　　　　二维码 6-8

6.1.3　检测

掌握正弦量的特征

1. 电流 $i_1 = 5\cos(100t-30°)\,\text{A}$、$i_2 = 2\sin(100t+120°)\,\text{A}$，试用相量求解以下问题：

1) 用 cosine 表示的 i_1+i_2 $[\,6.24\cos(100t-13.9°)\,\text{A}\,]$。

2) 用 sine 表示的 i_1-i_2 $[\,4.36\sin(100t+36.6°)\,\text{A}\,]$。

掌握正弦量和相量的互换、正弦量运算的相量法

2. 复数 $F_1 = 10\angle 30°$、$F_2 = 20\angle -120°$，试求下列运算结果的极坐标形式：

$$F_1-F_2(29.1\angle 50.1°)、\quad F_1 F_2(200\angle -90°)、\quad \frac{F_1}{F_2}(0.5\angle 150°)$$

3. 写出下列各正弦量所对应的有效值相量，画出相量图，并分析它们的相位关系：

$$u_1 = 5\sqrt{2}\cos(10t-60°)\,\text{V}、\quad u_2 = -10\sqrt{2}\cos(10t+60°)\,\text{V}、\quad u_3 = 8\sqrt{2}\sin(10t-120°)\,\text{V}$$

$(\dot{U}_1 = 5\angle -60°\,\text{V}、\dot{U}_2 = 10\angle -120°\,\text{V}、\dot{U}_3 = 8\angle 150°\,\text{V}、u_1$ 超前 u_2 $60°$、u_1 超前 u_3 $150°$、u_2 超前 u_3 $90°$)

4. 结合相量，试求微分方程 $\dfrac{d^3 i}{dt^3}+3\dfrac{d^2 i}{dt^2}+2\dfrac{di}{dt}+2i = 10\sqrt{2}\cos t$ 的特解 $[\,i = 10\cos(t-135°)\,]$。

习题 6.1

1. 填空题

(1) 正弦量的三要素是指_____、_____和_____。

(2) 已知某正弦电流为 $i = 7.07\cos(314t-30°)\,\text{A}$，则该正弦电流的最大值为_____，有效值为_____，角频率为_____；频率为_____。

(3) $\dot{I} = (-1+j1)\,\text{A}$ 对应的正弦量为 $i = $_____A（频率 $f = 50\,\text{Hz}$）。

(4) $i = -10\cos(100t+60°)\,\text{A}$ 对应的有效值相量为 $\dot{I} = $_____A。

(5) 两个同频率正弦量的相位差等于它们的_____之差。

(6) 若 $u_1 = -5\cos(100t+60°)\,\text{V}$，$u_2 = 5\sin(100t+60°)\,\text{V}$，则 u_1 与 u_2 的相位差为_____。

（7）若两个同频率正弦量的相量分别为$\dot{I}_1=10\angle 30°\,\text{A}$，$\dot{I}_2=-50\angle(-150°)\,\text{A}$，则$i_1$与$i_2$的相位差为_____。

2. 分析计算题

（1）求下列各组正弦量的相位差，并说明超前、滞后的关系。

① $u_1=5\cos(\omega t-120°)\,\text{V}$，$u_2=5\cos(\omega t+120°)\,\text{V}$

② $i=10\cos(\omega t-130°)\,\text{A}$，$u=200\sin(\omega t)\,\text{V}$

③ $i_1=30\cos(\omega t-120°)\,\text{A}$，$i_2=40\cos(3\omega t-50°)\,\text{A}$

（2）将下列复数化为极坐标形式。

① $F_1=-5-j5$

② $F_2=-6+j8$

③ $F_3=3+j4$

④ $F_4=15-j12$

（3）将下列复数化为代数式。

① $F_1=4\angle 135°$

② $F_2=5\angle 17°$

③ $F_3=7.07\angle 0°$

④ $F_4=250\angle -60°$

（4）已知两复数$F_1=12+j16$，$F_2=-5+j8.66$，试求

① F_1+F_2

② F_1-F_2

③ F_1F_2

④ F_1/F_2

（5）试写出下列电压、电流相量对应的瞬时表达式。其中$\omega=100\,\text{rad/s}$。

① $\dot{I}=(3+j4)\,\text{A}$

② $\dot{U}=(-8-j6)\,\text{V}$

③ $\dot{I}=10\angle -45°\,\text{A}$

④ $\dot{U}=50\angle -60°\,\text{V}$

（6）已知$i_1=14.14\cos(\omega t+45°)\,\text{A}$，$i_2=14.14\sin(\omega t)\,\text{A}$，试求$i=i_1+i_2$。

（7）已知$i_1=14.14\cos(\omega t+45°)\,\text{A}$，$i_2=-14.14\sin(\omega t)\,\text{A}$，试求$i=i_1+i_2$。

（8）设复数$F_1=3-j4$，$F_2=4\angle 135°$，试求$(F_1+F_2)/(F_1F_2)$。

6.2　电路定律及电路元件的相量形式

从上一节的叙述中，已经得到一个重要结论，即在线性非时变的正弦稳态电路中，全部电压、电流都是同一频率的正弦量。本节在此基础上，直接用相量通过复数形式的电路方程描述电路的基本定律 KCL、KVL 和 VCR，这称为电路定律的相量形式。

6.2.1　节前思考

为什么在正弦稳态电路中，串联 *RLC* 电路中电容、电感的电压有时会远远高于端口电

压，并联 *RLC* 电路中电容、电感的电流有时会远远高于端口电流，而这在电阻电路中是不可能出现的？

6.2.2　知识点

1. 电阻元件的相量模型

对于图 6-9a 所示的线性非时变电阻 *R*，在其电压和电流取关联参考方向时，根据欧姆定律有

$$u_R = R i_R$$

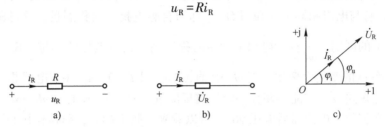

图 6-9　电阻中的电压、电流

设电压 $u_R = \sqrt{2} U_R \cos(\omega t + \varphi_u)$、电流 $i_R = \sqrt{2} I_R \cos(\omega t + \varphi_i)$，代入上式，得

$$u_R = \sqrt{2} R I_R \cos(\omega t + \varphi_i) = \sqrt{2} U_R \cos(\omega t + \varphi_u)$$

说明电阻上的电压、电流是同频率的正弦量。令 $\dot{U}_R = U_R \underline{/\varphi_u}$，则相量形式有

$$\dot{U}_R = R I_R \underline{/\varphi_i} = R \dot{I}_R (\text{或} \dot{I}_R = G \dot{U}_R)$$

$$U_R = R I_R (\text{或} I_R = G U_R)$$

$$\varphi_u = \varphi_i$$

电压和电流的有效值符合欧姆定律，而辐角相等，即电压和电流同相。图 6-9b 为电阻的相量模型，图 6-9c 是电阻电压、电流的相量图，它们是同一个方向上的直线（相位差为零）。

有关"电阻元件的相量模型"的概念可以扫描二维码 6-9 进一步学习。

二维码 6-9

2. 电感元件的相量模型

对于图 6-10a 所示的线性非时变电感元件 *L*，在其电压和电流取关联参考方向时，有

$$u_L = L \frac{\mathrm{d} i_L}{\mathrm{d} t}$$

图 6-10　电感中的电压、电流

设电压 $u_L = \sqrt{2} U_L \cos(\omega t + \varphi_u)$、电流 $i_L = \sqrt{2} I_L \cos(\omega t + \varphi_i)$，代入上式，得

$$u_L = -\sqrt{2}\,\omega L I_L \sin(\omega t + \varphi_i) = \sqrt{2}\,\omega L I_L \cos\left(\omega t + \varphi_i + \frac{\pi}{2}\right) = \sqrt{2}\,U_L \cos(\omega t + \varphi_u)$$

说明电感上的电压、电流是同频率的正弦量。令 $\dot{U}_L = U_L \underline{/\varphi_u}$，则相量形式有

$$\dot{U}_L = j\omega L \dot{I}_L$$

$$U_L = \omega L I_L$$

$$\varphi_u = \varphi_i + 90°$$

电压、电流有效值之间的关系类似于欧姆定律，但是与角频率 ω 有关。其中与角频率 ω 成正比的 ωL 具有与电阻相同的单位 $[\Omega]$，称为自感电抗，简称感抗，这样的命名表示它与电阻有本质上的区别；$\frac{1}{\omega L}$ 称为电感电纳，简称感纳，具有电导的单位 $[S]$。电感上的电压将跟随角频率 ω 的变化而变化，当 $\omega = 0$（直流）时，$\omega L = 0$，$u_L = 0$，电感相当于短路（但它又不同于普通短路线，它能够储存一定的磁场能量）；当 $\omega \to \infty$ 时，$\omega L \to \infty$，$i_L = 0$，电感相当于开路，在相位上电流滞后电压 $90°$。可以看到，频率越高，阻碍作用越强，这是因为阻碍电流变化的感应电动势越大。

图 6-10b 是电感的相量模型，图 6-10c 是电感电压、电流的相量图。

有关"电感元件的相量模型"的概念可以扫描二维码 6-10 进一步学习。

二维码 6-10

3. 电容元件的相量模型

对于图 6-11a 所示的线性非时变电容 C，在其电压和电流取关联参考方向时，有

$$i_C = C\frac{\mathrm{d}u_C}{\mathrm{d}t}$$

图 6-11 电容中的电压、电流

设电压 $u_C = \sqrt{2}\,U_C \cos(\omega t + \varphi_u)$、电流 $i_C = \sqrt{2}\,I_C \cos(\omega t + \varphi_i)$，代入上式，得

$$i_C = -\sqrt{2}\,\omega C U_C \sin(\omega t + \varphi_u) = \sqrt{2}\,\omega C U_C \cos(\omega t + \varphi_u + 90°) = \sqrt{2}\,I_C \cos(\omega t + \varphi_i)$$

说明电容上的电压、电流是同频率的正弦量。令 $\dot{I}_C = I_C \underline{/\varphi_i}$，则相量形式有

$$\dot{I}_C = j\omega C\,\dot{U}_C$$

$$\dot{U}_C = \frac{1}{j\omega C}\dot{I}_C$$

$$U_C = \frac{1}{\omega C}I_C$$

$$\varphi_{\mathrm{u}} = \varphi_{\mathrm{i}} - 90°$$

电压、电流有效值之间的关系类似于欧姆定律，但是与角频率 ω 有关。其中与角频率 ω 成反比的 $\dfrac{1}{\omega C}$ 具有与电阻相同的单位 [Ω]，称为电容电抗，简称容抗；ωC 称为电容电纳，简称容纳，具有电导的单位 [S]。电容上的电压将跟随角频率 ω 的变化而变化，当 $\omega = 0$（直流）时，$\dfrac{1}{\omega C} \to \infty$，$i_{\mathrm{C}} = 0$，电容相当于开路（但它又与断开的导线不同，它能够储存一定的电场能量）；当 $\omega \to \infty$ 时，$\dfrac{1}{\omega C} = 0$，$u_{\mathrm{C}} = 0$，电容相当于短路，在相位上电压滞后电流 $90°$。

对于极高频率的电路来说，电容相当于短接，因此在电子线路中常用电容 C 来隔离直流或作高频旁通电路。

图 6-11b 是电容的相量模型，图 6-11c 是电容电压、电流的相量图。有关"电容元件的相量模型"的概念可以扫描二维码 6-11 进一步学习。

二维码 6-11

由于实际的电压和电流的量值都是实数，也没有一个元件的参数会是虚数，所以各元件的相量模型是一种用于计算的数学模型，是分析正弦电路所采取的一种有效手段。

4. 受控源的相量形式

如果线性受控源的控制电压或电流是正弦量，则受控源的电压或电流将是同一频率的正弦量。在图 6-12a 所示的受控源电路中，有 $u = ri$，其相量形式为

$$\dot{U} = r\dot{I}$$

图 6-12b 表示了该受控源的相量示意图（其他形式的受控源与其类似）。

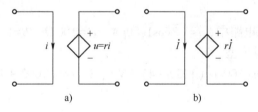

a)　　　　　　　　b)

图 6-12　CCVS 的相量表示

有关"受控源的相量形式"的概念可以扫描二维码 6-12 进一步学习。

5. 基尔霍夫定律的相量形式

对电路中的任一节点，基尔霍夫电流定律（KCL）的时域表达式为

$$i_1 + i_2 + \cdots + i_k = 0 \quad 或 \quad \sum i = 0$$

二维码 6-12

当式中的电流全部是同频率的正弦量时，则可变换为相量形式

$$\dot{I}_1 + \dot{I}_2 + \cdots + \dot{I}_k = 0 \quad 或 \quad \sum \dot{I} = 0$$

即任一节点上同频率的正弦电流的对应相量的代数和为零。

对电路中的任一回路，基尔霍夫电压定律（KVL）的时域表达式为

$$u_1 + u_2 + \cdots + u_k = 0 \qquad \text{或} \qquad \sum u = 0$$

当式中的电压全部是同频率的正弦量时，则可变换为相量形式

$$\dot{U}_1 + \dot{U}_2 + \cdots + \dot{U}_k = 0 \qquad \text{或} \qquad \sum \dot{U} = 0$$

即任一回路同频率的正弦电压的对应相量的代数和为零。

有关"基尔霍夫定律的相量形式"的概念可以扫描二维码6-13进一步学习。

用复数代数方程所描述的电路定律的相量形式是相量法体系的基础，其中 VCR 的相量形式对正确应用相量法十分重要，不仅要用到电阻、感抗和容抗，或者电导、感纳和容纳等概念，而且要特别注意电压、电流之间的相位差。

有关例题可扫描二维码6-14、二维码6-15学习。

二维码 6-13　　　　　二维码 6-14　　　　　二维码 6-15

6.2.3　检测

掌握元件和电路的相量模型、简单电路的相量法分析

1. 图 6-13 所示稳态电路中，$u = 100\cos(1000t+30°)\,\text{V}$、$R = 100\,\Omega$、$C = 10\,\mu\text{F}$。试

（1）画出电路的相量模型。

（2）求出稳态响应 $i\,[\,0.5\sqrt{2}\cos(1000t+75°)\,\text{A}\,]$、$u_1\,[\,50\sqrt{2}\cos(1000t+75°)\,\text{V}\,]$、$u_2\,[\,50\sqrt{2}\cos(1000t-15°)\,\text{V}\,]$。

2. 图 6-14 所示稳态电路中，$i = \sqrt{2}\cos 1000t\,\text{A}$、$R = 100\,\Omega$、$L = 0.1\,\text{H}$。试

（1）画出电路的相量模型。

（2）求出稳态响应 $u\,[\,100\cos(1000t+45°)\,\text{V}\,]$、$i_1\,[\,\cos(1000t+45°)\,\text{A}\,]$、$i_2\,[\,\cos(1000t-45°)\,\text{A}\,]$。

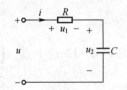 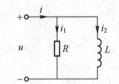

图 6-13　电路的相量法分析 1　　　　　　　图 6-14　电路的相量法分析 2

习题 6.2

填空题

（1）在正弦稳态电路中，若某电容元件的电压 u_C 与流过的电流 i_C 为非关联参考方向，则 i_C 超前 u_C 的相位差是_____。

(2) 在正弦稳态电路中，若某电感元件的电压 u_L 与流过的电流 i_L 为关联参考方向，则 i_L 超前 u_L 的相位差是_____。

(3) 若某无源二端元件的电压与电流为关联参考方向，且电压与电流同相，则该元件是_____。

(4) 若某无源二端元件的电压与电流为关联参考方向，且电压超前电流 90°，则该元件是_____。

(5) 若某无源二端元件的电压与电流为关联参考方向，且电流超前电压 90°，则该元件是_____。

6.3 阻抗与导纳

在正弦稳态电路中，线性非时变的不含独立源一端口电路（或二端元件）的电压和电流为同频率的正弦量，其端口特性的相量形式就是欧姆定律的相量形式。

6.3.1 节前思考

为什么要引入阻抗与导纳的概念，对正弦电流电路的稳态分析有什么意义？

6.3.2 知识点

1. 阻抗和导纳

图 6-15 所示网络为一个不含独立源的一端口 N_0，当它在角频率为 ω 的正弦电源的激励下处于稳定状态时，端口的电压、电流是同频率的正弦量，其相量分别设为 $\dot{U} = U \angle \varphi_u$ 和 $\dot{I} = I \angle \varphi_i$。在相量法中，可以通过一端口的电压相量、电流相量，用两种不同类型的等效参数来描述一端口 N_0 的对外特性，这与电阻一端口电路类似。

一端口 N_0 的入端阻抗 Z 定义为该电路的端电压相量 $\dot{U}$ 与流入此电路的电流相量 $\dot{I}$ 之比，即

$$Z = \frac{\dot{U}}{\dot{I}} = \frac{U \angle \varphi_u}{I \angle \varphi_i} = \frac{U}{I} \angle (\varphi_u - \varphi_i) = |Z| \angle \varphi_Z \quad (6\text{-}17a)$$

或

$$\dot{U} = Z\dot{I} \quad (6\text{-}17b)$$

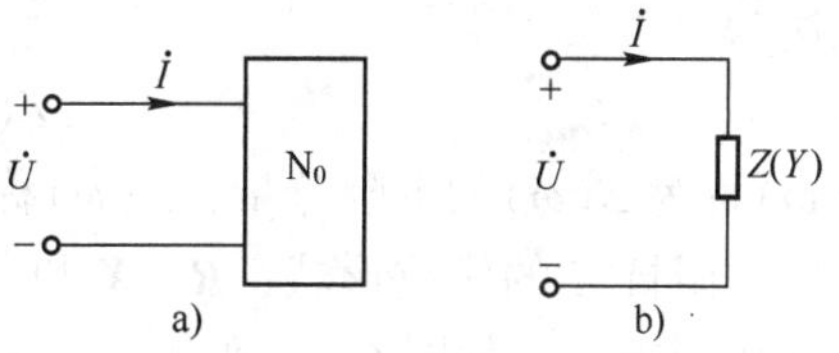

图 6-15 一端口 N_0 的阻抗、导纳

式（6-17b）是用阻抗 Z 表示的欧姆定律的相量形式。Z 不是正弦量，而是一个复数（但不是相量），称为（复）阻抗，其模 $|Z| = \dfrac{U}{I}$ 称为阻抗模（通常将 Z、$|Z|$ 称为阻抗），辐角 $\varphi_Z = \varphi_u - \varphi_i$ 为阻抗角。Z 的单位为 Ω，电路符号如图 6-15b 所示。

Z 的代数形式为

$$Z = R + jX \quad (6\text{-}18)$$

式中，实部 R 为电阻，虚部 X 为电抗。

如果一端口 N_0 分别为单个元件 R、L、C，则

$$Z_R = \frac{\dot{U}_R}{\dot{I}_R} = R$$

$$Z_L = \frac{\dot{U}_L}{\dot{I}_L} = j\omega L = jX_L$$

$$Z_C = \frac{\dot{U}_C}{\dot{I}_C} = \frac{1}{j\omega C} = -j\frac{1}{\omega C} = -jX_C$$

式中，$X_L = \omega L$ 为感性电抗，简称感抗；$X_C = \frac{1}{\omega C}$ 为容性电抗，简称容抗。

如果一端口 N_0 为 RLC 串联电路，则阻抗 Z 为

$$Z = \frac{\dot{U}}{\dot{I}} = R + j\left(\omega L - \frac{1}{\omega C}\right) = R + j(X_L - X_C) = R + jX = |Z| \underline{/\varphi_Z}$$

式中

$$|Z| = \sqrt{R^2 + X^2}, \varphi_Z = \arctan\left(\frac{X}{R}\right)$$

$$R = |Z|\cos\varphi_Z, X = |Z|\sin\varphi_Z$$

阻抗中的电阻一般为正值。如果 $X > 0$，即 $\omega L > \frac{1}{\omega C}$，则 $\varphi_Z > 0$，称该阻抗呈感性（此时 X 可用等效电感 L_{eq} 的感抗替代，即 $\omega L_{eq} = X$）；如果 $X < 0$，即 $\omega L < \frac{1}{\omega C}$，则 $\varphi_Z < 0$，称该阻抗呈容性（此时 X 可用等效电容 C_{eq} 的容抗替代，即 $\frac{1}{\omega C_{eq}} = |X|$）。

一般情况下，阻抗 Z 的实部和虚部是外施正弦激励的角频率 ω 的函数，这时阻抗 Z 可表达为

$$Z(\omega) = R(\omega) + jX(\omega)$$

$R(\omega)$ 称为 $Z(\omega)$ 的电阻分量，$X(\omega)$ 称为 $Z(\omega)$ 的电抗分量。

按阻抗 Z 的代数形式，R、X 和 $|Z|$ 之间的关系可用一个直角三角形表示，如图 6-16 所示，这个三角形称为阻抗三角形。

显然，阻抗具有与电阻相同的量纲。

流入一端口 N_0 的电流相量 $\dot{I}$ 与该电路的端电压相量 $\dot{U}$ 之比定义

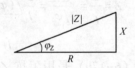

图 6-16 阻抗三角形

为此电路的入端（复）导纳 Y，即

$$Y = \frac{\dot{I}}{\dot{U}} = \frac{I\underline{/\varphi_i}}{U\underline{/\varphi_u}} = \frac{I}{U}\underline{/(\varphi_i - \varphi_u)} = |Y|\underline{/\varphi_Y} \tag{6-19a}$$

或
$$\dot{I} = Y\dot{U} \tag{6-19b}$$

式（6-19b）是用导纳 Y 表示的欧姆定律的相量形式。Y 不是正弦量，而是一个复数（但不

是相量），称为（复）导纳，其模 $|Y|=\dfrac{I}{U}$ 称为导纳模（通常将 Y、$|Y|$ 简称为导纳），辐角 $\varphi_Y=\varphi_i-\varphi_u$ 称为导纳角。Y 的单位为 S，电路符号如图 6-15b 所示。

Y 的代数形式为

$$Y=G+jB \tag{6-20}$$

式中，实部 G 为电导，虚部 B 为电纳。

如果一端口 N_0 分别为单个元件 R、L、C，则

$$Y_R=\frac{\dot I_R}{\dot U_R}=\frac{1}{R}=G$$

$$Y_L=\frac{\dot I_L}{\dot U_L}=\frac{1}{j\omega L}=-j\frac{1}{\omega L}=-jB_L$$

$$Y_C=\frac{\dot I_C}{\dot U_C}=j\omega C=jB_C$$

式中，$B_L=\dfrac{1}{\omega L}$ 称为感性电纳，简称感纳；$B_C=\omega C$ 为容性电纳，简称容纳。

如果一端口 N_0 为 GLC 并联电路，如图 6-17 所示，则导纳 Y 为

$$Y=\frac{\dot I}{\dot U}=\frac{1}{R}+j\left(\omega C-\frac{1}{\omega L}\right)=G+j(B_C-B_L)=G+jB=|Y|\underline{/\varphi_Y}$$

式中

$$|Y|=\sqrt{G^2+B^2},\varphi_Y=\arctan\left(\frac{B}{G}\right)$$

$$G=|Y|\cos\varphi_Y,B=|Y|\sin\varphi_Y$$

导纳中的电导一般为正值。如果 $B>0$，即 $\omega C>\dfrac{1}{\omega L}$，则 $\varphi_Y>0$，称该导纳呈容性（此时 B 可用等效电容 C_{eq} 的容纳替代，即 $\omega C_{eq}=B$）；如果 $B<0$，即 $\omega C<\dfrac{1}{\omega L}$，则 $\varphi_Y<0$，称该导纳呈感性（此时 B 可用等效电感 L_{eq} 的感纳替代，即 $\dfrac{1}{\omega L_{eq}}=|B|$）。

一般情况下，导纳 Y 的实部和虚部是外施正弦激励的角频率 ω 的函数，这时导纳 Y 可表达为

$$Y(\omega)=G(\omega)+jB(\omega)$$

$G(\omega)$ 称为 $Y(\omega)$ 的电阻分量，$B(\omega)$ 称为 $Y(\omega)$ 的电抗分量。

按导纳 Y 的代数形式，G、B 和 $|Y|$ 之间的关系可用一个直角三角形表示，如图 6-18 所示，这个三角形称为导纳三角形。

导纳具有与电导相同的量纲。

这里需要指出的是，一端口 N_0 的阻抗或导纳是由其内部的参数、结构和正弦电源的频率决定的。在一般情况下，其每一部分都是频率、参数的函数，随频率、参数而变。

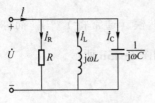
图 6-17　GLC 并联电路

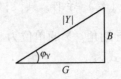
图 6-18　导纳三角形

一端口 N_0 内部若不含受控源，则有 $|\varphi_Z| \leqslant 90°$ 或 $|\varphi_Y| \leqslant 90°$；但有受控源时，可能会出现 $|\varphi_Z| > 90°$ 或 $|\varphi_Y| > 90°$，其实部将为负值，其等效电路要设定受控源来表示实部。

有关"阻抗和导纳"的概念可扫描二维码 6-16、二维码 6-17 进一步学习。

二维码 6-16　　　　　二维码 6-17

2. 阻抗与导纳间的等效变换

无源一端口网络 N_0 的阻抗和导纳可以等效变换，即有
$$ZY = 1$$
Z 和 Y 互为倒数。若用极坐标形式表示，则有
$$|Z||Y| = 1 \quad \text{和} \quad \varphi_Z + \varphi_Y = 0$$
若用代数形式，即设 $Z = R + jX$，$Y = G + jB$。则
$$Y = \frac{1}{R + jX} = \frac{R}{R^2 + X^2} - j\frac{X}{R^2 + X^2}$$
应满足
$$G = \frac{R}{R^2 + X^2} \quad \text{和} \quad B = -\frac{X}{R^2 + X^2}$$
或者
$$Z = \frac{1}{G + jB} = \frac{G}{G^2 + B^2} - j\frac{B}{G^2 + B^2}$$
应满足
$$R = \frac{G}{G^2 + B^2} \quad \text{和} \quad X = -\frac{B}{G^2 + B^2}$$

一般情况下 $R \neq \dfrac{1}{G}$，$X \neq \dfrac{1}{B}$。

可见，串联等效电路和并联等效电路可以互为变换。等效变换不会改变阻抗（或导纳）原来的感性或容性性质。

有关"阻抗与导纳间的等效变换"的概念可以扫描二维码 6-18 进一步学习。

有关例题可扫描二维码 6-19～二维码 6-21 学习。

二维码 6-18

二维码 6-19

二维码 6-20

二维码 6-21

6.3.3　检测

掌握阻抗、导纳的概念

1. 已知图 6-19 所示稳态电路中，$u=10\sqrt{2}\cos(10t+75°)$V、$R=10\,\Omega$、$L=0.5$ H、$C=50$ mF。试计算电源端的等效阻抗，并求电路的稳态响应 $i[\sqrt{5}\cos(10t+93.4°)A]$、$u_1[10\cos(10t-60°)V]$。

2. 已知图 6-20 所示稳态电路中，$i=0.2\sqrt{2}\cos(5000t+45°)$A、$R=2000\,\Omega$、$C=0.1\,\mu$F。试求电路的稳态响应 $i_1[0.2\cos(5000t+90°)$A$]$、$u[400\cos5000t$V$]$。

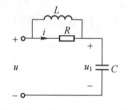

图 6-19　阻抗、导纳应用 1

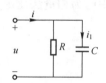

图 6-20　阻抗、导纳应用 2

习题 6.3

1. 填空题

（1）RC 并联电路（$\omega=1$ rad/s）的阻抗为$(2-j1)\Omega$，则 $R=$＿＿Ω，$C=$＿＿F。

（2）RL 串联电路（$\omega=1$ rad/s）的导纳为$(2-j1)$S，则 $R=$＿＿Ω，$L=$＿＿H。

（3）RL 串联电路在角频率为 ω 时的阻抗为$(2+j1)\Omega$，则该电路在角频率为 2ω 时的导纳为＿＿＿＿S。

（4）RC 并联电路在角频率为 ω 时的导纳为$(4+j1)$S，则该电路在角频率为 2ω 时的阻抗为＿＿＿＿Ω。

（5）RC 串联电路（$\omega=10$ rad/s）的导纳为$(2+j1)$S，则 $R=$＿＿Ω，$C=$＿＿F。

（6）RL 并联电路（$\omega=10$ rad/s）的阻抗为$(1+j2)\Omega$，则 $R=$＿＿Ω，$L=$＿＿H。

（7）某电路端口电压 $\dot{U}=20\angle30°$V，关联参考方向的电流 $\dot{I}=2\angle(-30°)$A，则该电路的等效复阻抗 $Z=$＿＿Ω，是＿＿性负载。

（8）某电路端口电压 $\dot{U}=20\angle30°$V，非关联参考方向的电流 $\dot{I}=2\angle(-120°)$A，则该电路的等效复阻抗 $Z=$＿＿＿＿Ω，是＿＿＿＿性负载。

2. 分析计算题

图 6-21 所示电路中 $u_s = 5\cos(314t)\,\text{V}$，试用相量法计算电路的电流及各元件电压的瞬时表达式。

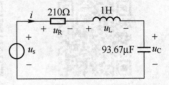

图 6-21　分析计算题图

6.4　正弦稳态电路的相量分析法

对线性电路的正弦稳态分析，无论在实际应用上，还是在理论上都极为重要。电力工程中遇到的大多数问题都可以按照正弦稳态电路分析来解决。许多电气、电子设备的设计和性能指标也往往是按正弦稳态考虑的。电工技术和电子技术中的非正弦周期信号可以分解为频率的整数倍的正弦函数的无穷级数，这类问题也可以应用正弦稳态分析方法处理。

在对正弦稳态电路进行分析时，若电路中所有元件都用元件的相量模型表示，电路中的所有电压和电流亦都用相量表示，所得电路的相量模型都服从相量形式的基尔霍夫定律和欧姆定律，则列出的电路方程都是线性复数代数方程，和电路中相应的方程类似。因此，前面所讨论的关于电阻电路的分析方法、定理、公式可以推广到正弦稳态电路的相量运算之中。

在前面的章节中已为相量法奠定了理论基础，获得了电路基本定律的相量形式，即

KCL	$\sum \dot{I} = 0$
KVL	$\sum \dot{U} = 0$
VCR	$\dot{U} = Z\dot{I}$　或　$\dot{I} = Y\dot{U}$

用相量法分析正弦稳态电路时所采取的一般步骤如下：

1）画出与时域电路相对应的相量形式的电路。

2）选择适当的分析方法或定理求解待求相量。

3）将求得的相量变换为时域响应。

在分析阻抗（导纳）串、并联电路时，可以利用电压相量和电流相量在复平面上组成电路的相量图。相量图直观地显示了各相量之间的关系，并可辅助电路的分析计算。在相量图上，除了按比例反映各相量的模（有效值）以外，重要的是按照各相量的相位相对地确定各相量在图上的位置。通常的做法是：以电路并联部分的电压相量为参考，根据支路的VCR确定各并联支路的电流相量与电压相量之间的夹角；然后，再根据节点上的 KCL 方程，用平行四边形法则，画出节点上各支路电流相量组成的多边形；以电路串联部分的电流相量为参考，根据 VCR 确定有关电压相量与电流相量之间的夹角，再根据回路上的 KVL 方程，用平行四边形法则画出回路上各电压相量所组成的多边形。

有关例题可扫描二维码 6-22～二维码 6-28 学习。

二维码 6-22

二维码 6-23

二维码 6-24

二维码 6-25   二维码 6-26   二维码 6-27   二维码 6-28

习题 6.4

分析计算题

（1）试求图 6-22 所示电路的 $\dot{U}_C$。

（2）已知图 6-23 所示正弦稳态电路的 $U_s = 171\,\text{V}$，$U_1 = 45\,\text{V}$，$U_2 = 135\,\text{V}$，电源频率 $f = 50\,\text{Hz}$。试定性画出该电路的相量图，并求线圈的参数 R 与 L 的值。

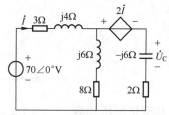

图 6-22 分析计算题（1）图

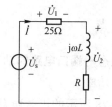

图 6-23 分析计算题（2）图

（3）在图 6-24 所示正弦稳态电路中，已知 $I = 2\,\text{A}$，$U_1 = 17\,\text{V}$，$U_2 = 10\,\text{V}$，试求 U_s。

（4）图 6-25 所示正弦稳态电路的 $U_1 = 141.4\,\text{V}$，$U = 707.1\,\text{V}$，$I_2 = 30\,\text{A}$，$I_3 = 20\,\text{A}$，$R = 10\,\Omega$。试定性画出电路的相量图，并求 X_1、X_2、X_3 的值。

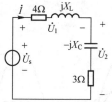

图 6-24 分析计算题（3）图

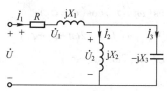

图 6-25 分析计算题（4）图

（5）图 6-26 所示正弦稳态电路的 $I_1 = I_2 = I_3 = 5\,\text{A}$，$U_1 = U_2 = 100\,\text{V}$，且 $\dot{U}_s$ 与 $\dot{I}_1$ 同相。试定性画出电路的相量图，并求 R_1、X_{C1}、R_2、X_{C2}、X_L 的值。

（6）图 6-27 所示正弦稳态电路的 $U = 100\,\text{V}$，$U_C = 173.2\,\text{V}$，$X_C = 173.2\,\Omega$，复阻抗 Z_X 的阻抗角 $|\varphi| = 60°$。试定性画出电路的相量图，求 Z_X 及输入阻抗 Z_{in}。

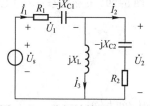

图 6-26 分析计算题（5）图

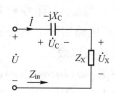

图 6-27 分析计算题（6）图

6.5 正弦稳态电路的功率

在电能、电信号的传输、处理和应用等技术领域中，有关电功率的问题都是有重要意义的。在这一节里讨论正弦稳态电路的功率。

6.5.1 节前思考

（1）无源一端口网络，电压的初相位 φ_u 与电流的初相位 φ_i 的差值 $\varphi=\varphi_u-\varphi_i$，试说明 $\varphi>0$、$\varphi=0$、$\varphi<0$ 的物理意义各是什么？

（2）既然有功功率的物理意义是被电路中的电阻元件实实在在消耗的"有用的"功率，而无功功率只是在一端口网络与外部电路之间来回交换，那是不是就是"无用的"功率呢？以电力系统为例，无功功率会产生哪些不利影响呢？是否有存在的必要呢？能不能被完全消除呢？

6.5.2 知识点

1. 正弦稳态一端口电路的功率

（1）瞬时功率

对于图 6-28 所示的正弦稳态一端口电路 N，设其端口电压和端口电流分别为

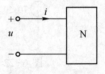

图 6-28 正弦稳态一端口电路

$$\begin{cases} u=\sqrt{2}U\cos(\omega t+\varphi_u) \\ i=\sqrt{2}I\cos(\omega t+\varphi_i) \end{cases} \quad (6\text{-}21)$$

则该一端口电路 N 吸收的瞬时功率为

$$\begin{aligned} p=ui &= 2UI\cos(\omega t+\varphi_u)\cos(\omega t+\varphi_i) \\ &= UI\cos(\varphi_u-\varphi_i)+UI\cos(2\omega t+\varphi_u+\varphi_i) \\ &= UI\cos\varphi+UI\cos(2\omega t+\varphi_u+\varphi_i) \quad (6\text{-}22) \end{aligned}$$

式中，$\varphi=\varphi_u-\varphi_i$。

式（6-22）表示的功率 p 是一个随时间变化的量。瞬时功率 p 包括两项，前一项 $UI\cos\varphi$ 为常量，后一项 $UI\cos(2\omega t+\varphi_u+\varphi_i)$ 为正弦量，频率是电压（电流）频率的两倍。图 6-29 表示了电压 u、电流 i 和瞬时功率 p 的波形。当 u、i 符号相同时，p 为正值，表明在该时刻电路从它的外部得到功率；当 u、i 符号相异时，p 为负值，表明在该时刻电路实际上向外输出功率。

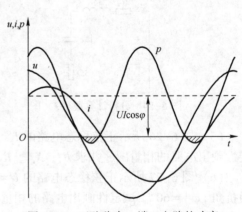

图 6-29 正弦稳态一端口电路的功率

式（6-22）还可以表达为

$$\begin{aligned} p &= UI\cos\varphi+UI\cos(2\omega t+\varphi_u+\varphi_i) \\ &= UI\cos\varphi+UI\cos\varphi\cos(2\omega t+2\varphi_u)+UI\sin\varphi\sin(2\omega t+2\varphi_u) \end{aligned}$$

$$= UI\cos\varphi\left[1+\cos\left(2\omega t+2\varphi_{\mathrm{u}}\right)\right]+UI\sin\varphi\sin\left(2\omega t+2\varphi_{\mathrm{u}}\right) \tag{6-23}$$

式中的第一项 $UI\cos\varphi\left[1+\cos\left(2\omega t+2\varphi_{\mathrm{u}}\right)\right]$ 始终大于或等于零（$|\varphi|\leqslant\pi/2$），它是瞬时功率中的不可逆部分，为电路所吸收的功率，不再返回外部电路；第二项 $UI\sin\varphi\sin\left(2\omega t+2\varphi_{\mathrm{u}}\right)$ 正负值交替变化，是瞬时功率中的可逆部分，说明外部电路与一端口电路之间有能量来回交换。如果一端口电路内不含有独立源，这种能量交换的现象就是由电路内部的储能元件所引起的。

上述关于正弦稳态电路的瞬时功率的描述，反映了一端口电路在能量转换过程中的状态，并为工程测量和全面反映正弦稳态电路的功率提供了理论依据。由于瞬时功率不便测量，工程上常引用有功功率和平均功率等概念。

有关"瞬时功率"的概念可扫描二维码 6-29、二维码 6-30 进一步学习。

二维码 6-29　　　　　二维码 6-30

（2）有功功率、无功功率和视在功率

将瞬时功率在一个周期内的平均值定义为平均功率，即

$$P \overset{\mathrm{def}}{=\!=} \frac{1}{T}\int_{0}^{T}p\mathrm{d}t \tag{6-24}$$

将式（6-22）代入式（6-24）中，得

$$P = \frac{1}{T}\int_{0}^{T}\left[UI\cos\varphi + UI\cos\left(2\omega t + \varphi_{\mathrm{u}} + \varphi_{\mathrm{i}}\right)\right]\mathrm{d}t$$

$$= UI\cos\varphi = UI\cos\left(\varphi_{\mathrm{u}} - \varphi_{\mathrm{i}}\right) \tag{6-25}$$

平均功率亦称为有功功率，是一端口电路实际消耗的功率，它等于瞬时功率中的恒定分量。有功功率不仅与电压、电流的有效值的乘积有关，而且还与它们之间的相位差有关。平均功率的单位为 W（瓦）。

工程上计量的功率、家用电器标记的功率都是平均功率，如电热水器的功率为 1500 W，日光灯的功率为 40 W 等。

对于一般的正弦电流电路，为了反映电路中储能元件与外电路或电源之间能量交换的状况，引用了无功功率的概念，其定义为

$$Q \overset{\mathrm{def}}{=\!=} UI\sin\varphi \tag{6-26}$$

从式（6-23）可以看到无功功率是瞬时功率可逆部分的振幅。这里"无功"的意思是指这部分能量在往复交换的过程中，没有"消耗"掉。无功功率单位用 var（乏）表示。

电感是按照电压超前电流 90° 的规律，并以磁场能量的形式进行能量交换；而电容则是按照电压滞后电流 90° 的规律，并以电场能量的形式进行能量交换。这是两种不同的现象，因此为加以区别，分别将电感和电容上的无功功率称为感性无功和容性无功。又由于感性无功大于零，容性无功小于零，所以在电力工程中，有时也形象地比作电感能够"消耗"无功，电容能够"发出"无功。因为无功并不对应做功，所以这里的"消耗"与"发出"只

是为了区别两种不同性质的无功而采取的形象称谓，与消耗有功和发出有功的含义是完全不同的。无功功率既不是无用功率，也不是被损耗掉的功率。无功功率对电感和电容来说是工作所需，但对电源来说却是一种负担。

许多电力设备的最大负载能力是由它们的额定电压和额定电流的乘积来衡量的，为此引入了视在功率的概念，定义为

$$S \stackrel{\text{def}}{=} UI \tag{6-27}$$

视在功率又称为表观功率。视在功率的单位用 V·A（伏安）表示。

电器的容量主要决定于它所能长期耐受的电压（由绝缘材料决定）和允许通过的工作电流（受温升和通风冷却条件限制）。在规定的环境条件下使用时，电器的实际视在功率一般不允许超过额定容量。例如，一个额定值为 110 kV、72500 kV·A 的变压器，即表明它是接在 110 kV 电网上使用的，且允许的视在功率为 72500 kV·A。

有功功率 P、无功功率 Q 和视在功率 S 三者的关系为

$$P = S\cos\varphi, \quad Q = S\sin\varphi, \quad S = \sqrt{P^2 + Q^2}, \quad \varphi = \arctan\left(\frac{Q}{P}\right)$$

工程中通常用到功率因数 λ 的概念，定义为

$$\lambda = \cos\varphi_Z \leq 1 \tag{6-28}$$

式中，φ_Z 为功率因数角（是指不含独立源的一端口电路等效阻抗的阻抗角，下同）。λ 是衡量传输电能效果的一个非常重要的指标，表示传输系统有功功率所占的比例，即

$$\lambda = \frac{P}{S} \tag{6-29}$$

实际电网非常庞大，延伸数千公里，人们当然不希望电能的往复传输，这样会增加系统电能的消耗和增大系统设备的容量。所以理想状态为 $\lambda = 1$，$Q = 0$。

由于功率因数不能反映电压与电流相位差的正负号，工程中称电流超前电压时的功率因数为超前功率因数，电流滞后电压时的功率因数为滞后功率因数。

有关"有功功率、无功功率和视在功率"的概念可以扫描二维码 6-31～二维码 6-33 进一步学习。

二维码 6-31

二维码 6-32

二维码 6-33

如果一端口电路 N 分别为 R、L、C 单个元件，则可以求出上述单个元件的瞬时功率、有功功率和无功功率。

对于电阻 R，有 $\varphi_Z = \varphi_u - \varphi_i = 0$，则

$$p_R = UI\left[1 + \cos(2\omega t + 2\varphi_u)\right]$$

始终有 $p_R \geq 0$，表明电阻一直在吸收能量，其吸收的平均功率为

$$P_R = \frac{1}{T}\int_0^T UI[\,1 + \cos(2\omega t + 2\varphi_u)\,]\mathrm{d}t$$

$$= UI = RI^2 = GU^2$$

无功功率为

$$Q_R = UI\sin 0° = 0$$

对于电感 L，有 $\varphi_Z = \varphi_u - \varphi_i = 90°$，则

$$p_L = UI\sin(2\omega t + 2\varphi_u)$$

p_L 的正负交替变化，说明有能量来回的交换。其吸收的平均功率为

$$P_L = \frac{1}{T}\int_0^T UI\sin(2\omega t + 2\varphi_u)\mathrm{d}t = 0$$

上式表明电感元件不消耗能量。其无功功率为

$$Q_L = UI\sin 90° = UI = \omega L I^2 = \frac{U^2}{\omega L}$$

对于电容 C，有 $\varphi_Z = \varphi_u - \varphi_i = -90°$，则

$$p_C = -UI\sin(2\omega t + 2\varphi_u)$$

p_C 的正负交替变化，说明有能量来回的交换。其吸收的平均功率为

$$P_C = \frac{1}{T}\int_0^T [\,-UI\sin(2\omega t + 2\varphi_u)\,]\mathrm{d}t = 0$$

上式表明电容元件非耗能的储能特性。其无功功率为

$$Q_C = UI\sin(-90°) = -UI = -\frac{1}{\omega C}I^2 = -\omega C U^2$$

在电路系统中，电感和电容的无功功率有互补作用，工程上认为电感吸收无功功率，而电容发出无功功率，将两者加以区别。

如果一端口电路 N 为 RLC 串联电路，则该电路的等效阻抗为

$$Z = R + \mathrm{j}\left(\omega L - \frac{1}{\omega C}\right) = R + \mathrm{j}X = |Z|\angle\varphi_Z, \varphi_Z = \arctan\left(\frac{X}{R}\right)$$

并有 $U = |Z|I$，$R = |Z|\cos\varphi_Z$，$X = |Z|\sin\varphi_Z$，则有功功率为

$$P = UI\cos\varphi_Z = |Z|I^2\cos\varphi_Z = RI^2$$

无功功率为

$$Q = UI\sin\varphi_Z = |Z|I^2\sin\varphi_Z = XI^2$$

$$= \left(\omega L - \frac{1}{\omega C}\right)I^2 = Q_L + Q_C$$

上式中，若 $\varphi_Z > 0$，即 $\sin\varphi_Z > 0$，则 $Q > 0$；若 $\varphi_Z < 0$，即 $\sin\varphi_Z < 0$，则 $Q < 0$。换言之，感性电路吸收正值的无功功率，容性电路吸收负值的无功功率。

上述对于 RLC 串联电路的正弦稳态功率的论述，具有普遍意义，适用于任何不含独立源的一端口电路。

对于一般不含独立源的一端口电路 N 而言，可以用等效阻抗 $Z = R + \mathrm{j}X = |Z|\angle\varphi_Z$（串联

形式的等效电路）替代（如图 6-30a 所示），端电压 $\dot{U}$ 可以分解为 $\dot{U}_R$ 和 $\dot{U}_X$ （如图 6-30b 所示），则该一端口电路的有功功率为

$$P = UI\cos\varphi_Z = U_R I = RI^2$$

无功功率为

$$Q = UI\sin\varphi_Z = U_X I = XI^2$$

可见 $\dot{U}_R$ 产生有功功率 P，称其为电压 $\dot{U}$ 的有功分量；$\dot{U}_X$ 产生无功功率 Q，称其为电压 $\dot{U}$ 的无功分量。

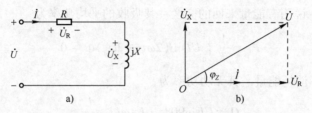

图 6-30　电压的有功分量和无功分量

如果用等效导纳 $Y = G + jB$ （并联形式的等效电路）替代一端口电路 N （如图 6-31a 所示），则输入电流 $\dot{i}$ 可以分解为 $\dot{i}_R$ 和 $\dot{i}_B$ （如图 6-31b 所示），则该一端口电路的有功功率为

$$P = UI\cos\varphi_Y = UI_R = GU^2$$

无功功率为（$\varphi_Z = -\varphi_Y$）

$$Q = UI\sin\varphi_Z = -UI\sin\varphi_Y = -UI_B = -BU^2$$

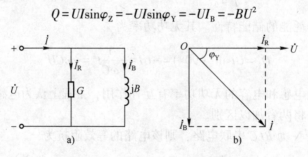

图 6-31　电流的有功分量和无功分量

可见 $\dot{i}_R$ 产生有功功率 P，称其为电流 $\dot{i}$ 的有功分量；$\dot{i}_B$ 产生无功功率 Q，称其为电流 $\dot{i}$ 的无功分量。

对于含有独立源的一端口电路，由于电源参与了有功功率、无功功率的交换，使问题变得复杂，但上述有关三个功率的定义，仍然适用，可以通过端口的电压、电流的计算获得，但是功率因数将失去实际意义。

此外 $\varphi = \varphi_u - \varphi_i$，对于不含独立源的一端口电路它就是阻抗角 φ_Z，一般有 $|\varphi_Z| \leqslant 90°$。而对于含独立源的一端口电路，它不是阻抗角，有可能出现 $|\varphi_Z| > 90°$，此时一端口电路发出有功功率。

有关"RLC 串联电路"的概念可扫描二维码 6-34 进一步学习；其"功率测量"的概念可扫描二维码 6-35 进一步学习。

二维码 6-34　　　　二维码 6-35

（3）复功率

正弦电流电路的瞬时功率等于两个同频率的电压和电流的乘积，其结果是一个非正弦周期量，同时它的频率也不同于电压或电流的频率，故不能用相量法讨论。而正弦电流电路的有功功率、无功功率和视在功率三者之间可以通过"复功率"表述。

设一个一端口电路的电压相量为 $\dot{U}$，电流相量为 $\dot{I}$，复功率 $\overline{S}$ 定义为

$$\overline{S} \stackrel{\text{def}}{=} \dot{U}\dot{I}^* = UI\angle(\varphi_u - \varphi_i)$$
$$= UI\cos\varphi + jUI\sin\varphi$$
$$= P + jQ \tag{6-30}$$

式中，$\dot{I}^*$ 是 $\dot{I}$ 的共轭复数。复功率的吸收或发出同样根据端口电压和电流的参考方向来判断。复功率是一个辅助计算功率的复数，它将正弦稳态电路的三种功率和功率因数统一为一个公式计算。只要计算出电路中的电压相量和电流相量，各种功率就可以很方便地计算出来。复功率的单位为 V·A。

需要指出的是，复功率 $\overline{S}$ 并不代表正弦量，乘积 $\dot{U}\dot{I}$ 是没有意义的。复功率的概念适用于单个电路元件或任何一端口电路。

对于不含独立源的一端口电路可以用等效阻抗 Z 或等效导纳 Y 替代，此时复功率 $\overline{S}$ 又可以表示为

$$\overline{S} = \dot{U}\dot{I}^* = (Z\dot{I})\dot{I}^* = ZI^2$$
$$\overline{S} = \dot{U}\dot{I}^* = \dot{U}(\dot{U}Y)^* = Y^*U^2$$

由 $\overline{S}$、P、Q 形成的三角形是一个与阻抗三角形相似的直角三角形。上式中 $Y = G + jB$，$Y^* = G - jB$。

与电阻电路中有功功率平衡定理相似，正弦稳态下的电路有下述复功率平衡定理：在正弦稳态下，任一电路的所有各支路吸收的复功率之和为零。设电路有 b 条支路，第 k 个支路的电压相量、电流相量分别为 $\dot{U}_k$、$\dot{I}_k$，则有

$$\sum_{k=1}^{b} \overline{S}_k = \sum_{k=1}^{b} \dot{U}_k I_k^* = 0 \tag{6-31}$$

或

$$\sum_{k=1}^{b} (P_k + jQ_k) = 0$$

即

$$\sum_{k=1}^{b} P_k = 0, \quad \sum_{k=1}^{b} Q_k = 0 \tag{6-32}$$

请读者根据特勒根定理自行证明复功率平衡定理。

有关"复功率"的概念可以扫描二维码 6-36 进一步学习。

2. 最大功率传输

图 6-32a 所示电路为含源一端口 N_s 向终端负载 Z_L 传输功率。当该电路传输的功率较小（如通信系统、电子电路等），而不计较传输效率时，通常要研究使负载 Z_L 获得最大功率（有功）的条件。根据戴维南定理，该问题可以简化为图 6-32b 所示等效电路进行研究。

设 $Z_{eq} = R_{eq}+jX_{eq}$，$Z_L = R_L+jX_L$，则电路中的电流为

$$\dot{I} = \frac{\dot{U}_{oc}}{Z_{eq}+Z_L} = \frac{\dot{U}_{oc}}{(R_{eq}+R_L)+j(X_{eq}+X_L)}$$

故电流有效值为

$$I = \frac{U_{oc}}{\sqrt{(R_{eq}+R_L)^2+(X_{eq}+X_L)^2}} \tag{6-33}$$

负载吸收的有功功率为

$$P_L = R_L I^2 = \frac{R_L U_{oc}^2}{(R_{eq}+R_L)^2+(X_{eq}+X_L)^2} \tag{6-34}$$

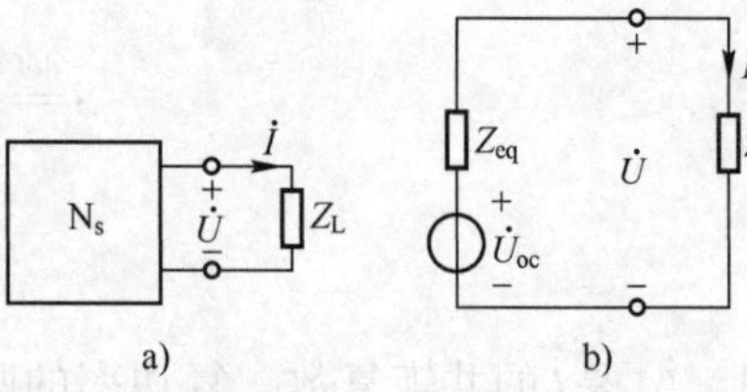

图 6-32 最大功率传输

首先讨论负载功率 P_L 与电抗 X_L 之间的关系。因为 X_L 只出现在式（6-34）的分母中，故当 $X_L = -X_{eq}$ 时 P_L 达到最大，即

$$P_L' = \frac{R_L U_{oc}^2}{(R_{eq}+R_L)^2} \tag{6-35}$$

式（6-35）表明 P_L 为 R_L 的函数。当 $\dfrac{dP_L'}{dR_L}$ 等于零时可求得 P_L 的最大值。即

$$\frac{dP_L'}{dR_L} = \frac{(R_{eq}+R_L)^2-2(R_{eq}+R_L)R_L}{(R_{eq}+R_L)^4}U_{oc}^2 = \frac{(R_{eq}+R_L)(R_{eq}-R_L)}{(R_{eq}+R_L)^4}U_{oc}^2 = 0$$

可得

$$R_L = R_{eq}$$

当 $R_L < R_{eq}$ 时，$\dfrac{dP_L'}{dR_L} > 0$；当 $R_L > R_{eq}$ 时，$\dfrac{dP_L'}{dR_L} < 0$，故 $R_L = R_{eq}$ 时 P_L' 为唯一的极大值，且为最大值。

由 $X_L = -X_{eq}$ 和 $R_L = R_{eq}$，得到负载从给定的电源获得最大功率的条件是

$$Z_L = R_L+jX_L = R_{eq}-jX_{eq}$$

或者

$$Z_L = Z_{eq}^* \tag{6-36}$$

当负载阻抗满足式（6-36）时，称负载阻抗和电源等效阻抗为最大功率匹配或共轭匹配。这时负载从电源获得的最大功率为

$$P_{Lmax} = \frac{U_{oc}^2}{4R_{eq}} \tag{6-37}$$

由于 $R_L = R_{eq}$，负载吸收的功率与等效电源内阻消耗的功率相等，所以此时电路的传输

效率只有 50%，这对电力系统是不允许的；至于在信号处理和一些测量系统中，由于大多数是微弱信号，因此负载能否取得最大功率是相当重要的，而效率高低却不是关键所在。

如果负载 Z_L 的阻抗角不变而模可以改变，那么它在满足什么条件时获得最大功率呢？

不妨设 $Z_L = |Z_L|\cos\varphi_L + j|Z_L|\sin\varphi_L$，$Z_{eq} = |Z_{eq}|\cos\varphi_{eq} + j|Z_{eq}|\sin\varphi_{eq}$，则

$$\dot{I} = \frac{\dot{U}_{oc}}{Z_{eq}+Z_L} = \frac{\dot{U}_{oc}}{(|Z_{eq}|\cos\varphi_{eq}+|Z_L|\cos\varphi_L)+j(|Z_{eq}|\sin\varphi_{eq}+|Z_L|\sin\varphi_L)}$$

有效值为

$$I = \frac{U_{oc}}{\sqrt{(|Z_{eq}|\cos\varphi_{eq}+|Z_L|\cos\varphi_L)^2+(|Z_{eq}|\sin\varphi_{eq}+|Z_L|\sin\varphi_L)^2}}$$

负载吸收的有功功率为

$$P_L = R_L I^2 = \frac{|Z_L|\cos\varphi_L \times U_{oc}^2}{(|Z_{eq}|\cos\varphi_{eq}+|Z_L|\cos\varphi_L)^2+(|Z_{eq}|\sin\varphi_{eq}+|Z_L|\sin\varphi_L)^2} \tag{6-38}$$

令

$$\frac{\mathrm{d}P_L}{\mathrm{d}|Z_L|} = 0$$

即

$$\frac{U_{oc}^2\cos\varphi_L}{[(|Z_{eq}|\cos\varphi_{eq}+|Z_L|\cos\varphi_L)^2+(|Z_{eq}|\sin\varphi_{eq}+|Z_L|\sin\varphi_L)^2]^2} \times \{(|Z_{eq}|\cos\varphi_{eq}+|Z_L|\cos\varphi_L)^2+$$

$$(|Z_{eq}|\sin\varphi_{eq}+|Z_L|\sin\varphi_L)^2-2|Z_L|[(|Z_{eq}|\cos\varphi_{eq}+|Z_L|\cos\varphi_L)\cos\varphi_L+$$

$$(|Z_{eq}|\sin\varphi_{eq}+|Z_L|\sin\varphi_L)\sin\varphi_L]\} = 0$$

$$\frac{U_{oc}^2\cos\varphi_L \times (|Z_{eq}|-|Z_L|)}{[(|Z_{eq}|\cos\varphi_{eq}+|Z_L|\cos\varphi_L)^2+(|Z_{eq}|\sin\varphi_{eq}+|Z_L|\sin\varphi_L)^2]^2} = 0$$

可得

$$|Z_L| = |Z_{eq}| = \sqrt{R_{eq}^2+X_{eq}^2} \tag{6-39}$$

式（6-39）表明：当负载的阻抗角不变而模可以改变时，它的模等于等效电源内阻抗的模时可获得最大功率，称为模匹配。此时最大功率为

$$P_{Lmax} = \frac{U_{oc}^2\cos\varphi_L}{2|Z_{eq}|[1+\cos(\varphi_{eq}-\varphi_L)]} \tag{6-40}$$

有关"最大功率传输"的概念可以扫描二维码 6-37 进一步学习。

3. 功率因数的提高

在电力工程供电电路中，用电设备（负载）都连接到供电线路上。由输电线传输至用户的总功率 $P = UI\cos\varphi$，它除了和电压、电流有关外，还和负载的功率因数 $\lambda = \cos\varphi$ 有关。在实际用电设备中，小部分负载是纯电阻负载，大部分负载是作为动力用途的交流异步电动机。异步电动机的功率因数（滞后）较低，工作时一般在 0.75～0.85，轻载时可能低于 0.5。在传送相同有功功率的情况下，负载的功率因数低，则负载向供电设备所取的电流就必然相对较大，也就是说，电源设备向负载提供的电流就大。这会产生两个方面不良的后果：一方面是因为输电线路上

二维码 6-37

具有一定的阻抗，电流增大就会使线路上的电压降和功率损失增加，前者会使负载的用电电压降低，而后者则造成较大的电能损耗；另一方面，从电源设备的角度来看，在电源电压一定的情况下，$\cos\varphi$越低，电源可能输出的功率越低，就限制了电源输出功率的能力，不能满足再增加负载的需要。因此有必要提高负载的功率因数。

可以从两个方面来提高负载的功率因数：一方面是改进用电设备的功率因数，但这涉及更换或改进设备；另一方面是在感性负载上适当地并联电容以提高负载的功率因数，这是利用电感、电容无功功率的互补特性。接入电容后，不会改变原负载的工作状态，而利用电容发出的无功功率，部分（或全部）补偿感性负载所吸收的无功功率，从而减轻了电源和传输系统的无功功率的负担。再者，这对于传输线路来说，由于输电电流的减小，便可以采用截面较小的传输线，节省了有色金属，降低了线路的投资费用。

用相量图可以分析负载并联电容后功率因数提高的情况。在图6-33a 所示电路中，感性负载 Z_L 由电阻 R 和电感 L 组成，通过导线与电压为 $\dot{U}$ 的电源相联。并联电容之前，电路中的电流就是负载电流 $\dot{I}_L$，此时电路的阻抗角为 φ_L。并联电容 C 后，负载电流 $\dot{I}_L$ 不变，而电路的

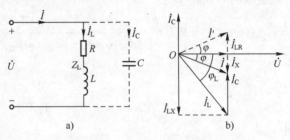

图6-33　功率因数的提高

总电流 $\dot{I}$ 为负载电流 $\dot{I}_L$ 与电容 C 中的电流 $\dot{I}_C$（超前电压 $\dot{U}\frac{\pi}{2}$）之和，即 $\dot{I}=\dot{I}_L+\dot{I}_C$。在图6-33b所示电路的相量图中，将负载电流 $\dot{I}_L$ 分解成与电压 $\dot{U}$ 同相的有功分量 $\dot{I}_{LR}$ 和与电压 $\dot{U}$ 相垂直的无功分量 $\dot{I}_{LX}$。从图中可以看到，电容电流 $\dot{I}_C$ 抵消了部分 $\dot{I}_{LX}$，使整个电路的无功分量减小为 $\dot{I}_X$，而整个电路的有功分量仍为负载电流的有功分量 $\dot{I}_{LR}$。由于无功分量的减小，则总电流 $\dot{I}$ 较电容前的 $\dot{I}_L$ 减少了，整个电路的阻抗角从 φ_L 减小为 φ，从而提高了整个电路的功率因数。

需要注意的是，并不是并联的电容越大越好，电容一定要与负载相"匹配"。图6-33b 中的电流 $\dot{I}$ 和电流 $\dot{I}'$ 的模相等，因而功率因数亦相等。此时提高的功率因数效果相同，但要达到 $\dot{I}'$，却需要并联较大的电容，显然这样是不经济的。

现在分析计算符合电路要求的并联电容的数值。

设负载吸收的有功功率为 P，由于并联的电容并不消耗有功功率，故电源提供的有功功率在并联电容后并没有改变。

并联电容前的无功功率为

$$Q_L = P\tan\varphi_L$$

并联电容后的无功功率为

$$Q = P\tan\varphi = Q_L + Q_C$$

电容的无功功率补偿了负载所吸收的部分，其中电容的无功功率为

$$Q_C = -X_C I_C^2 = -\frac{U^2}{X_C} = -\omega C U^2$$

由上述三式可得

$$P\tan\varphi = P\tan\varphi_L - \omega CU^2$$

所以

$$C = \frac{P}{\omega U^2}(\tan\varphi_L - \tan\varphi) \tag{6-41}$$

由于对电能质量和电网稳定性要求的提高，越来越多的供电部门开始对用户的功率因数、无功功率甚至无功电能（无功功率的累积）进行计量，从而收取无功电费（称为力调电费）。因此，仅从节约电费角度来说，无功补偿也是十分必要的。

有关"功率因数的提高"的概念可以扫描二维码 6-38 进一步学习。

有关例题可扫描二维码 6-39 学习。

二维码 6-38　　　　　　　二维码 6-39

6.5.3　检测

掌握有功功率、无功功率的含义和计算方法

1. 图 6-34 所示稳态电路中，$\dot{U} = 30\angle0°\,\text{V}$、$R_1 = R_2 = 5\,\Omega$、$X_L = 10\,\Omega$、$X_C = 5\,\Omega$。试求电压源发出的有功功率（30 W）和无功功率（90 var）。

掌握复功率的计算、功率守恒的应用

2. 图 6-35 所示正弦稳态电路中，正弦电压源 $\dot{U} = 220\angle0°\,\text{V}$ 向 3 个并联负载供电，各负载的功率及功率因数分别如下：$P_1 = 16\,\text{kW}$、$\cos\varphi_1 = 0.85$（感性）；$P_2 = 12\,\text{kW}$、$\cos\varphi_2 = 0.866$（容性）；$Q_3 = 20\,\text{kvar}$、$\cos\varphi_3 = 0.6$（感性）。试求电源提供的电流 $\dot{I}$（218.02∠26.3°A）、复功率 $\bar{S}$ [(43+j21.23)kV·A] 和负载的总功率因数（0.897）。

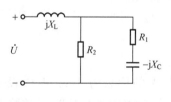
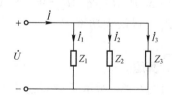

图 6-34　功率计算电路 1　　　　　　图 6-35　功率计算电路 2

掌握功率因数校正方法、意义及其计算

3. 图 6-36 所示稳态电路中，正弦电压源 $\dot{U} = 220\angle0°\,\text{V}(f=50\,\text{Hz})$ 向负载供电，负载的有功功率及功率因数分别如下：$P = 30\,\text{kW}$、$\cos\varphi = 0.6$（感性）。欲通过并联电容将电路的功率因数提高至 0.95，试求并联电容的值（1982 μF）。

理解最大功率传输条件及其应用

4. 图 6-37 所示正弦稳态电路中，正弦电压源 $\dot{U}_s = 10\angle 0° \text{V}$，$Z_s = (3-j4)\text{k}\Omega$，$Z_L = R_L + jX_L$。试确定以下 3 种情况下的最大有功功率传输条件和 Z_L 获得的最大有功功率。

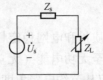

图 6-36　功率因数校正计算电路　　　　图 6-37　最大有功功率计算电路

（1）Z_L 可以任意调节 $[Z_L = (3+j4)\text{k}\Omega，P_{Lmax} = 8.33\text{mW}]$。

（2）Z_L 的阻抗角恒为 30°、阻抗模可以任意调节 $[Z_L = (4.33+j2.5)\text{k}\Omega，P_{Lmax} = 7.8\text{mW}]$。

（3）R_L 的调节范围为 0~2kΩ、X_L 的调节范围为 0~5kΩ $[Z_L = (2+j4)\text{k}\Omega，P_{Lmax} = 8\text{mW}]$。

习题 6.5

1. 填空题

（1）在正弦交流稳态电路中，总是消耗有功功率的无源元件是_____。

（2）某 *RL* 串联电路在某频率下的等效阻抗为 $(1+j2)\Omega$，且其消耗的有功功率为 9 W，则该串联电路的电流为_____A，该电路吸收的无功功率为_____var。

（3）某 *RC* 并联电路在某频率下的等效导纳为 $(2+j1)\text{S}$，且其消耗的有功功率为 8 W，则该并联电路的电压为_____V，该电路吸收的无功功率为_____var。

（4）在正弦交流稳态电路的几种功率概念中，不满足功率守恒定律的是_____。

（5）对于感性负载，可通过在其两端_____的方式以提高电路的功率因数。

（6）在利用并联电容的方式对某感性电路进行功率因数提高的时候，可出现三种情况，分别是_____、_____及_____。

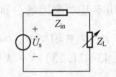

图 6-38　填空题（7）图

（7）图 6-38 所示电路的 $\dot{U}_s = 9\angle 30° \text{V}$，$Z_{in} = (3+j4)\Omega$，要使可变负载 Z_L 获得最大功率 P_{Lmax}，则 $Z_L =$_____Ω，此时 $P_{Lmax} =$_____W。

2. 分析计算题

（1）测得图 6-39 所示正弦稳态电路的电流表 A 的读数为 2 A，电压表 V_1 的读数为 220V，功率表 W_1 的读数为 400 W，电压表 V_2 的读数为 64 V，功率表 W_2 的读数为 100 W，试求电路元件参数 R_1、X_{L1}、R_2、X_{L2}。

（2）已知图 6-40 所示正弦稳态电路的 $U = 60 \text{V}$，$U_1 = 100 \text{V}$，$U_2 = 80 \text{V}$，试判断 Z 是感性负载还是容性负载，并求出 Z 及此时电路的平均功率 P。

（3）已知图 6-41 所示正弦稳态电路的 $I_C = 6 \text{A}$，$I_R = 8 \text{A}$，$X_L = 6 \Omega$，$\dot{U}$ 和 $\dot{I}$ 同相。试求 R、X_C、U 及电路消耗的平均功率 P。

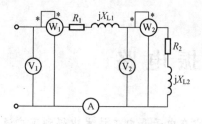 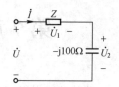

图 6-39　分析计算题（1）图　　　　图 6-40　分析计算题（2）图

（4）已知图 6-42 所示正弦稳态电路的 $U = 50\,\text{V}$，$R = 6\,\Omega$，电路吸收的平均功率为 $P = 150\,\text{W}$，总功率因数为 $\cos\varphi = 1$，试求 I、I_1、I_2、X_C、X_L 的值。

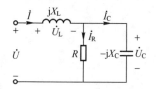 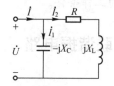

图 6-41　分析计算题（3）图　　　　图 6-42　分析计算题（4）图

（5）已知图 6-43 所示正弦稳态电路中，电流源 $\dot{I}_s$ 的频率为 $f = 50\,\text{Hz}$，$R = 100\,\Omega$。调节 R 上的滑动触头 P，使交流电压表的读数为最小值 $20\,\text{V}$，此时交流电流表的读数为 $1\,\text{A}$，试以 $\dot{U}_{in}$ 为参考相量绘制该电路的相量图，并求 I_s 及 L 的值。

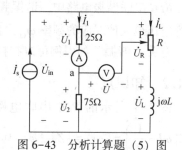

图 6-43　分析计算题（5）图

例题精讲 6-1　　例题精讲 6-2　　例题精讲 6-3　　例题精讲 6-4

例题精讲 6-5　　例题精讲 6-6　　例题精讲 6-7

第7章　谐振电路

谐振是电路的一种特殊工作状况，一方面，它在电子和电工技术中得到了广泛应用；但另一方面，有的电路在发生谐振时又有可能破坏系统的正常工作。所以，对谐振现象的研究，有着重要的实际意义。本章分析的谐振电路由电阻、电感和电容组成，按照其元件的连接形式可分为串联谐振电路、并联谐振电路和串并联谐振电路，本章将说明谐振电路的工作特点及产生谐振的工作条件。

7.1　RLC 串联谐振电路

7.1.1　节前思考

RLC 串联谐振电路中，谐振频率 ω_0、电感电压最大值对应的频率 ω_{L0}、电容电压最大值对应的频率 ω_{C0} 之间存在什么数值关系？

有关"谐振"的引例可以扫描二维码 7-1 学习。

二维码 7-1

7.1.2　知识点

图 7-1 所示的 RLC 串联电路的输入阻抗 $Z(j\omega) = R + j\left(\omega L - \dfrac{1}{\omega C}\right) = R + jX = |Z| \angle \varphi$，其中电抗分量 $X(\omega) = \omega L - \dfrac{1}{\omega C}$。如果 $X(\omega_0) = 0$，那么 $\varphi = 0$，端口上的电压与电流同相，工程上将电路的这种工作状态称为谐振。谐振的条件为

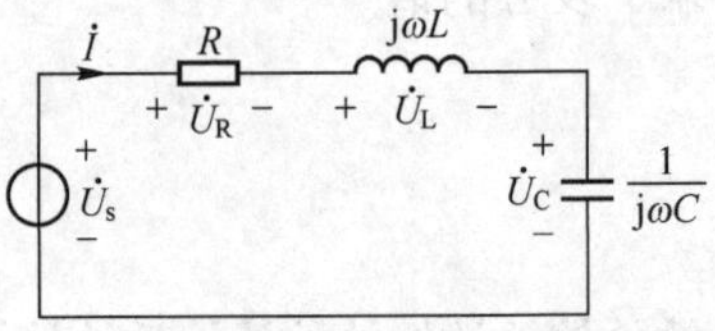

$$\mathrm{Im}\left[Z(j\omega) \right] = 0$$

图 7-1　RLC 串联电路

电路发生谐振时的角频率 ω_0 和频率 f_0 称为谐振角频率和谐振频率，又称为电路的固有频率，它是由电路的结构和参数决定的。

由于 RLC 为串联电路，所以称为串联谐振。对于串联谐振电路，谐振时有 $\omega_0 L - \dfrac{1}{\omega_0 C} = 0$，所以

$$\omega_0 = \frac{1}{\sqrt{LC}}, \quad f_0 = \frac{1}{2\pi\sqrt{LC}} \tag{7-1}$$

由此可见，ω_0、f_0 仅由 L、C 参数决定，与 R 无关。改变 L 或 C 都能改变电路的固有频率，使电路在某一频率下发生谐振或者避免谐振。如果电路的参数 L、C 为定值，那么谐振频率也就是一个固定的数值，因此谐振反映了电路的固有性质，f_0 是电路本身的固有频率。只有当外加电压源的频率与电路中的固有频率相等时，电路才会发生谐振。如果外加电源频率一

定，也可调节元件参数使电路达到谐振。总之，改变电源频率或改变元件（L 或 C）的数值都可以使电路发生谐振或消除谐振。例如无线电收音机的接收回路中，通常是改变电容 C 的数值，使电路对所要选择的广播频率发生谐振（称为调谐），从而达到接收该电台信号的目的。

RLC 串联电路发生谐振时有如下特点。

（1）阻抗模达到最小

RLC 串联电路的阻抗模为 $|Z(\mathrm{j}\omega)| = \sqrt{R^2 + \left(\omega L - \dfrac{1}{\omega C}\right)^2} = \sqrt{R^2 + X^2}$，当电路发生谐振时，有 $X = 0$，所以此时阻抗模达到最小，即 $|Z(\mathrm{j}\omega_0)|_{\min} = R$。

谐振时的感抗 X_{L0} 和容抗 X_{C0} 称为电路的特性阻抗，用 ρ 表示，即

$$\begin{cases} \rho = X_{\mathrm{L0}} = \omega_0 L = \dfrac{L}{\sqrt{LC}} = \sqrt{\dfrac{L}{C}} \\[3mm] \rho = X_{\mathrm{C0}} = \dfrac{1}{\omega_0 C} = \dfrac{\sqrt{LC}}{C} = \sqrt{\dfrac{L}{C}} \end{cases} \tag{7-2}$$

可见特性阻抗 ρ 只与电路参数 L、C 有关，而与 ω 无关，且有 $X_{\mathrm{L0}} = X_{\mathrm{C0}}$。

将特性阻抗 ρ 与回路中电阻 R 的比值称为串联谐振电路的品质因数，用 Q 表示，即

$$Q = \frac{\rho}{R} = \frac{\omega_0 L}{R} = \frac{1}{\omega_0 CR} = \frac{1}{R}\sqrt{\frac{L}{C}} \tag{7-3}$$

由式（7-3）可见，品质因数 Q 值是由串联电路 R、L、C 元件参数值来决定的一个无量纲的量，Q 值的大小可反映谐振电路的性能，是串联谐振电路基本属性的重要参数。

（2）在输入电压 U_{s} 不变的情况下，电流 I 和 U_R 为最大

$$I_0 = I_{\max} = \frac{U_{\mathrm{s}}}{|Z|_{\min}} = \frac{U_{\mathrm{s}}}{R}, \quad U_{\mathrm{R0}} = RI_0 = U_{\mathrm{s}}$$

谐振时电阻上的电压有效值与端口电压有效值相同。工程中在做实验时，常以此来判定 RLC 串联电路是否发生谐振。

（3）$\dot{U}_{\mathrm{L0}} + \dot{U}_{\mathrm{C0}} = 0$（串联谐振又称为电压谐振）

当电路发生串联谐振时，电感、电容上的电压相量分别如下：

$$\begin{cases} \dot{U}_{\mathrm{L0}} = \mathrm{j}\omega_0 L \dot{I}_0 = \mathrm{j}\omega_0 L \dfrac{\dot{U}_{\mathrm{s}}}{R} = \mathrm{j}\dfrac{\omega_0 L}{R}\dot{U}_{\mathrm{s}} = \mathrm{j}Q\dot{U}_{\mathrm{s}} \\[3mm] \dot{U}_{\mathrm{C0}} = \dfrac{1}{\mathrm{j}\omega_0 C}\dot{I}_0 = -\mathrm{j}\dfrac{1}{\omega_0 C}\dfrac{\dot{U}_{\mathrm{s}}}{R} = -\mathrm{j}Q\dot{U}_{\mathrm{s}} \end{cases} \tag{7-4}$$

可以看到，$\dot{U}_{\mathrm{L0}} + \dot{U}_{\mathrm{C0}} = 0$ 且 $U_{\mathrm{L0}} = U_{\mathrm{C0}}$。如果 $Q > 1$，即 $R < \sqrt{\dfrac{L}{C}}$，则有 $U_{\mathrm{L0}} = U_{\mathrm{C0}} > U_{\mathrm{s}}$。特别是当 $Q \gg 1$ 时，表明在谐振或接近谐振时，会在电感和电容两端出现大大高于外施电压 U_{s} 的高电压，称为过电压现象，这往往会造成元件的损坏。谐振时 L 和 C 段的等效阻抗为零（LC 相当于短路）。

（4）谐振时，无功功率为零，功率因数 $\lambda = \cos\varphi = 1$

谐振时电路不从外部吸收无功功率，但电路内部的电感与电容周期性地进行磁场能量与

电场能量的交换。

谐振时，$i_0=\sqrt{2}\dfrac{U_s}{R}\cos\omega_0 t$，$u_{C0}=\sqrt{2}QU_s\sin\omega_0 t$，$Q^2=\dfrac{1}{R^2}\dfrac{L}{C}$。磁场能量与电场能量总和为

$$W(\omega_0)=\frac{1}{2}Li_0^2+\frac{1}{2}Cu_{C0}^2=\frac{L}{R^2}U_s^2\cos^2\omega_0 t+CQ^2U_s^2\sin^2\omega_0 t=CQ^2U_s^2=常量$$

上式说明，串联谐振时，电感和电容之间进行能量的相互交换而不与电源进行能量交换。也就是说，当电感吸收功率时，线圈中的磁场增强，与此同时，电容发出功率、电容中的电场减弱；继而当电容吸收功率时，电场增强，而同时电感发出功率，磁场减弱。电场和磁场能量进行着等量交换，完全补偿。它们的总和不变，维持能量振荡。所以电路一旦从电源获得能量后，无功功率不再依靠电源供给（$Q=0$），在电感与电容之间，能量自交换，电源只提供电阻的能量消耗，维持电路做等幅振荡，因而整个电路相当于纯电阻电路。

下面讨论频率特性与 Q 值的关系。

对于 RLC 串联电路，有

$$Z(j\omega)=R+j\left(\omega L-\frac{1}{\omega C}\right)=R\left[1+jQ\left(\eta-\frac{1}{\eta}\right)\right]$$

式中，$\eta=\dfrac{\omega}{\omega_0}$，于是有

$$U_R(\eta)=R\frac{U_s}{|Z|}=\frac{U_s}{\sqrt{1+Q^2\left(\eta-\frac{1}{\eta}\right)^2}}$$

则

$$H_R(\eta)=\frac{U_R(\eta)}{U_s}=\frac{1}{\sqrt{1+Q^2\left(\eta-\frac{1}{\eta}\right)^2}}$$

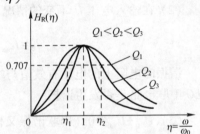

图 7-2 串联谐振电路的通用曲线

在同一相对坐标 η 下，$H_R(\eta)$ 的特性曲线仅与 Q 值有关。从图 7-2 可以看出 Q 值对谐振曲线形状的影响，Q 值越大，曲线越陡。串联谐振电路的频率响应具有明显的选择性能，在 $\eta=1$（谐振点）时，曲线出现峰值，响应电压达到了最大值 $U_R=U_s$；当 $\eta<1$ 或 $\eta>1$（偏离谐振点）时，U_R 逐渐下降，随 $\eta\to0$ 和 $\eta\to\infty$ 而逐渐趋于零。只有在谐振点附近的频率范围内，即 $\eta=1+\Delta\eta$，U_R 才有较大的输出幅度，电路的这种性能称为选择性。电路选择性的优劣取决于品质因数。

工程中为了定量地衡量选择性，常用 $H_R=0.707$ 时的两个频率 ω_2 和 ω_1 之间的差加以说明。$\omega_2-\omega_1$ 称为通频带，用 BW 表示，即 $BW=\omega_2-\omega_1$，$\omega_2>\omega_0$，$\omega_1<\omega_0$，ω_1、ω_2 分别称为上半功率频率和下半功率频率（在 ω_2、ω_1 处的电路消耗的功率是谐振时功率的一半）。

若 $H_R=0.707$，则有

$$\frac{1}{\sqrt{1+Q^2\left(\eta-\frac{1}{\eta}\right)^2}}=\frac{1}{\sqrt{2}}, \quad Q^2\left(\eta-\frac{1}{\eta}\right)^2=1, \quad \eta^2\mp\frac{1}{Q}\eta-1=0$$

解得

$$\eta_1 = -\frac{1}{2Q} + \sqrt{\frac{1}{4Q^2} + 1}, \quad \eta_2 = \frac{1}{2Q} + \sqrt{\frac{1}{4Q^2} + 1}$$

所以

$$\eta_2 - \eta_1 = \frac{1}{Q}, \quad \omega_2 - \omega_1 = \frac{\omega_0}{Q} = \frac{R}{L}$$

$$Q = \frac{\omega_0}{\omega_2 - \omega_1}$$

可见 Q 值越大,通频带越窄,选择性就好,谐振曲线就越尖锐,选择性能就越好;反之,Q 值低,通频带就宽,但选择性差。因此,在串联谐振电路中,选择性与通频带之间存在着矛盾。从提高选择性抑制干扰信号的观点看,要求电路的谐振曲线尖锐,因而 Q 值要高;而从减小信号失真的观点来看,要求电路的通频带要宽一些,因而 Q 值不宜太高。在实际应用中,必须根据需要,两者兼顾,并有所侧重,选择适当的品质因数。

若以 $\dot{U}_C$、$\dot{U}_L$ 为输出,可以用类似的方法分析 $H_C(\eta)$、$H_L(\eta)$ 的频率特性。它们的曲线如图 7-3 所示。

$$H_C(\eta) = \frac{U_C(\eta)}{U_s} = \frac{U_R(\eta)}{U_s} \frac{1}{\omega CR} = \frac{Q}{\sqrt{\eta^2 + Q^2(\eta^2 - 1)^2}}$$

$$H_L(\eta) = \frac{U_L(\eta)}{U_s} = \frac{U_R(\eta)}{U_s} \frac{\omega L}{R} = \frac{Q}{\sqrt{\frac{1}{\eta^2} + Q^2\left(1 - \frac{1}{\eta^2}\right)^2}}$$

从图 7-3 中可见,当 $\omega = 0$ 时,容抗 $\frac{1}{\omega C} \to \infty$,因此电路中电阻电压与电感电压均为零,电源电压全部加在电容上,$U_C = U_s$。当 $\omega \to \infty$ 时,感抗 $\omega L \to \infty$,电阻电压和电容电压趋于零,电感电压趋于电源电压。当 $\omega = \omega_0$ 时,电容电压和电感电压均高于电源电压。

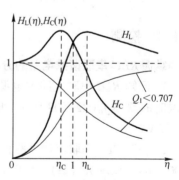

图 7-3 串联谐振电路 $H_L(\eta)$、$H_C(\eta)$ 的频率特性

当 $Q > \frac{1}{\sqrt{2}} = 0.707$ 时,谐振曲线会出现峰值。$H_C(\eta)$ 的峰值频率为

$$\eta_C = \sqrt{1 - \frac{1}{2Q^2}} < 1 \quad (\text{可以由 } U_C \text{ 关于 } \eta \text{ 的解析式求得})$$

$$\omega_C = \omega_0 \sqrt{1 - \frac{1}{2Q^2}} < \omega_0$$

此时峰值为

$$H_{C\max} = \frac{Q}{\sqrt{1 - \frac{1}{4Q^2}}} > Q$$

$H_L(\eta)$ 的峰值频率为

$$\eta_{\text{L}} = \sqrt{\frac{2Q^2}{2Q^2-1}} > 1, \quad \omega_{\text{L}} = \omega_0 \sqrt{\frac{2Q^2}{2Q^2-1}} > \omega_0$$

峰值为

$$H_{\text{Lmax}} = \frac{Q}{\sqrt{1-\frac{1}{4Q^2}}}$$

图 7-3 给出了两种不同 Q 值的特性曲线。由图可以看出，$H_{\text{Cmax}} = H_{\text{Lmax}}$，即 $U_{\text{Cmax}} = U_{\text{Lmax}}$。当 Q 值很大时，两峰值频率接近。而当 $Q < 0.707$ 时，二者都无峰值。如果改变的是电路的参数 L 和 C，则谐振特性应另行分析。

有关 "RLC 串联谐振电路" 的概念可以扫描二维码 7-2～二维码 7-7 进一步学习。

二维码 7-2	二维码 7-3	二维码 7-4
二维码 7-5	二维码 7-6	二维码 7-7

7.1.3 检测

掌握 RLC 串联谐振电路的分析计算

1. 已知 RLC 串联电路的电源电压为 5 V，$R = 50\,\Omega$，$L = 0.5\,\text{H}$，$C = 100\,\mu\text{F}$。试求电路谐振时的频率 f_0（22.508 Hz）、电路的品质因数 Q（1.41）及谐振时元件 L 或 C 的电压（7.07 V）。

2. 一个 RLC 串联谐振电路的特性阻抗为 $100\,\Omega$，品质因数为 100，谐振时的角频率为 1000 rad/s。试求 R（$1\,\Omega$）、L（0.1 H）和 C（$10\,\mu\text{F}$）。

习题 7.1

说明：本单元所说的 RLC 串联电路发生谐振，如不特别指明，均指保持端电压有效值恒定，通过调节电源的角频率达到谐振。

1. 填空题

（1）RLC 串联电路发生谐振的角频率 $\omega_0 = $ _____，$f_0 = $ _____。

（2）RLC 串联谐振电路的特性阻抗 $\rho = $ _____，品质因数 $Q = $ _____。

（3）品质因数越_____，电路的_____越好，但不能无限制地加大品质因数，否则将会造成_____变窄，致使接收信号产生失真。

（4）RLC 串联电路中，当电路复阻抗虚部大于零时，电路呈_____性；当复阻抗虚部小于零时，电路呈_____性；当电路复阻抗的虚部等于零时，电路呈_____性。在 ω 由 0 逐渐变大的过程中，电路的性质经历了由_____变为_____再变为_____的过程。

（5）对 RLC 串联电路端口外加电压源供电，改变 ω 使该端口处于谐振状态时，从电路消耗功率的角度看，_____达到最大，_____达到最小，功率因数 $\lambda =$_____。

（6）已知 $R = 10\,\Omega$，$L = 1\,$H，$C = 100\,\mu$F，串联谐振时，$U_R/U_s =$_____；$U_L/U_s =$_____。

（7）某线圈（其等效参数为 R、L）与电容串联，接在有效值为 50 V 的正弦电压源上，若电路发生了电压谐振，测得电容两端电压为 50 V，则线圈两端电压为_____。

2. 分析计算题

（1）图 7-4 所示 RLC 串联谐振电路的特性阻抗为 100 Ω，品质因数为 100，谐振时的角频率为 1000 rad/s，试求 R、L 和 C 的值。若外接正弦交流电压的有效值为 1.5 mV，试求谐振电流；电阻电压、电感电压及电容电压的有效值；电路消耗的有功功率；电路的通频带。

（2）收音机的输入回路如图 7-5 所示，$R = 10\,\Omega$，$L = 0.3\,$mH，为收到 560 kHz 的信号，试求调谐电容 C 值。若输入电压为 1.5 μV，试求谐振电流和此时的电容电压。

（3）已知图 7-6 所示接收器的 $U = 10\,$mV，$\omega_0 = 5000\,$rad/s。调节电容 C 使电路中的电流最大，$I_{max} = 0.2\,$mA，测得电容电压为 0.6 V，试求 R、L、C 及 Q。

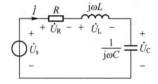
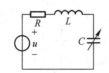
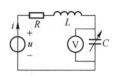

图 7-4　分析计算题（1）图　　　图 7-5　分析计算题（2）图　　　图 7-6　分析计算题（3）图

7.2　GLC 并联谐振电路

7.2.1　节前思考

分析 GLC 并联谐振电路的能量交换情况及电路存储的总能量，并分析其特点。

7.2.2　知识点

设 GLC 并联电路如图 7-7a 所示，输入为正弦电流 $\dot{I}_s$。

讨论并联谐振电路的方法与讨论串联谐振电路的方法相同，也可以根据对偶的方法进行讨论。并联谐振的定义仍为端口上的电压 $\dot{U}$ 与端口电流 $\dot{I}_s$ 同相时的工作状态。由于谐振发生在并联电路，所以称为并联谐振。并联谐振的条件为

$$\text{Im}\left[\,Y(\mathrm{j}\omega_0)\,\right] = 0$$

因为 $Y(\mathrm{j}\omega_0) = G + \mathrm{j}\left(\omega_0 C - \dfrac{1}{\omega_0 L}\right)$，所以谐振角频率 ω_0 和谐振频率 f_0 分别为

$$\omega_0 = \frac{1}{\sqrt{LC}}, \quad f_0 = \frac{1}{2\pi\sqrt{LC}} \tag{7-5}$$

并把它们称为电路的固有频率。

并联谐振时，输入导纳 $Y(j\omega)$ 最小，输入阻抗最大。

$$Y(j\omega_0) = G + j\left(\omega_0 C - \frac{1}{\omega_0 L}\right) = G, \quad Z(j\omega_0) = R$$

所以谐振时端电压达到最大值，$U(\omega_0) = |Z(j\omega_0)|I_s = RI_s$，这是工程中判断并联电路是否发生谐振的依据。并联谐振时，$\dot{I}_L + \dot{I}_C = 0$（所以又称为电流谐振）。

$$\dot{I}_L(\omega_0) = -j\frac{1}{\omega_0 L}\dot{U} = -j\frac{1}{\omega_0 LG}\dot{I}_s = -jQ\dot{I}_s$$

$$\dot{I}_C(\omega_0) = j\omega C\dot{U} = j\frac{\omega_0 C}{G}\dot{I}_s = jQ\dot{I}_s$$

式中，Q 称为并联谐振电路的品质因数，即

$$Q = \frac{I_C(\omega_0)}{I_s} = \frac{I_L(\omega_0)}{I_s} = \frac{1}{\omega_0 LG} = \frac{\omega_0 C}{G} = \frac{1}{G}\sqrt{\frac{C}{L}}$$

并联谐振时电流相量图如图 7-7b 所示。

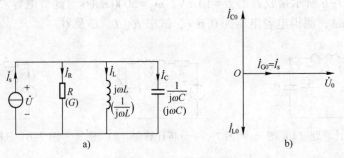

图 7-7 *GLC* 并联电路

若 $Q \gg 1$，则谐振时在电感和电容中会出现过电流。由于 $\text{Im}[Y(j\omega_0)] = 0$，从 L、C 两端看进去的等效导纳等于零，即电抗为无穷大，LC 相当于开路。谐振时无功功率为零。$Q_L = \frac{1}{\omega_0 L}U^2$，$Q_C = -\omega_0 CU^2$，$Q_L + Q_C = 0$。电场、磁场能量彼此相互交换，两种能量的总和为

$$W(\omega_0) = W_L(\omega_0) + W_C(\omega_0) = LQ^2 I_s^2 = \text{常量}$$

有关 "*GLC* 并联电路" 的概念可以扫描二维码 7-8 进一步学习。

工程实际中常用电感线圈与电容元件并联组成谐振电路，如图 7-8a 所示。

二维码 7-8

$$Y(j\omega) = j\omega C + \frac{1}{R + j\omega L} = \frac{R}{R^2 + (\omega L)^2} + j\left[\omega C - \frac{\omega L}{R^2 + (\omega L)^2}\right]$$

谐振时 $\text{Im}[Y(j\omega_0)] = 0$，所以

$$\omega_0 C - \frac{\omega_0 L}{R^2 + (\omega_0 L)^2} = 0$$

解得

$$\omega_0 = \frac{1}{\sqrt{LC}}\sqrt{1-\frac{CR^2}{L}} < \frac{1}{\sqrt{LC}}$$

显然，只有当 $1-\dfrac{CR^2}{L}>0$，即 $R<\sqrt{\dfrac{L}{C}}$ 时，ω_0 才是实数。所以 $R>\sqrt{\dfrac{L}{C}}$ 时，电路不会发生谐振。

谐振时电流相量图如图 7-8b 所示。

$$I_C = I_{RL}\sin\varphi_1 = I_s\tan\varphi_1$$

若线圈的阻抗角 φ_1 很大，谐振时会有过电流出现在电感和电容中。

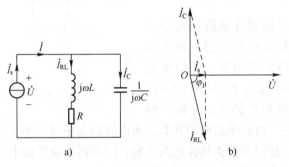

图 7-8   一种实际的并联谐振电路

谐振时

$$Y(j\omega_0) = \frac{R}{R^2+(\omega_0 L)^2} = \frac{CR}{L}$$

这并不是输入导纳的最小值（即输入阻抗也不是最大值），所以谐振时端

电压不是最大值。并且只有当 $R\ll\sqrt{\dfrac{L}{C}}$ 时，它发生谐振时的特点才与 GLC

并联谐振电路的特点相近。

二维码 7-9

有关"电感线圈与电容并联电路"的概念可以扫描二维码 7-9 进一步
学习。

7.2.3   检测

掌握 GLC 并联谐振电路的分析计算

1. 一个 $R=13.7\,\Omega$、$L=0.25\,\text{mH}$ 的电感线圈，与 $C=100\,\text{pF}$
的电容器分别接成串联和并联谐振电路，求谐振频率和两种谐
振情况下电路呈现的阻抗（$f_{01}=1\,\text{MHz}$、$Z_{01}=13.7\,\Omega$，$f_{02}=$
$6.32\,\text{MHz}$、$Z_{02}=182.5\,\text{k}\Omega$）。

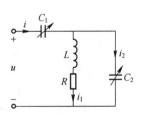

图 7-9 GLC 并联谐振
电路分析计算

2. 已知图 7-9 所示正弦稳态电路的 $R=10\,\Omega$、$L=10\,\text{mH}$。

（1）若 $\omega=10^5\,\text{rad/s}$，调 C_2 使 I 最小，且为 $1\,\text{mA}$，试求 C_2
（$0.01\,\text{F}$）、I_1（$0.1\,\text{A}$）和 I_2（$0.1\,\text{A}$）。

（2）若 C_2 一定，$\omega=0.5\times10^5\,\text{rad/s}$，调 C_1 使 I 为最大，其值为 $100\,\text{mA}$，试求 C_1（$0.03\,\mu\text{F}$）
和 U（$1.78\,\text{V}$）。

7.3 串并联谐振电路

7.3.1 节前思考

根据电气系统谐振的特点，考虑如何求无源一端口网络的谐振频率？

7.3.2 知识点

前面分析过串联谐振和并联谐振电路的一些特点，本节简要讨论由纯电感和纯电容所组成的简单串、并联谐振电路，并分析此类电路发生谐振具有的特点。图 7-10 中画出了串、并联谐振电路的两个例子。分析这种

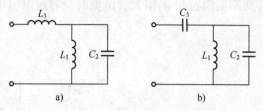

图 7-10　串、并联谐振电路

电路时将看到，由电感、电容组成的串并联谐振电路的谐振频率不止一个，既有串联谐振频率又有并联谐振频率。所以在分析具体电路之前，需要再次熟悉由电感、电容所组成的串联电路以及并联电路的频率特性。

1. 电感、电容串联电路的频率特性

电感、电容串联电路如图 7-11a 所示，所对应的电路复阻抗 $Z_{串}(\omega)$ 为

$$Z_{串}(\omega) = jX_{串}(\omega) = j(X_L - X_C) = j\left(\omega L - \frac{1}{\omega C}\right)$$

$$= jL\left(\omega - \frac{1}{\omega LC}\right) = jL\left(\frac{\omega^2 - \omega_0^2}{\omega}\right) \tag{7-6}$$

式中，$\omega_0 = \dfrac{1}{\sqrt{LC}}$。当 $\omega = \omega_0$ 时，$Z_{串}(\omega) = 0$，这相当于发生串联谐振，串联谐振角频率为 ω_0。当 $\omega < \omega_0$ 时，$X_{串}(\omega) < 0$，电路呈容性；当 $\omega > \omega_0$ 时，$X_{串}(\omega) > 0$，电路呈感性。$X_{串}(\omega)$ 的频率特性如图 7-11b 所示。

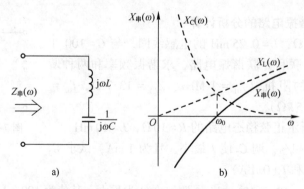

图 7-11　电感、电容串联电路的频率特性

有关"电感、电容串联电路的频率特性"的概念可以扫描二维码 7-10 进一步学习。

二维码 7-10

2. 电感、电容并联电路的频率特性

电感、电容并联电路如图 7-12a 所示，所对应的电路复阻抗 $Z_{并}(\omega)$ 为

$$Z_{并}(\omega)=\mathrm{j}X_{并}(\omega)=\frac{\mathrm{j}X_{\mathrm{L}}(-\mathrm{j}X_{\mathrm{C}})}{\mathrm{j}X_{\mathrm{L}}+(-\mathrm{j}X_{\mathrm{C}})}=\frac{\mathrm{j}\omega L\cdot\dfrac{1}{\mathrm{j}\omega C}}{\mathrm{j}\omega L+\dfrac{1}{\mathrm{j}\omega C}}$$

$$=\mathrm{j}\frac{\omega L}{1-\omega^2 LC}=\mathrm{j}\frac{\omega}{C(\omega_0^2-\omega^2)} \tag{7-7}$$

式中，$\omega_0=\dfrac{1}{\sqrt{LC}}$。当 $\omega=\omega_0$ 时，$Z_{并}(\omega)=\infty$，这相当于发生并联谐振，并联谐振角频率为 ω_0。当 $\omega<\omega_0$ 时，$X_{并}(\omega)>0$，电路呈感性；当 $\omega>\omega_0$ 时，$X_{并}(\omega)<0$，电路呈容性。$X_{并}(\omega)$ 的频率特性如图 7-12b 所示。

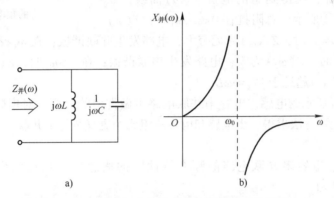

图 7-12 电感、电容并联电路阻抗的频率特性

有关"电感、电容并联电路的频率特性"的概念可以扫描二维码 7-11 进一步学习。

二维码 7-11

3. 电感、电容串并联电路的频率特性

现在分析图 7-10a 所示的电感、电容串并联电路。不难看出，当 L_1 和 C_2 的并联电路发生谐振时，其阻抗为无穷大，所以整个电路的阻抗也是无穷大。设其谐振角频率为 ω_1，则 $\omega_1=\dfrac{1}{\sqrt{L_1C_2}}$。当 ω 大于 ω_1 时，并联环节的阻抗将为容性，这样在另一角频率 $\omega_2(\omega_2>\omega_1)$ 时可与 L_3 发生串联谐振，而此时整个电路的阻抗将为零，相当于短路。为确定谐振频率 ω_2，写出此电路的输入阻抗为

$$Z(\omega)=\mathrm{j}\omega L_3+\frac{\mathrm{j}\omega L_1\cdot\dfrac{1}{\mathrm{j}\omega C_2}}{\mathrm{j}\omega L_1+\dfrac{1}{\mathrm{j}\omega C_2}}=\mathrm{j}\frac{\omega^3 L_1 L_3 C_2-\omega(L_1+L_3)}{\omega^2 L_1 C_2-1} \tag{7-8}$$

当式（7-8）中分母为零，即 $\omega^2 L_1 C_2-1=0$ 时可得并联谐振频率，有

$$\omega_1 = \frac{1}{\sqrt{L_1 C_2}} \qquad (7-9)$$

这时 $Z(\omega_1) = \mathrm{j}\infty$，相当于开路。当式（7-8）中分子为零，即 $\omega^3 L_1 L_3 C_2 - \omega(L_1 + L_3) = 0$ 时，可得串联谐振频率，有

$$\omega_2 = \sqrt{\frac{L_1 + L_3}{L_1 L_3 C_2}} \qquad (7-10)$$

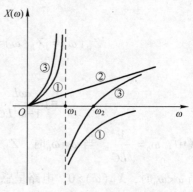

图 7-13 图 7-10a 电路的频率特性

这时 $Z(\omega_2) = \mathrm{j}0$，相当于短路。

图 7-13 所示为图 7-10a 电感、电容串并联电路的频率特性曲线 $X(\omega)$，这一曲线可按以下步骤绘出：先绘出 $L_1 C_2$ 并联电路的电抗与频率的关系曲线，如图 7-13 中的曲线①所示，在 $\omega = \omega_1$ 处此电抗为无穷大，这一频率就是并联谐振频率；再绘出电感 L_3 的电抗曲线，如图 7-13 中的曲线②所示，然后将 $L_1 C_2$ 的并联电抗与 L_3 的电抗相加，便得到总的电抗 $X(\omega)$ 曲线，如图 7-13 中的曲线③所示。总阻抗在 $0 < \omega < \omega_1$ 时，$Z(\omega)$ 为纯感抗性；在 $\omega = \omega_1$ 时，$Z(\omega_1)$ 为无穷大，电路发生并联谐振；在 $\omega_1 < \omega < \omega_2$ 时，$Z(\omega)$ 为纯容性；在 $\omega = \omega_2$ 时，$Z(\omega_2)$ 为零，电路发生串联谐振；在 $\omega > \omega_2$ 时，$Z(\omega)$ 又为感性，在 $\omega \to \infty$ 时，阻抗 $Z(\omega)$ 趋近于 $\mathrm{j}X_3 = \mathrm{j}\omega L_3$。

对于图 7-10b 所示的电感、电容串并联电路可做类似的分析。对串联谐振频率以及并联谐振频率可按上述方法求得。由电感和电容所组成的更复杂的串并联电路，其分析方法仍与上述类似。

有关"电感、电容串并联电路的频率特性"的概念可以扫描二维码 7-12 进一步学习。

二维码 7-12

习题 7.2

分析计算题

（1）试问图 7-14 所示电路在哪些频率下可视为开路或短路？

（2）已知图 7-15 所示电路正弦电源的角频率 $\omega = 1\ \mathrm{rad/s}$。试求两个交流电流表的读数。

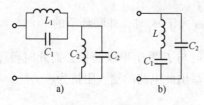

图 7-14 分析计算题（1）图

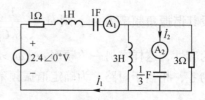

图 7-15 分析计算题（2）图

（3）已知图 7-16 所示电路的 $u_s = \cos t\ \mathrm{V}$。试求交流电压表和交流电流表的读数。

（4）已知图 7-17 所示电路电源角频率为 ω。试问在什么条件下输出电压 u_{ab} 不受 G 和 C 变化的影响。

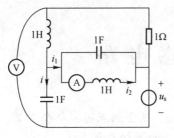

图 7-16 分析计算题（3）图

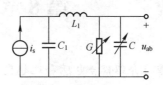

图 7-17 分析计算题（4）图

（5）已知图 7-18 所示电路在 $\omega = 10^3$ rad/s 时发生谐振。若 $U_s = 100$ V，试求 X_L、I 及电容发出的无功功率 Q_C。

（6）已知图 7-19 所示电路两交流电流表的读数都是 1 A，功率表读数为 100 W。试求 ω、L 和 C。

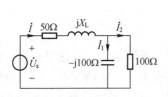

图 7-18 分析计算题（5）图

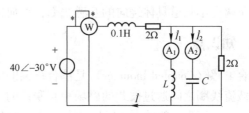

图 7-19 分析计算题（6）图

例题精讲 7-1

例题精讲 7-2

例题精讲 7-3

例题精讲 7-4

第8章 互感电路

本章将重点介绍耦合电感和理想变压器的 VCR，还介绍互感、耦合系数、耦合电感的同名端，以及空心变压器的概念，并讨论含耦合电感电路的分析方法。

8.1 互感电路的基本概念

8.1.1 节前思考

对于两个不知道具体绕向的互感线圈，如何判定其同名端？

8.1.2 知识点

耦合电感（Coupled Inductor）是耦合线圈的电路模型。所谓耦合，在这里是指磁场的耦合，是载流线圈之间通过彼此的磁场相互联系的一种物理现象。一般情况下，耦合线圈由多个线圈组成。不失一般性，这里只讨论一对线圈的耦合情况，它是单个线圈工作原理的引申。

图 8-1 为一对载流耦合线圈。设耦合线圈的自感分别为 L_1、L_2，匝数分别为 N_1、N_2。当各自通有电流 i_1 和 i_2 时（称 i_1、i_2 为施感电流），其产生的磁通和彼此相交链的情况要根据两个线圈的绕向、相对位置和两个电流 i_1、i_2 的实际方向，按右手螺旋定则来确定。

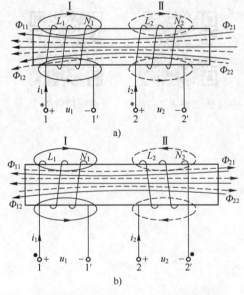

图 8-1 耦合线圈及其电压、电流和磁通的参考方向

设线圈 1 中的电流 i_1 产生的磁通为 Φ_{11}，方向如图 8-1 所示。在穿过自身线圈时，铰链的磁通链为 Ψ_{11}，称为线圈 1 的自感磁通链。由于线圈 1、2 离得较近，Φ_{11} 中的一部分或全

154

部与线圈 2 交链产生的磁通链为 Ψ_{21}，并称为互感磁通链。同理，电流 i_2 会在线圈 2 中产生自感磁通链 Ψ_{22}，并在线圈 1 产生互感磁通链 Ψ_{12}。这样，每个线圈中的磁通链等于自感磁通链和互感磁通链两部分的代数和。设线圈 1、2 中的磁通链分别为 Ψ_1、Ψ_2，则有

$$\Psi_1 = \Psi_{11} \pm \Psi_{12} \tag{8-1}$$
$$\Psi_2 = \pm\Psi_{21} + \Psi_{22} \tag{8-2}$$
$$\Psi_1 = L_1 i_1 \pm M i_2 \tag{8-3}$$
$$\Psi_2 = \pm M i_1 + L_2 i_2 \tag{8-4}$$

式（8-3）和式（8-4）中 M 称为互感，单位为 H（亨）。式（8-3）和式（8-4）表明，耦合线圈中的磁通链与施感电流呈线性关系，是各施感电流独立产生的磁通链的叠加。

M 前的 "±" 号说明磁耦合中互感与自感作用的两种可能性。"+" 号表示互感磁通链与自感磁通链方向一致，互感磁通链对自感磁通链起 "加强" 作用。"−" 号则相反，表示互感的 "削弱" 作用。

如果 i_1、i_2 为变动的电流，各线圈的电压、电流均采用关联参考方向，亦即沿线圈绕组电压降的参考方向与电流的参考方向取关联参考方向，根据电磁感应定律，由式（8-3）和式（8-4）可得

$$u_1(t) = \frac{\mathrm{d}\Psi_1}{\mathrm{d}t} = L_1\frac{\mathrm{d}i_1}{\mathrm{d}t} \pm M\frac{\mathrm{d}i_2}{\mathrm{d}t} \tag{8-5}$$

$$u_2(t) = \frac{\mathrm{d}\Psi_2}{\mathrm{d}t} = \pm M\frac{\mathrm{d}i_1}{\mathrm{d}t} + L_2\frac{\mathrm{d}i_2}{\mathrm{d}t} \tag{8-6}$$

式（8-5）和式（8-6）表示两耦合电感的电压、电流关系。其中自感电压 $u_{11} = L_1\frac{\mathrm{d}i_1}{\mathrm{d}t}$，$u_{22} = L_2\frac{\mathrm{d}i_2}{\mathrm{d}t}$。互感电压 $u_{12} = \pm M\frac{\mathrm{d}i_2}{\mathrm{d}t}$，$u_{21} = \pm M\frac{\mathrm{d}i_1}{\mathrm{d}t}$，$u_{12}$ 是变动电流 i_2 在 L_1 中产生的互感电压，u_{21} 是变动电流 i_1 在 L_2 中产生的互感电压。所以耦合电感的电压是自感电压和互感电压叠加的结果。这里互感电压也有两种可能的符号，取决于两线圈的相对位置、绕向和电流的参考方向。

但在实际工程中，线圈往往是密封的，从外部看不到线圈的真实绕向，并且在电路图中绘出线圈的绕向也很不方便。为了便于反映互感的这种 "加强" 或 "削弱" 作用，常采用同名端标记法。即对两个有耦合的线圈各取一个端子，均标上一个 "·" 号或 "*" 号，如图 8-2 所示。这种标有 "·" 号或 "*" 的端子称为同名端，如图 8-2 中的端子 1、2 为一对同名端。另一对不加 "·" 号或 "*" 的端子也是一对同名端。端子 1、2' 或端子 1'、2 则为异名端。对标有同名端的耦合线圈而言，如果电流的参考方向由一线圈的同名端指向另一端，那么由这电流在另一线圈内产生的互感电压参考方向也应由该线圈的同名端指向另一端。

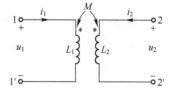

图 8-2　耦合电感及同名端

两个耦合线圈的同名端可以根据它们的绕向和相对位置判别，也可以通过实验的方法确定。引入同名端的概念后，两个耦合线圈可以用带有同名端标记的电感（元件）L_1 和 L_2 表示，如图 8-2 所示，其中 M 表示互感。

同名端不同于电压或电流的参考方向，它是在互感的平面符号中用来表示线圈相对绕向的一种手段，是客观的，不能随意假定，而参考方向是可以随意假定的。

当有两个以上互感彼此之间存在耦合时，同名端应当一对一对地加以标记，每一对应用不同的标记符号。当每一电感都有电流时，则每一电感中的磁通链将等于自感磁通链与互感磁通链的代数和。凡是与自感磁通链方向相同的互感磁通链，求和时该项前面取"+"号，反之取"−"号。与此相应的耦合电感的电压亦为自感电压与互感电压两部分的叠加。

$$u_k = u_{kk} + \sum_{k \neq j} u_{kj} = L_k \frac{\mathrm{d}i_k}{\mathrm{d}t} \pm \sum_{k \neq j} M_{kj} \frac{\mathrm{d}i_j}{\mathrm{d}t}$$

式中，自感电压 u_{kk} 与 i_k 为关联参考方向时取"+"，互感电压 u_{kj} 可以根据同名端以及指定的电流和电压的参考方向来判断正负号。当施感电流的进端与互感电压 u_{kj} 的正极性端互为同名端时，则有

$$u_{kj} = M_{kj} \frac{\mathrm{d}i_j}{\mathrm{d}t}$$

否则应为

$$u_{kj} = -M_{kj} \frac{\mathrm{d}i_j}{\mathrm{d}t}$$

例如有两个耦合电感，其同名端和电流参考方向如图 8-3 所示。当图 8-3a 中的线圈 1 通以电流 i_1 时，在线圈 2 中产生的互感电压为 $u_{21} = M \frac{\mathrm{d}i_1}{\mathrm{d}t}$；当图 8-3b 中的线圈 2 通以电流 i_2 时，在线圈 1 中产生的互感电压为 $u_{12} = -M \frac{\mathrm{d}i_2}{\mathrm{d}t}$。

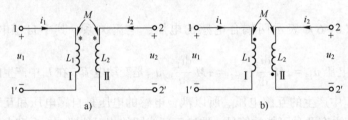

图 8-3 互感电压的正负号

当施感电流为同频率正弦量时，在正弦稳态情况下电压、电流方程可用相量形式表示，以图 8-2 为例，有

$$\dot{U}_1 = \mathrm{j}\omega L_1 \dot{I}_1 + \mathrm{j}\omega M \dot{I}_2$$

$$\dot{U}_2 = \mathrm{j}\omega M \dot{I}_1 + \mathrm{j}\omega L_2 \dot{I}_2$$

互感电压的作用还可以用电流控制的电压源 CCVS 表示，用 CCVS 表示的电路图如图 8-4 所示（相量形式）。

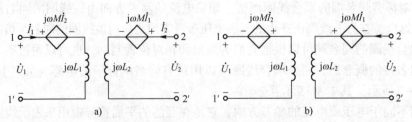

图 8-4 用 CCVS 表示的耦合电感电路

有关"互感电路"的基本概念可以扫描二维码 8-1~二维码 8-6 进一步学习。

二维码 8-1   二维码 8-2   二维码 8-3

二维码 8-4   二维码 8-5   二维码 8-6

工程上为了定量地描述两个耦合线圈的耦合紧疏程度,把两线圈的互感磁通链与自感磁通链比值的几何平均值定义为耦合系数,记为 k,有

$$k = \frac{M}{\sqrt{L_1 L_2}} \tag{8-7}$$

由于 $\Psi_{11} = L_1 i_1$、$|\Psi_{12}| = M i_2$、$\Psi_{22} = L_2 i_2$、$|\Psi_{21}| = M i_1$,代入上式后有

$$k \stackrel{\text{def}}{=} \sqrt{\frac{|\Psi_{12}||\Psi_{21}|}{|\Psi_{11}||\Psi_{22}|}}$$

k 的大小与两个线圈的结构、相互位置以及周围磁介质有关。如果两个线圈靠得很紧或密绕在一起(或线圈内插入用铁磁材料制成的芯子),则 k 值可能接近于 1;反之,如果它们相隔很远,或者它们的轴线互相垂直,则 k 值就很小,甚至可能接近于零。耦合系数满足 $0 \leqslant k \leqslant 1$。由此可见,改变或调整它们的相互位置可以改变耦合系数的大小,当 L_1、L_2 一定时,这就相应改变了互感 M 的大小。

有关"耦合系数"的概念可以扫描二维码 8-7 进一步学习。

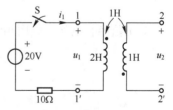

二维码 8-7

8.1.3 检测

掌握耦合电感的特性方程、同名端、耦合系数、电压-电流关系

图 8-5 所示电路已达稳态,开关 S 在 $t = 0$ 时闭合。

(1) 计算电路耦合电感的耦合系数 k(0.707)。

(2) 求开关 S 闭合后的电流 i_1 [$2(1 - \mathrm{e}^{-5t})\,\mathrm{A}$]、电压 u_1 ($20\mathrm{e}^{-5t}\,\mathrm{V}$)、电压 u_2($-10\mathrm{e}^{-5t}\,\mathrm{V}$)。

8.2 互感电路的计算

图 8-5 耦合电感电路

8.2.1 节前思考

(1) 两个互感线圈反向串联时的等效电感有可能为负吗?

（2）设计计算两个线圈互感的实验。

8.2.2 知识点

当电路中存在耦合电感时，称其为含耦合电感电路。含耦合电感电路的正弦稳态分析仍可以采用相量法，但要考虑互感的作用。在 KVL 的表达式中，应计入由于互感的作用而引起的互感电压。当某些支路具有耦合电感时，这些支路的电压将不仅与本支路电流有关，同时还与那些与之有互感关系的支路电流有关，必要时可引用 CCVS 来表示互感电压的作用。

1. 耦合电感的串联

图 8-6a、b 为两个有耦合的实际线圈的串联电路，其中 R_1、L_1、R_2、L_2 分别表示两个线圈的等效电阻和电感，M 为互感系数。图 8-6a 中电流是从两个电感的同名端流入（或流出），称为顺接串联，简称顺串。图 8-6b 中电流对其中的一个电感是从同名端流入（流出），而对另一电感是从同名端流出（流入），称为反接串联，简称反串。根据图中电流、电压的参考方向，由 KVL 可求出线圈的端电压 u_1 和 u_2 分别为

$$\begin{cases} u_1 = R_1 i + L_1 \dfrac{\mathrm{d}i}{\mathrm{d}t} \pm M \dfrac{\mathrm{d}i}{\mathrm{d}t} = R_1 i + (L_1 \pm M)\dfrac{\mathrm{d}i}{\mathrm{d}t} \\ u_2 = R_2 i + L_2 \dfrac{\mathrm{d}i}{\mathrm{d}t} \pm M \dfrac{\mathrm{d}i}{\mathrm{d}t} = R_2 i + (L_2 \pm M)\dfrac{\mathrm{d}i}{\mathrm{d}t} \end{cases}$$

式中，"＋"对应顺串，"－"对应反串。总电压 u 为

$$u = u_1 + u_2 = (R_1 + R_2)i + (L_1 + L_2 \pm 2M)\dfrac{\mathrm{d}i}{\mathrm{d}t}$$

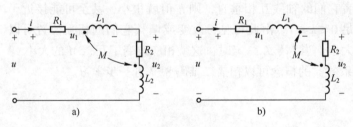

a)　　　　　　　　　　　　b)

图 8-6　耦合电感的串联

对正弦稳态电路，应用相量法可得

$$\dot{U}_1 = (R_1 + \mathrm{j}\omega L_1)\dot{I} \pm \mathrm{j}\omega M \dot{I} = Z_1 \dot{I} \pm Z_\mathrm{M} \dot{I}$$

$$\dot{U}_2 = (R_2 + \mathrm{j}\omega L_2)\dot{I} \pm \mathrm{j}\omega M \dot{I} = Z_2 \dot{I} \pm Z_\mathrm{M} \dot{I}$$

$$\dot{U} = (R_1 + R_2)\dot{I} + \mathrm{j}\omega(L_1 + L_2 \pm 2M)$$

$Z_\mathrm{M} = \mathrm{j}\omega M$ 称为互感阻抗，$Z_1 = R_1 + \mathrm{j}\omega L_1$、$Z_2 = R_2 + \mathrm{j}\omega L_2$ 分别为每一耦合电感的自阻抗。两耦合电感串联的等效电感为

$$L_\mathrm{eq} = L_1 + L_2 \pm 2M \tag{8-8}$$

图 8-6a、b 的等效电路如图 8-7a、b 所示。

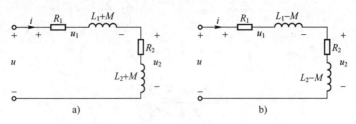

图 8-7 耦合电感的串联等效电路

顺串时等效电感增强,反串时等效电感减小,这说明反串时互感起削弱自感的作用,互感的这种作用称为互感的"容性"效应。在一定的条件下,可能有一个电感小于互感 M,但 $L_1+L_2 \geqslant 2M$。因为 $\dfrac{M}{\sqrt{L_1 L_2}} \leqslant 1$,$M \leqslant \sqrt{L_1 L_2}$,$M$ 小于两电感的几何平均值,就一定小于两电感的算术平均值 $(L_1+L_2)/2$,所以整个电路呈电感性。

有关"耦合电感的串联"的概念可扫描二维码 8-8、二维码 8-9 进一步学习。

有关"互感测量"的概念可扫描二维码 8-10 进一步学习。

二维码 8-8   二维码 8-9   二维码 8-10

2. 耦合电感的并联

图 8-8 所示为耦合电感的并联电路。图 8-8a 电路中同名端在同一侧,称为同侧并联;图 8-8b 电路称为异侧并联。在正弦稳态情况下,按照图中所示的电压、电流参考方向可得

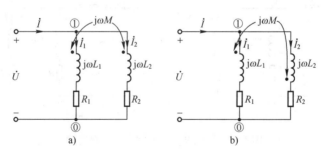

图 8-8 耦合电感的并联

$$\begin{cases} \dot{U} = (R_1+\mathrm{j}\omega L_1)\dot{I}_1 \pm \mathrm{j}\omega M \dot{I}_2 = Z_1 \dot{I}_1 \pm Z_\mathrm{M} \dot{I}_2 \\ \dot{U} = (R_2+\mathrm{j}\omega L_2)\dot{I}_2 \pm \mathrm{j}\omega M \dot{I}_1 = Z_2 \dot{I}_2 \pm Z_\mathrm{M} \dot{I}_1 \end{cases} \tag{8-9}$$

式中,Z_M 前的"+"号对应同侧并联,"-"号对应异侧并联。解方程组(8-9)可得

$$\dot{I}_1 = \frac{Z_2 \mp Z_M}{Z_1 Z_2 - Z_M^2} \dot{U}, \quad \dot{I}_2 = \frac{Z_1 \mp Z_M}{Z_1 Z_2 - Z_M^2} \dot{U}$$

因为

$$\dot{I} = \dot{I}_1 + \dot{I}_2$$

所以

$$\dot{I} = \frac{Z_1 + Z_2 \mp 2Z_M}{Z_1 Z_2 - Z_M^2} \dot{U}$$

两个耦合电感并联后的等效阻抗为

$$Z_{eq} = \frac{\dot{U}}{\dot{I}} = \frac{Z_1 Z_2 - Z_M^2}{Z_1 + Z_2 \mp 2Z_M}$$

当 $R_1 = R_2 = 0$ 时

$$Z_{eq} = j\omega \frac{L_1 L_2 - M^2}{L_1 + L_2 \mp 2M}$$

所以耦合电感并联的等效电感为

$$L_{eq} = \frac{L_1 L_2 - M^2}{L_1 + L_2 \mp 2M}$$

对于图 8-8a 所示的耦合电感，其端子的 VCR 为

$$\begin{cases} \dot{U} = (R_1 + j\omega L_1)\dot{I}_1 + j\omega M\dot{I}_2 = (R_1 + j\omega L_1)\dot{I}_1 + j\omega M(\dot{I} - \dot{I}_1) \\ \quad = [R_1 + j\omega(L_1 - M)]\dot{I}_1 + j\omega M\dot{I} \\ \dot{U} = (R_2 + j\omega L_2)\dot{I}_2 + j\omega M\dot{I}_1 = (R_2 + j\omega L_2)\dot{I}_2 + j\omega M(\dot{I} - \dot{I}_2) \\ \quad = [R_2 + j\omega(L_2 - M)]\dot{I}_2 + j\omega M\dot{I} \end{cases} \quad (8-10)$$

由上述分析可知，图 8-8a 所示的耦合电感的并联电路，可以等效为如图 8-9b 所示的电路。

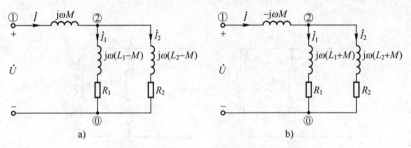

a)   b)

图 8-9　耦合电感并联的去耦等效电路

同理，对于图 8-8b 所示的耦合电感，其端子的 VCR 为

$$\begin{cases} \dot{U} = [R_1 + j\omega(L_1 + M)]\dot{I}_1 - j\omega M\dot{I} \\ \dot{U} = [R_2 + j\omega(L_2 + M)]\dot{I}_2 - j\omega M\dot{I} \end{cases} \quad (8-11)$$

图 8-8b 所示的耦合电感的并联电路，可以等效为如图 8-9b 所示的电路。

有关"耦合电感的并联"的概念可以扫描二维码 8-11~二维码 8-13 进一步学习。

二维码 8-11　　　　　二维码 8-12　　　　　二维码 8-13

对于只有一个公共端子相连接的耦合电感如图 8-10 所示，可以用三个电感组成的无互感的 T 形网络（三端连接）做等效替换，如图 8-11 所示，这种处理方法称为互感消去法（或去耦法）。

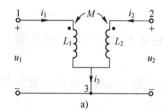 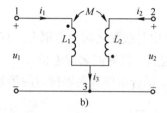

图 8-10　耦合电感的三端连接

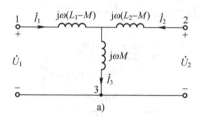 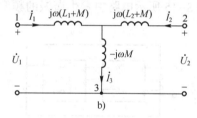

图 8-11　耦合电感三端连接的去耦等效电路

有关"耦合电感的三端连接"的概念可以扫描二维码 8-14 进一步学习。

有关例题可扫描二维码 8-15、二维码 8-16 学习。

二维码 8-14　　　　　二维码 8-15　　　　　二维码 8-16

8.2.3　检测

掌握耦合电感电路的计算

1. 已知图 8-12 所示电路的电压 $\dot{U}=500\angle0°\text{V}$。试求各支路电流（$\dot{I}_2=0\angle0°\text{A}$，$\dot{I}_1=\dot{I}_3=1.1\angle-83.66°\text{A}$）。

2. 图 8-13 所示正弦稳态电路中，$u_s=100\sin(10^3t)\text{V}$，且电压 u_s 与电流 i 同相。试求电容 $C(0.25\,\mu\text{F})$ 及电流 $i[5\sin(10^3t)\text{A}]$。

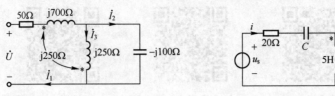

图 8-12　含耦合电感电路计算 1　　　　图 8-13　含耦合电感电路计算 2

习题 8.1

1. 填空题

（1）图 8-14 中各线圈之间均有耦合，直接在图 8-14 中标出同名端。从同名端流入增大的电流，会引起另一线圈同名端电位_____。

（2）测得两个耦合电感顺向串接时的等效电感为 18 mH，反向串接时等效电感为 6 mH，则互感系数为 M=_____。

（3）L_1、L_2 的两自感同侧并联，若互感为 M，则其等效电感为_____。

（4）图 8-15 所示电路中发生谐振的频率为 f_0=_____ Hz。

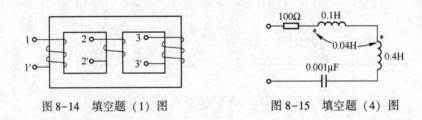

图 8-14　填空题（1）图　　　　图 8-15　填空题（4）图

2. 分析计算题

（1）图 8-16 所示正弦稳态电路中，已知 $u_s(t)=10\sqrt{2}\cos(1000t)\,\text{V}$，若该电路发生了谐振，试求 C、$i(t)$ 及电路的品质因数 Q。

（2）试求图 8-17 所示正弦稳态电路的各支路电流。

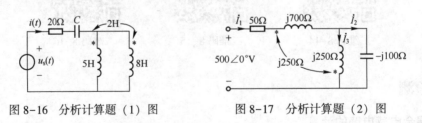

图 8-16　分析计算题（1）图　　　　图 8-17　分析计算题（2）图

（3）已知图 8-18 所示正弦稳态电路中的 $\omega=10^4$ rad/s。若电容 C 的大小恰好使电路发生电流谐振，试求此电容 C 及各支路电流。

（4）试求图 8-19 所示电路中开关 S 打开和闭合时的 $\dot{I}_1$；试求当开关 S 闭合时的 $\dot{I}_2$；试讨论开关 S 闭合时电路各部分的复功率。

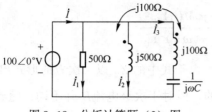

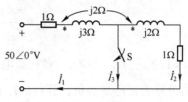

图 8-18 分析计算题（3）图   图 8-19 分析计算题（4）图

8.3 空心变压器

8.3.1 节前思考

空心变压器一次回路的总阻抗通过互感反映到二次侧的等效阻抗是多少？

8.3.2 知识点

变压器是电工电子技术中经常用到的器件，分为空心变压器和铁心变压器，可用来实现从一个电路向另一个电路传输能量或信号。空心变压器是由两个绕在非铁磁材料制成的芯子上并且具有互感的线圈组成的，其电路模型如图 8-20 所示。它与电源相连的线圈称为一次线圈或一次侧；另一个线圈与负载相连作为输出，称为二次线圈或二次侧。空心变压器需要 R_1、L_1、R_2、L_2、M 这 5 个参数来描述。图中设负载为电阻与电感串联。

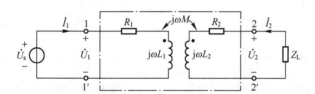

图 8-20 空心变压器电路的相量模型

在正弦稳态情况下，根据图示电压、电流的参考方向和同名端，由 KVL 可写出一、二次回路的方程为

$$\begin{cases} (R_1+j\omega L_1)\dot{I}_1+j\omega M\dot{I}_2=\dot{U}_1 \\ j\omega M\dot{I}_1+(R_2+j\omega L_2+Z_L)\dot{I}_2=0 \end{cases} \tag{8-12}$$

或

$$\begin{cases} Z_{11}\dot{I}_1+Z_{12}\dot{I}_2=\dot{U}_1 \\ Z_{21}\dot{I}_1+Z_{22}\dot{I}_2=0 \end{cases} \tag{8-13}$$

其中 $Z_{11}=R_1+j\omega L_1$ 为一次回路阻抗，$Z_{22}=R_2+j\omega L_2+Z_L=R_2+j\omega L_2+R_L+jX_L$ 为二次回路阻抗，$Z_{12}=Z_{21}=Z_M=j\omega M$ 为互感阻抗。

解方程组可得

$$\dot{I}_1=\frac{\dot{U}_1}{Z_{11}-Z_M^2 Y_{22}}=\frac{\dot{U}_1}{Z_{11}+(\omega M)^2 Y_{22}} \tag{8-14}$$

$$\dot{I}_2=\frac{-Z_M Y_{11}\dot{U}_1}{Z_{22}-Z_M^2 Y_{11}}=\frac{-j\omega M\dot{U}_1 Y_{11}}{Z_{22}+(\omega M)^2 Y_{11}} \tag{8-15}$$

其中 $Y_{11}=1/Z_{11}$，$Y_{22}=1/Z_{22}$。对初级电流 $\dot{I}_1$ 来说，由于式中的 Z_M 以二次方的形式出现，不管 Z_M 的符号为正还是为负，算得的 $\dot{I}_1$ 都是一样的。但对于次级电流 $\dot{I}_2$ 却不同，随着 Z_M 前符号的改变，$\dot{I}_2$ 的符号也改变。亦即，如果把变压器二次线圈接负载的两个端子对调一下，或者改变两线圈的相对绕向，流过负载的电流将反向 180°。在电子电路中，如对变压器耦合电路的输出电流相位有所要求，应注意线圈的相对绕向和负载的接法。

由式（8-14）可求得从一次侧看进去的输入阻抗为

$$Z_{in}=\frac{\dot{U}_1}{\dot{I}_1}=Z_{11}+(\omega M)^2 Y_{22} \tag{8-16}$$

其中 $(\omega M)^2 Y_{22}$ 称为引入阻抗，或反映阻抗。它是二次侧回路阻抗通过互感反映到一次侧的等效阻抗。引入阻抗的性质与 Z_{22} 相反，即感性（容性）变为容性（感性）。式（8-14）可以用图 8-21 所示的等效电路表示，称为一次等效电路。同理式（8-15）可以用图 8-22 所示的等效电路表示，它是从二次侧看进去的等效电路。其中 $Z_{eq}=R_2+j\omega L_2+(\omega M)^2 Y_{11}$，$\dot{U}_{oc}=j\omega M Y_{11}\dot{U}_s$。

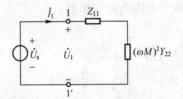 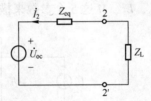

图 8-21　空心变压器的一次等效电路　　图 8-22　空心变压器的二次等效电路

有关"空心变压器"的概念可以扫描二维码 8-17、二维码 8-18 进一步学习。
有关例题可扫描二维码 8-19 学习。

二维码 8-17　　　　二维码 8-18　　　　二维码 8-19

8.3.3　检测

掌握空心变压器电路的计算

1. 图 8-23 所示电路中，$R_1=1\,\Omega$，$\omega L_1=2\,\Omega$，$\omega L_2=32\,\Omega$，$\omega M=8\,\Omega$，$\frac{1}{\omega C}=32\,\Omega$。试求电

流 $\dot{I}_1(0\angle 0°\mathrm{A})$ 和电压 $\dot{U}_2$ $(32\angle 0°\mathrm{V})$。

2. 如图 8-24 所示电路中，已知 $R_1 = R_2 = 10\,\Omega$，$\omega L_1 = 30\,\Omega$，$\omega L_2 = 20\,\Omega$，$\omega M = 10\,\Omega$，电源电压 $\dot{U}_1 = 100\angle 0°\mathrm{V}$。试求电压 $\dot{U}_2$ $(15.6\angle -38.66°\mathrm{V})$ 及 R_2 电阻消耗的功率（24.3 W）。

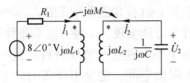 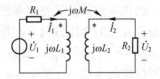

图 8-23 含空心变压器电路计算 1　　　　图 8-24 含空心变压器电路计算 2

8.4 理想变压器

8.4.1 节前思考

为什么说理想变压器是一个无记忆的元件？

8.4.2 知识点

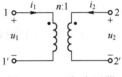

图 8-25 理想变压器
的电路符号

理想变压器的电路符号如图 8-25 所示。n 为理想变压器的电压比，它是一个常数。在图示同名端和电压、电流的参考方向下，一次侧、二次侧电压、电流满足下式：

$$\begin{cases} u_1 = nu_2 \\ i_1 = -\dfrac{1}{n}i_2 \end{cases} \qquad (8\text{-}17)$$

理想变压器在所有时刻 t，有

$$u_1(t)i_1(t) + u_2(t)i_2(t) = 0 \qquad (8\text{-}18)$$

式（8-18）说明，输入理想变压器的瞬时功率等于零，所以它既不耗能也不储能，它将能量由一次侧全部传输到二次侧给负载。

理想变压器不仅有按电压比变换电压、电流的性质，同时它还有阻抗变换的性质。图 8-26 中，在正弦稳态的情况下，当理想变压器二次侧接入阻抗 Z_L 时，则变压器一次侧的输入阻抗 Z_in 为

$$Z_\mathrm{in} = \frac{\dot{U}_1}{\dot{I}_1} = n^2 Z_\mathrm{L} \qquad (8\text{-}19)$$

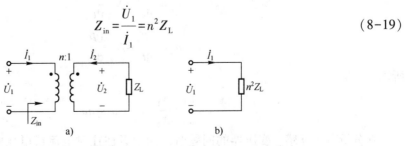

a)　　　　　　　　　　　b)

图 8-26 理想变压器的阻抗变换作用

$n^2 Z_\mathrm{L}$ 即为二次侧折合到一次侧的等效阻抗。当二次侧分别接入元件 R、L、C 时，折合到一次侧为 $n^2 R$、$n^2 L$、C/n^2，也就改变了元件的参数。

最后讨论如何实现理想变压器。

实际变压器如同时满足下列三个条件就可看成理想变压器：①变压器本身无损耗，即不计线圈和铁心的功率损耗；②忽略漏磁，即耦合系数 $k=1$；③磁导率无限大。

这种理论上理想的变压器只有在理想化的条件下可能实现。一种方法是条件③中，磁性材料的磁导率 $\mu \to \infty$ 时，有 $L_1(L_2 \text{或} m) \to \infty$，实际上不存在这种磁性材料；另一种方法是，使实际变压器绕组的匝数 $N_1(N_2) \to \infty$，这需要无限大空间，也是不现实的。工程实际中，只能在允许的情况下，尽可能采用磁导率 μ 较高的磁性材料作变压器的芯子，在 $\dfrac{N_1}{N_2} = \sqrt{\dfrac{L_1}{L_2}} = n$（请读者自行推导该结论）保持不变的情况下，尽可能增加变压器绕组的匝数，使其接近于理想的极限状态。

如实际变压器无损耗，即有 $R_1 = R_2 = 0$，则图 8-20 的电压、电流关系变为

$$\begin{cases} \mathrm{j}\omega L_1 \dot{I}_1 + \mathrm{j}\omega M \dot{I}_2 = \dot{U}_1 \\ \mathrm{j}\omega M \dot{I}_1 + \mathrm{j}\omega L_2 \dot{I}_2 = \dot{U}_2 \end{cases} \tag{8-20}$$

当 $k=1$ 时，即全耦合，$M = \sqrt{L_1 L_2}$，代入式（8-20），可得

$$\begin{cases} \mathrm{j}\omega L_1 \dot{I}_1 + \mathrm{j}\omega \sqrt{L_1 L_2}\, \dot{I}_2 = \dot{U}_1 \\ \mathrm{j}\omega \sqrt{L_1 L_2}\, \dot{I}_1 + \mathrm{j}\omega L_2 \dot{I}_2 = \dot{U}_2 \end{cases}$$

$$\dot{I}_1 = \frac{\dot{U}_1}{\mathrm{j}\omega L_1} - \sqrt{\frac{L_2}{L_1}}\, \dot{I}_2$$

因为 $L_1 \to \infty$，$\sqrt{\dfrac{L_1}{L_2}} = n$，所以

$$\dot{I}_1 = -\frac{1}{n} \dot{I}_2$$

其次，由于是全耦合，所以 $\Phi_{12} = \Phi_{22}$，$\Phi_{21} = \Phi_{11}$，$\Phi = \Phi_{11} + \Phi_{22}$，有

$$\Psi_1 = N_1 \Phi, \quad \Psi_2 = N_2 \Phi$$

$$u_1 = \frac{\mathrm{d}\Psi_1}{\mathrm{d}t} = N_1 \frac{\mathrm{d}\Phi}{\mathrm{d}t}$$

$$u_2 = \frac{\mathrm{d}\Psi_2}{\mathrm{d}t} = N_2 \frac{\mathrm{d}\Phi}{\mathrm{d}t}$$

所以

$$\frac{u_1}{u_2} = \frac{N_1}{N_2} = n, \quad u_1 = n u_2 \tag{8-21}$$

在分析有关互感、变压器的问题时，初学者往往对电流或电压的方向、相位等感到困难。其原因主要在于对它们的参考方向与真实方向混淆不清。在物理课中往往是用真实方向

来分析感应电压（电动势）、电流的，这只宜于分析较简单的电路。在第 1 章中已指出，电路是受一些基本定律约束的，而各定律又是在一定的参考方向下以公式形式来表达的。因此对电路的一切分析、计算，都是在假定了参考方向后进行的，其结果（包括方向、相位）也需按照参考方向来解释。例如，理想变压器一、二次电流究竟是同相还是反相，是与所设电流的参考方向有关的。就其物理实际来说，电流当然只能有一种肯定的流向，不论对电流的参考方向做何假定，其最后答案结合这一参考方向总能反映实际情况。

本节介绍的理想变压器是实际变压器理想化的模型。理想变压器不是偶然想象的产物，而是科学思维的必然结果。分析研究耦合电感时，总会促使人们进一步思考，如果耦合电感无限增大和更紧密耦合时，将会出现怎样的结果。读者对上面的分析，不仅仅要关注最终的结果，更为重要的是关注获得结果的过程。

有关"理想变压器"的概念可扫描二维码 8-20、二维码 8-21 进一步学习。

有关例题可扫描二维码 8-22、二维码 8-23 学习。

二维码 8-20　　　　二维码 8-21　　　　二维码 8-22　　　　二维码 8-23

8.4.3　检测

掌握理想变压器电路的计算

1. 试求图 8-27 所示含理想变压器电路的电流 i（$\sqrt{2} \angle 45°$ A）。

2. 图 8-28 所示电路中，开关 S 闭合前电路已处于稳态，在 $t=0$ 时将开关 S 闭合。试求 $t \geqslant 0$ 时的 $u_C[(2.5+2.5\mathrm{e}^{-t})\,\mathrm{V}]$ 和 $u(0.5\mathrm{e}^{-t}\,\mathrm{V})$。

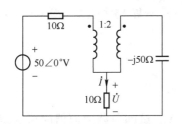

图 8-27　含理想变压器电路计算 1

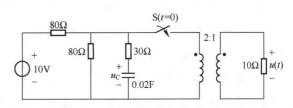

图 8-28　含理想变压器电路计算 2

习题 8.2

1. 填空题

（1）空心变压器与信号源相连的电路称为_____回路，与负载相连接的称为_____回路。

(2) 空心变压器一次回路阻抗为 Z_{11}，二次回路阻抗为 Z_{22}，互感为 M，角频率为 ω，则从一次侧看进去的引入阻抗为_____；从二次侧看进去的引入阻抗为_____；若 Z_{22} 为容性阻抗，则引入阻抗的性质为_____；二次侧回路消耗功率 P_2 与引入阻抗功率 $P_{引}$ 的关系是_____。

(3) 实际变压器满足以下条件，可视为理想变压器：

① 变压器中无_____；

② 耦合系数 $k=$_____；

③ 线圈的_____量和_____量均为无穷大。

(4) 理想变压器的电压比为 n，当 $n>1$ 时为_____变压器，当 $n<1$ 为_____变压器。

(5) 设理想变压器的电压比为 $1:n$，当二次侧终端负载为 Z_L 时，则二次侧折合到一次侧的等效阻抗为_____。

(6) 理想变压器的匝数比为 $n:1$，当二次侧接上 R_L 时，一次等效阻抗为_____。

(7) 理想变压器在任何时刻吸收的功率满足 $p=u_1 i_1+u_2 i_2 =$_____。

(8) 理想变压器具有变换_____特性、变换_____特性和变换_____特性。

(9) 当理想变压器二次侧开路时，一次侧此时相当于_____；当理想变压器二次侧短路时，一次侧此时相当于_____。

2. 分析计算题

(1) 试求图 8-29 所示电路的电压 $\dot{U}_2$。

(2) 已知图 8-30 所示空心变压器的 $u_s = 115\sqrt{2}\cos(314t)\text{V}$。试求：

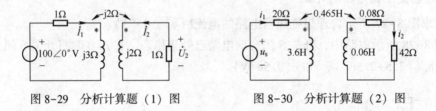

图 8-29　分析计算题（1）图　　　　图 8-30　分析计算题（2）图

① 二次侧回路折合到一次侧时的引入阻抗。

② 一、二次电流 $\dot{I}_1$、$\dot{I}_2$。

③ 二次侧回路消耗的平均功率。

(3) 已知图 8-31 所示电路的 $u_s(t)=5\sqrt{2}\cos(1000t)\text{V}$，试问负载为何值时可获得最大功率？最大功率为多少？

(4) 试求图 8-32 所示电路的电压 $\dot{U}_2$。若负载及变压器的电压比均可改变，现欲使负载为 $250\,\Omega$ 时能获得最大功率，则理想变压器的电压比应为多少？

(5) 已知图 8-33 所示电路的两个交流电流表 A_1 和 A_2 的读数相等，且

$$u_s(t) = 220\sqrt{2}\cos(314t)\,\text{V}$$

试求 i_1、C 及电流表的读数。

(6) 图 8-34 所示正弦稳态电路中，功率表读数为 32.4 W，电流表读数为 1 A，电压表

读数为 18 V。求互感系数 M 和电源角频率 ω。

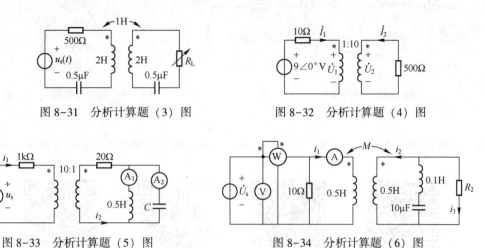

图 8-31 分析计算题（3）图　　　　图 8-32 分析计算题（4）图

图 8-33 分析计算题（5）图　　　　图 8-34 分析计算题（6）图

（7）图 8-35 所示电路的 $\omega = 10^3$ rad/s。调节 C 使电流表读数为零，求此时电容 C 和电流 I_2。

（8）已知图 8-36 所示电路，n_1、n_2、R_2 均为可变的参数。欲使 $R_2 = 4\ \Omega$ 时获得最大功率，试设计合适的 n_1、n_2 的值，并计算该最大功率 $P_{\max}$。

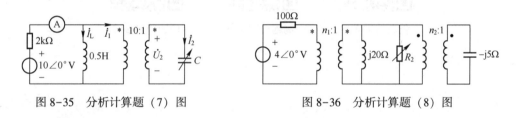

图 8-35 分析计算题（7）图　　　　图 8-36 分析计算题（8）图

（9）已知图 8-37 所示电路的 $\omega = 200$ rad/s。试求电流 $\dot{I}_C$。

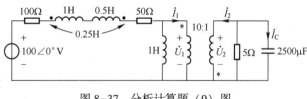

图 8-37 分析计算题（9）图

（10）已知图 8-38 所示电路的 $\omega = 2000$ rad/s。试求使 $C \sim L_4$ 发生谐振时 L_4 的值，并计算此时 $\dot{U}_{ED}$ 及电路消耗的平均功率。

（11）已知图 8-39 所示的三个电感两两耦合且互感系数均为 $M = 1$ H。若 $\omega = 10$ rad/s 时该电路发生了谐振，试求图 8-39 中三角形联结的去耦等效电路、谐振时的 C 值及谐振时的入端阻抗 Z。

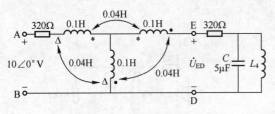

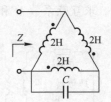

图 8-38 分析计算题（10）图   图 8-39 分析计算题（11）图

例题精讲 8-1

例题精讲 8-2

例题精讲 8-3

例题精讲 8-4

例题精讲 8-5

例题精讲 8-6

例题精讲 8-7

第9章 三相电路

电能易于生产、传输和使用，已成为人类利用最多的一种能源。电能的生产、传输和分配是靠电力系统实现的。目前世界上大多数国家的电力系统主要是采用三相制（三相系统）。无论从发电、输电和配电来说，采用三相制比采用单相制能取得更高的效益。按照电路理论的观点，采用三相制的电力系统是一个三相电路。因为三相制有特定的联结方式，所以三相电路具有某些特殊性，每个电气工程师都应对这些特殊性有所了解。在确定交流电功率需求的峰值时，交流电系统的瞬态响应是非常重要的，因为大多数电气设备在起动时所需的电流比稳态运行时大得多。然而在许多情况下，人们所关心的是稳定状态的运行，这样便可使用前面所讲的相量法。

本章先介绍一些有关三相电路的概念，再讨论对称三相电路和不对称三相电路的分析方法，最后研究三相电路的功率及其测量方法。

9.1 三相电路的基本概念

9.1.1 节前思考

（1）与单相电路相比，三相电路有哪些优点？

（2）在三相对称表电源的两种联结方式中，如果有一相电源的极性接反了，各自会出现什么问题？

（3）对称三相电源的丫–△变换和对称三相负载的丫–△变换有什么区别？

9.1.2 知识点

1. 对称三相电源

电力系统的发电、输电、配电以及大功率用电设备大多采用三相制。所谓三相制，就是由三个频率相同、振幅相等但相位不同的电压源作为电源供电体系。如果此三相电源 u_A、u_B、u_C 的相位差 $\dfrac{kT}{3}$（T 为周期，$k=0,1,2,\cdots$），则称为对称三相电压。当对称三相电压为正弦波时，其瞬时表达式为

$$\begin{cases} u_A = \sqrt{2}\,U\cos(\omega t + \varphi) \\[2mm] u_B = \sqrt{2}\,U\cos\left[\omega\left(t - \dfrac{kT}{3}\right) + \varphi\right] = \sqrt{2}\,U\cos\left(\omega t + \varphi - \dfrac{2k\pi}{3}\right) \\[2mm] u_C = \sqrt{2}\,U\cos\left[\omega\left(t - \dfrac{2kT}{3}\right) + \varphi\right] = \sqrt{2}\,U\cos\left(\omega t + \varphi - \dfrac{4k\pi}{3}\right) \end{cases} \tag{9-1}$$

当 $k=1$ 时，对称三相电源的三个电压的瞬时值表达式为

$$\begin{cases} u_A = \sqrt{2}\,U\cos(\omega t + \varphi) \\ u_B = \sqrt{2}\,U\cos(\omega t + \varphi - 120°) \\ u_C = \sqrt{2}\,U\cos(\omega t + \varphi - 240°) \\ \qquad = \sqrt{2}\,U\cos(\omega t + \varphi + 120°) \end{cases} \tag{9-2}$$

它们的相量分别为

$$\begin{cases} \dot{U}_A = U \angle \varphi \\ \dot{U}_B = U \angle \varphi - 120° = \alpha^2 \dot{U}_A \\ \dot{U}_C = U \angle \varphi + 120° = \alpha \dot{U}_A \end{cases} \tag{9-3}$$

式中，$\alpha = 1\angle 120°$，是工程中为了方便而引入的单位相量算子。

如果设 $\varphi = 0°$，可得到对称三相电压的波形图和相量图分别如图 9-1 和图 9-2 所示。

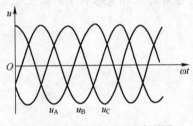

图 9-1　对称三相电压波形图

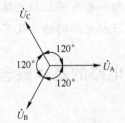

图 9-2　对称三相电压相量图

由式（9-2）可得，对称三相电源三个电压的瞬时值之和为零，即

$$u_A + u_B + u_C = 0$$

三个电压相量之和亦为零，即

$$\dot{U}_A + \dot{U}_B + \dot{U}_C = 0$$

这是对称三相电源的重要特性。

通常以三相发电机作为三相电源。图 9-3 是一台三相同步（交流电压的频率与机械转子的转动频率相同或成正比）发电机的原理图。三相发电机中转子上的励磁线圈 MN 内通有直流电流，使转子成为一个电磁铁。在定子内侧面、空间相隔 120° 的槽内装有三个完全相同的绕组 A-X、B-Y、C-Z。当转子的磁极按图 9-3 所示方向以恒定角速度 ω 旋转时，三个线圈中便感应出频率相同、幅值相等、相位互相差 120° 的对称三相电动势。能够产生对称三相电动势的电源称为对称三相电源。

把发电机中各个线圈对称位置的始端分别用 A、B、C 表示，而尾端分别用 X、Y、Z 表示，并设各绕组中电压的参考方向都是由始端指向尾端。对称三相电源的电路符号如图 9-4 所示。

对称三相电源中的每一相电压经过同一值（如正的最大值）的先后次序称为相序。上述三相电压的相序 A-B-C（或 B-C-A、C-A-B）称为正序或顺序。

如果 $k=2$，则对称三相电源的三个电压的瞬时值表达式为

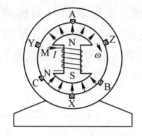

图 9-3 三相同步发电机原理图

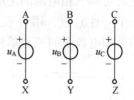

图 9-4 对称三相电源

$$\begin{cases} u_A = \sqrt{2}\,U\cos(\omega t + \varphi) \\ u_B = \sqrt{2}\,U\cos(\omega t + \varphi - 240°) = \sqrt{2}\,U\cos(\omega t + \varphi + 120°) \\ u_C = \sqrt{2}\,U\cos(\omega t + \varphi - 480°) = \sqrt{2}\,U\cos(\omega t + \varphi - 120°) \end{cases}$$

也就是将 $k=1$ 时的三相电源中的 u_B 与 u_C 互换，相量图如图 9-5 所示，即 u_A 滞后于 u_B 120°，u_B 滞后于 u_C 120°，称这种相序 A–C–B（或 C–B–A、B–A–C）为负序或逆序。

如果 $k=3$，则对称三相电源的三个电压的瞬时值表达式为

$$\begin{cases} u_A = \sqrt{2}\,U\cos(\omega t + \varphi) \\ u_B = \sqrt{2}\,U\cos(\omega t + \varphi - 360°) = \sqrt{2}\,U\cos(\omega t + \varphi) = u_A \\ u_C = \sqrt{2}\,U\cos(\omega t + \varphi - 720°) = \sqrt{2}\,U\cos(\omega t + \varphi) = u_A \end{cases}$$

就是说 A、B、C 三相电压不仅振幅、频率相等，而且相位也完全一样（如图 9-6 所示），这种相序则称为零序。关于零序系统，请参考相关资料。

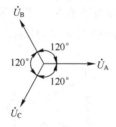

图 9-5 负序相量图

图 9-6 零序相量图

负序和零序是相对于正序而言的，通常来自于事故或非对称情况下的等效电路。电力系统一般采用正序。

有关"对称三相电源"的概念可以扫描二维码 9-1、二维码 9-2 进一步学习。

二维码 9-1   二维码 9-2

2. 对称三相电路的联结方式

在三相制中，负载一般也是由三部分电路组成，每一部分称为负载的一相，这样的负载称为三相负载（如三相感应电动机）。若三相负载中各相的参数都相同，则称为对称三相负载。由三相电源、三相负载和连接导线所组成的电路称为三相电路。当三相电源和三相负载都对称而且三相的导线阻抗都相等时，称为对称三相电路。

三相电源的联结方式有星形联结和三角形联结。星形联结（简称星形或丫）电源如图 9-7 所示，是将对称三相电源的尾端 X、Y、Z 连在一起，连接在一起的 X、Y、Z 点称为对称三相电源的中（性）点，用 N 表示。三角形联结（简称三角形或△）电源，如图 9-8 所示，是将对称三相电源中的三个单相电源首尾相接。

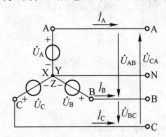

图 9-7　对称三相电源的星形联结

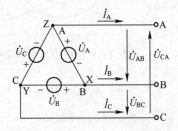

图 9-8　对称三相电源的三角形联结

在图 9-7 中，从三个电压源正极性端子 A、B、C 向外引出的导线称为端线（相导体），从中性点 N 引出的导线称为中性线（中性导体）。端线 A、B、C 之间的电压称为线电压（即图中的 $\dot{U}_{AB}$、$\dot{U}_{BC}$、$\dot{U}_{CA}$）。电源每一相的电压称为相电压（即图中的 $\dot{U}_A$、$\dot{U}_B$、$\dot{U}_C$）。端线中的电流称为线电流（即图中的 $\dot{I}_A$、$\dot{I}_B$、$\dot{I}_C$），各相电压源中的电流称为相电流。对于图 9-8 所示电路的有关线电压、相电压、线电流和相电流的概念与星形电源相同。三角形电源不能引出中性线。

三角形电源如果正确联结，则有相量图如图 9-9a 所示。由于 $\dot{U}_A+\dot{U}_B+\dot{U}_C=0$，则在没有负载的情况下，电源内部没有环形电流。如果接错，将可能形成很大的环形电流。如把 C 相接反，则回路电压为 $\dot{U}_{总}=\dot{U}_A+\dot{U}_B+(-\dot{U}_C)=-2\dot{U}_C$，即在量值上为相电压的 2 倍，这将在电源内部回路中引起极大的电流，从而造成危险，相量图如图 9-9b 所示。

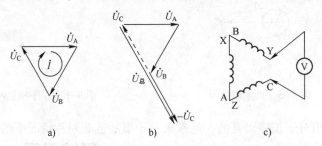

图 9-9　三角形电源的相量图及某相接错时的情形

由于一般电源内阻抗极小，即使三相电动势之和很小（例如不对称时），在三角形回路中也会产生很大的循环电流，甚至有烧毁电源的危险。如果没按正确顺序进行连接，情况就更加严重了，这是不允许发生的。当把负载接成三角形时，如果负载各相之间存在第 8 章介绍的磁耦合，例如电动机类负载和变压器类负载，此时也必须按始端和末端依次相连的方法接成三角形，否则将造成负载的不对称，使负载不能正常工作，甚至损坏。三相变压器既有电源的作用，又有负载的作用。因此，当对变压器进行三角形联结时，必须将始末端按正确顺序进行连接。

另外，需要指出，当对电源进行星形联结时，如果失误，没有把各相的末端（或始端）

接在一起，例如将两个末端和一个始端接在了一起，这时得到的线电压便不是对称的，不能对外电路提供正确的三相电压；当对负载进行星形联结时，如果负载各相之间存在第 8 章介绍的磁耦合，例如电动机类负载和变压器类负载，此时若没有把各相末端（或始端）接在一起，将造成负载的不对称，使负载不能正常工作甚至损坏。对三相变压器来说，从输出侧看，相当于三相电源；从输入侧看，相当于存在磁耦合的三相负载。因此，当对三相变压器进行星形联结时，要同时注意上述两个问题。如果负载各相之间没有磁耦合关系，例如三相电阻炉，则可不用区分始末端。

为此，当将一组三相电源联结成三角形时，应先不完全闭合，留下一个开口，在开口处接上一个交流电压表，测量回路中总的电压是否为零。如果电压为零，说明联结正确，然后再把开口处接在一起，如图 9-9c 所示。

三相负载的相电压和相电流是指各负载的电压和电流（如图 9-10 所示）。三相负载的三个端子 a、b、c 向外引出的导线中的电流称为负载的线电流；任两个端子之间的电压则称为负载的线电压。

图 9-10 所示的电路为两个对称三相电路的例子。图 9-10a 中的三相电源为星形电源，负载为星形负载，称为丫-丫联结方式；图 9-10b 中的三相电源为星形电源，负载为三角形负载，称为丫-△联结方式。类似的还有△-丫和△-△联结方式。

在丫-丫联结中，若把三相电源的中性点 N 和负载的中性点 n 用一条具有阻抗为 Z_N 的中性线连接起来，如图 9-10a 所示，这种方式为三相四线制方式（称为 $丫_0-丫_0$ 联结）。其余三种联结方式都是三相三线制。

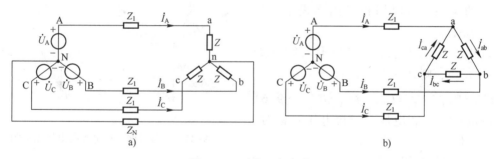

图 9-10 对称三相电路

在实际三相电路中，三相电源是对称的，三条端线阻抗是相等的，但负载则不一定是对称的。

有关"对称三相电路的联结方式"的概念可以扫描二维码 9-3 ~ 二维码 9-5 进一步学习。

二维码 9-3　　　　　　二维码 9-4　　　　　　二维码 9-5

3. 线电压（电流）与相电压（电流）之间的关系

三相电源的线电压和相电压、线电流和相电流之间的关系都与联结方式有关。对于三相负载也是如此。

（1）线电压与相电压的关系

在图 9-7 所示电路中，设 $\dot{U}_A = U\angle 0°$，则 $\dot{U}_B = U\angle -120°$，$\dot{U}_C = U\angle 120°$。则三相电源的线电压和相电压有以下关系：

$$\begin{cases} \dot{U}_{AB} = \dot{U}_A - \dot{U}_B = \sqrt{3}\,U\angle 30° = \sqrt{3}\,\dot{U}_A\angle 30° \\ \dot{U}_{BC} = \dot{U}_B - \dot{U}_C = \sqrt{3}\,U\angle -90° = \sqrt{3}\,\dot{U}_B\angle 30° \\ \dot{U}_{CA} = \dot{U}_C - \dot{U}_A = \sqrt{3}\,U\angle 150° = \sqrt{3}\,\dot{U}_C\angle 30° \end{cases} \tag{9-4}$$

由式（9-4）可以看出，星形联结的对称三相电源的线电压也是对称的，有 $\dot{U}_{AB} + \dot{U}_{BC} + \dot{U}_{CA} = 0$。并且在上述三个方程中只有两个是独立的。另外，线电压有效值（用 U_l 表示）是相电压有效值（用 U_p 表示）的 $\sqrt{3}$ 倍，即

$$U_l = \sqrt{3}\,U_p \tag{9-5}$$

此外，线电压的相位超前各自对应的相电压 30°，这里所说的对应是指线电压和相电压的第一下角标相同，如 $\dot{U}_{AB}$ 超前 $\dot{U}_A$ 30°等。各线电压之间相位差为 120°。因此，实际计算时，只要算出 $\dot{U}_{AB}$，就可以依次写出 $\dot{U}_{BC} = \alpha^2\dot{U}_{AB}$，$\dot{U}_{CA} = \alpha\dot{U}_{AB}$。

对称的丫形三相电源端的线电压和相电压之间的关系，可以用相量图来表示。如图 9-11 所示。

如果对称三相电源是三角形联结（如图 9-8 所示），则有

$$\dot{U}_{AB} = \dot{U}_A, \quad \dot{U}_{BC} = \dot{U}_B, \quad \dot{U}_{CA} = \dot{U}_C \tag{9-6}$$

所以线电压等于相电压。当相电压对称时，线电压也对称。

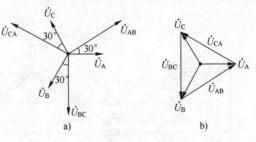

图 9-11 丫形对称三相电源的电压相量图

（2）线电流与相电流的关系

电源若是星形联结，则线电流与相电流是相同的。

对于图 9-10b 所示的电路，以三角形负载为例。设每相负载中的对称相电流分别为 $\dot{I}_{ab}$、$\dot{I}_{bc}(=\alpha^2\dot{I}_{ab})$、$\dot{I}_{ca}(=\alpha\dot{I}_{ab})$，三个线电流依次分别为 $\dot{I}_A$、$\dot{I}_B$、$\dot{I}_C$。则由图 9-10b 所示的电流的参考方向，根据 KCL，得

$$\begin{cases} \dot{I}_A = \dot{I}_{ab} - \dot{I}_{ca} = (1-\alpha)\dot{I}_{ab} = \sqrt{3}\,\dot{I}_{ab}\angle -30° \\ \dot{I}_B = \dot{I}_{bc} - \dot{I}_{ab} = (1-\alpha)\dot{I}_{bc} = \sqrt{3}\,\dot{I}_{bc}\angle -30° \\ \dot{I}_C = \dot{I}_{ca} - \dot{I}_{bc} = (1-\alpha)\dot{I}_{ca} = \sqrt{3}\,\dot{I}_{ca}\angle -30° \end{cases} \tag{9-7}$$

由式（9-7）可以看出，三角形联结的对称三相负载的线电流也是对称的，有 $\dot{I}_A + \dot{I}_B + \dot{I}_C = 0$。并且在上述三个方程中只有两个是独立的。另外，线电流有效值（用 I_l 表示）是相电流有效值（用 I_p 表示）的 $\sqrt{3}$ 倍，即

$$I_1 = \sqrt{3} I_p \qquad\qquad (9-8)$$

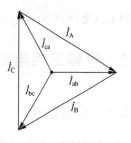

此外，线电流的相位滞后各自对应的相电流30°，如 $\dot{I}_A$ 滞后 $\dot{I}_{ab}$30°等。各线电流之间相位差为120°。因此，实际计算时，只要算出 $\dot{I}_A$，就可以依次写出 $\dot{I}_B = \alpha^2 \dot{I}_A$，$\dot{I}_C = \alpha \dot{I}_A$。

对称的三角形负载的线电流和相电流之间的关系，可以用相量图来表示。如图9-12所示。

图9-12 三角形对称三相负载的电流相量图

有关"线电压（电流）与相电压（电流）之间的关系"的概念可以扫描二维码9-6~二维码9-8进一步学习。

二维码9-6   二维码9-7   二维码9-8

习题 9.1

1. 填空题

（1）三相四线制电路中，若电源端相电压为220 V，则端线间的电压为_____。

（2）某对称三相电源采用丫形联结时线电压为380 V，若将它改接成△形，则线电压为_____。

（3）若对称三相丫形负载相电压 $\dot{U}_C = 220\angle 30°$ V，则线电压 $\dot{U}_{AB} =$ _____ V。

（4）丫形联结的对称三相电路中，若线电压 $\dot{U}_{BC} = 220\angle 60°$ V，则相电压 $\dot{U}_A =$ _____。

（5）对称△形联结的负载 $Z_\triangle$，等效成丫形联结的负载 Z_Y，则 $Z_\triangle$ 和 Z_Y 的关系为_____。

（6）对称丫形联结时，线电压是相电压的_____倍，且相位_____相应的相电压_____。

（7）对称△形联结时，线电流是相电流的_____倍，且相位_____相应的相电流_____。

（8）已知三相对称星形电源中的 $\dot{U}_{AN} = U\angle 0°$，则电压 $\dot{U}_{AC} =$ _____。

2. 分析计算题

（1）电路如图9-13所示。若 $u_A = u_B = u_C = 10$ V，试用节点电压法求 u_{nN}、u_{AB}、u_{BC}、u_{CA}。再求各电阻的电流及电阻的电压。

（2）电路如图9-13所示。若

$$\begin{cases} u_A = 10\sqrt{2}\cos(314t) \text{ V} \\ u_B = 10\sqrt{2}\cos(314t - 120°) \text{ V} \\ u_C = 10\sqrt{2}\cos(314t + 120°) \text{ V} \end{cases}$$

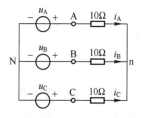

图9-13 分析计算题图

试用节点电压法求 u_{nN}、u_{AB}、u_{BC}、u_{CA}。再求各电阻的电流及电阻的电压。

9.2　对称三相电路的计算

9.2.1　节前思考

（1）对称三相电路为什么可以简化为单相计算？

（2）如果三相负载不对称，负载中性点与电源中性点是否还是等电位？该情况下，中性线电流是否为零？

（3）高压输电系统可以采用三相三线制，但是低压配电系统必须采用三相四线制，为什么？

9.2.2　知识点

三相电路实质上是复杂交流电路的一种特殊类型。因此第 6 章中对正弦稳态电路的分析方法可以完全适用于三相电路。在分析对称三相电路时，可以根据三相对称性的一些特殊规律，寻找更为简单的计算方法。

1. 星形−星形系统

首先分析对称三相四线制的星形（$Y_0 - Y_0$）电路，在此基础上，再来分析其他三种电路。

图 9-14 所示为对称三相四线制的 $Y_0 - Y_0$ 电路，其中 Z_1 为端线的复阻抗，Z_N 为中性线的复阻抗。以电源中性点 N 为参考节点，对负载中性点 n 列节点电压方程，有

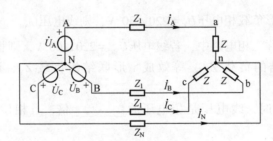

图 9-14　对称三相四线制 $Y_0 - Y_0$ 电路

$$\left(\frac{1}{Z_N}+\frac{3}{Z+Z_1}\right)\dot{U}_{nN}=\frac{\dot{U}_A}{Z_1+Z}+\frac{\dot{U}_B}{Z_1+Z}+\frac{\dot{U}_C}{Z_1+Z}$$

即
$$\dot{U}_{nN}=\frac{\frac{1}{Z_1+Z}(\dot{U}_A+\dot{U}_B+\dot{U}_C)}{\frac{1}{Z_N}+\frac{3}{Z+Z_1}} \tag{9-9}$$

由于三相电源对称，即 $\dot{U}_A+\dot{U}_B+\dot{U}_C=0$，则 $\dot{U}_{nN}=0$，即 n 点与 N 点等电位。各相电源及负载中的电流（即相电流）等于线电流

$$\begin{cases} \dot{I}_A = \dfrac{\dot{U}_A - \dot{U}_{nN}}{Z + Z_1} = \dfrac{\dot{U}_A}{Z + Z_1} \\[2mm] \dot{I}_B = \dfrac{\dot{U}_B - \dot{U}_{nN}}{Z + Z_1} = \dfrac{\dot{U}_B}{Z + Z_1} = \alpha^2 \dot{I}_A \\[2mm] \dot{I}_C = \dfrac{\dot{U}_C - \dot{U}_{nN}}{Z + Z_1} = \dfrac{\dot{U}_C}{Z + Z_1} = \alpha \dot{I}_A \end{cases} \qquad (9\text{-}10)$$

从式（9-10）可以看出，各相电流是对称的，并且中性线电流 $\dot{I}_N = -(\dot{I}_A + \dot{I}_B + \dot{I}_C) = 0$ 或 $\dot{I}_N = -\dfrac{\dot{U}_{nN}}{Z_N} = 0$。负载相电压分别为

$$\begin{cases} \dot{U}_{an} = Z \dot{I}_A \\[2mm] \dot{U}_{bn} = Z \dot{I}_B = \alpha^2 \dot{U}_{an} \\[2mm] \dot{U}_{cn} = Z \dot{I}_C = \alpha \dot{U}_{an} \end{cases} \qquad (9\text{-}11)$$

可见负载相电压也是对称的。

以上分析表明，对称的 Y_0-Y_0 三相电路，由于 $\dot{U}_{nN} = 0$，各相电流彼此互不相关，各自独立；而且每相电流、电压构成对称组，并由各自对应相的电源和复阻抗来决定。

根据各自的独立性，只要分析计算其中任意一相电流、电压，其他两相可根据式（9-10）和式（9-11）直接写出。这就是对称三相 Y_0-Y_0 电路归结为一相计算的方法。另外在上述情况下，中性点 N 和 n 等电位，即无论有无中性线，或中性线复阻抗 Z_N 取任意值，对对称的 Y_0-Y_0 三相电路均无影响。根据这一特点，可画出等效的一相计算电路（A 相），如图 9-15 所示。有关"星形-星形系统"的概念可以扫描二维码 9-9 进一步学习。

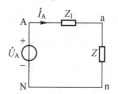

图 9-15　一相计算电路（A 相）

2. 星形-三角形系统

如果电源仍为 Y 形电源，但负载为 △ 形负载，连接成 Y-△ 系统。对于这种电路可先将 △ 形负载化为等效的 Y 形负载，则电路又成了 Y-Y 系统，然后可用归结为一相的计算方法来计算分析。

有关"星形-三角形系统"的概念可以扫描二维码 9-10 进一步学习。

二维码 9-9　　　　二维码 9-10

3. 三角形-星形系统

若为对称 △-Y 系统，可将 △ 电源等效为 Y 形电源，然后归结为一相计算的方法进行计算。

4. 三角形-三角形系统

对于图 9-16 所示的 △-△ 对称三相电路，可以将 △ 形电源和 △ 形负载分别化为等效的 Y 形电源和 Y 形负载，电路又变化为 Y-Y 系统（参考图 9-14 所

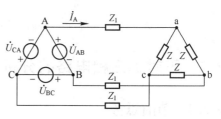

图 9-16　△-△ 对称三相电路

示），这样就可以归结为一相来计算。有关内容在这里不再赘述，请参考相关书籍。

5. 复杂的对称三相电路

复杂的对称三相电路是指有多组对称三相电源及对称三相负载的对称三相电路。电源或负载的联结方式可以是星形或三角形的。这种电路的求解步骤如下：

1）将三角形联结的电源或负载用等效的星形联结的电源或负载代替。

2）将各电源及负载的中性点短接，画出一相的计算电路。求出一相的各电流及电压值。

3）利用对称性求出其余两相的各电流及电压值。此时电路中原为星形联结的电源及负载的相电流及相电压已可求得。

4）对于电路中原为三角形联结的电源及负载，可以先求出它们的线电压及线电流，然后求出它们的相电压及相电流。

有关"复杂的对称三相电路"的概念可以扫描二维码9-11、二维码9-12进一步学习。

二维码 9-11 　　　　二维码 9-12

9.2.3 检测

掌握对称三相电路的单相计算法

1. 图 9-14 所示对称三相电路中，已知电源的线电压 $\dot{U}_{AB}=380\angle0°V$，线路阻抗 $Z_1=(1+j2)\Omega$，负载 $Z=(29+j48)\Omega$，中性线阻抗 $Z_N=(10+j20)\Omega$。试求线电流 $\dot{I}_A$（$3.8\angle-89°A$）、相电压 $\dot{U}_{an}$（$213.1\angle-30.1°V$）和线电压 $\dot{U}_{ab}$（$369.1\angle-0.1°V$）。

2. 图 9-17 所示对称三相电路中，已知电源的线电压 $\dot{U}_{AB}=380\angle0°V$，线路阻抗 $Z_1=j2\Omega$，负载 $Z_1=20\Omega$、$Z_2=60\Omega$。试求电流 $\dot{I}_A$（$21.6\angle-41.3°A$）、$\dot{I}_{A1}$（$10.8\angle-41.3°A$）、$\dot{I}_{A2}$（$10.8\angle-41.3°A$）及电压 $\dot{U}_{ab}$（$374.1\angle-11.3°V$）。

3. 图 9-18 所示对称三相电路中，负载 $Z=(54+j108)\Omega$，线路阻抗 $Z_1=(2+j4)\Omega$。试问电源线电压为多大（342.9 V）时才能保证负载的线电压为 380 V？此时负载的相电流为多少（2.84 A）？

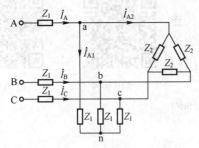 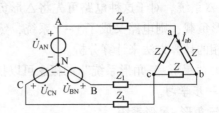

图 9-17　对称三相电路计算 1　　　　图 9-18　对称三相电路计算 2

9.3 不对称三相电路的分析

9.3.1 节前思考

在三相四线制配电系统中，三相负载一般是不对称的，此时中性线能否装保险？为什么？

9.3.2 知识点

不对称三相电路是指电源、负载及端线中只要有一个部分不对称的三相电路。在电力系统中，包含着许多由小功率单相负载（如电灯、电炉等）组成的三相负载。在实际生活中，应尽可能把它们平均分配在各相上，但往往不可能完全平衡，而且这些负载并不都是同时运行的，这就使得三相负载不相等，形成了不对称的三相电路。另外，当三相电路发生故障（如短路、断线等）时，不对称情况可能更为严重。不对称三相电路不能像对称三相电路那样按一相进行计算，但可以应用各种分析复杂电路的方法求解。

图 9-19a 所示的是某一不对称三相电路（其中三相电源是对称的，但负载不对称）。用节点电压法，可以求得节点电压为

$$\dot{U}_{nN}=\frac{\dfrac{\dot{U}_A}{Z_a}+\dfrac{\dot{U}_B}{Z_b}+\dfrac{\dot{U}_C}{Z_c}}{\dfrac{1}{Z_a}+\dfrac{1}{Z_b}+\dfrac{1}{Z_c}+\dfrac{1}{Z_N}} \tag{9-12}$$

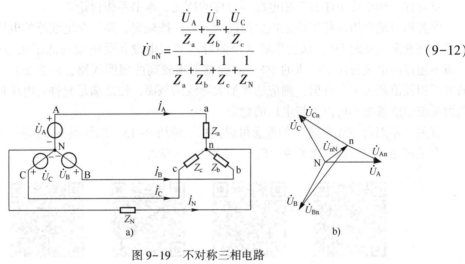

图 9-19 不对称三相电路

由于三相负载各不相等，则 $\dot{U}_{nN}\neq0$，即 n 点和 N 点电位不同。从图 9-19b 的相量关系可以看出，n 点和 N 点不重合，这一现象称为中性点位移。

由图 9-19b 可知，中性点位移越大，意味着负载各相电压不对称的程度越大。当 $\dot{U}_{nN}$ 过大时，可能使负载某一相的电压太低，导致电器不能正常工作，而另外两相的电压又太高，可能超过电器的允许电压以致烧毁用电设备。所以在三相制供电系统中总是力图使电路的三相负载对称分配。在低压电网中，由于单相电器（如照明设备、家用电器等）占很大的比例，而且用户用电情况变化不定，三相负载一般不可能完全对称，所以均采用三相四线制，使中性线阻抗 $Z_N\approx0$，则 $\dot{U}_{nN}\approx0$。这可使电路在不对称的情况下，各相仍保持独立性，各相负载的工作互不影响，因而各相可以分别独立计算。为此，在工程上，要求中性线安装牢固，并且中性线上不能装设开关和熔断器。

为防止意外，一些家用电器，例如电视、电脑和空调等，在不用时最好彻底关掉电源，不要使其处于待机状态。

不对称三相电路的重要特征之一是中性线电流不为零，中性线电流越大意味着不对称程度越严重。供电部门总是希望电力用户工作在对称状态，因此可以通过检测中性线电流来监测用户的运行状态，当中性线电流超过限定值时，可以采取继电保护或向用户发警告。

图 9-19a 中各相负载的相电压、相电流应分别为

$$\begin{cases} \dot{U}_{an} = \dot{U}_A - \dot{U}_{nN} \\ \dot{U}_{bn} = \dot{U}_B - \dot{U}_{nN} \\ \dot{U}_{cn} = \dot{U}_C - \dot{U}_{nN} \end{cases}$$

$$\dot{I}_A = \frac{\dot{U}_{an}}{Z_a}, \quad \dot{I}_B = \frac{\dot{U}_{bn}}{Z_b}, \quad \dot{I}_C = \frac{\dot{U}_{cn}}{Z_c}$$

由于相电流的不对称，中性线电流一般不为零，即

$$\dot{I}_N = -(\dot{I}_A + \dot{I}_B + \dot{I}_C) \neq 0$$

不对称三相电路中还有三相电源不对称的情况，本书不作讨论。

保持用户端电压的稳定性是电力部门的义务。按规定，高压配电线路的电压损耗一般不超过线路额定电压的 5%；从变压器低压侧母线到用电设备受电端的低压线路的电压损耗，一般不超过用电设备额定电压的 5%；对视觉要求较高的照明线路，则为 2%~3%。若线路的电压损耗值超过了允许值，则应适当加大导线的截面，使之满足允许的电压损耗要求。在电力系统中放置电容可以维持电压的稳定。

有关"不对称三相电路"的概念可以扫描二维码 9-13、二维码 9-14 进一步学习。

有关例题可以扫描二维码 9-15、二维码 9-16 学习。

二维码 9-13　　　二维码 9-14　　　二维码 9-15　　　二维码 9-16

习题 9.2

分析计算题

（1）图 9-20 所示为对称三相电路，已知线电压 U_{AB} = 380 V。试求

① 图中 p 点断开时的 U。

② 图中 m 点断开时的 U。

③ 图中 p、m 点同时断开时的 U。

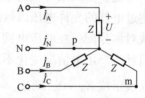

图 9-20　分析计算题（1）图

（2）如图 9-21 所示的对称三相电路，已知 $\dot{U}_A = 220\angle 0° \text{V}$，$Z = (50 + j100)\,\Omega$，$Z_1 = 50\,\Omega$，$Z_N = (30 + j30)\,\Omega$。试画出一相计算电路，并求 $\dot{I}_A$、$\dot{I}_B$、$\dot{U}_{nN}$、$\dot{U}_{an}$、$\dot{U}_{ab}$、$\dot{I}_N$。

（3）如图 9-22 所示的对称三相电路，已知 $\dot{U}_A = 220\angle 0° \text{V}$，$Z = (90 + j300)\,\Omega$，$Z_1 = 70\,\Omega$，试画出一相计算电路，并求 $\dot{I}_A$、$\dot{I}_B$、$\dot{U}_{ab}$、$\dot{I}_{ac}$。

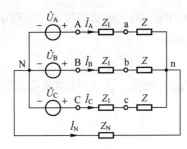

图 9-21 分析计算题 (2) 图

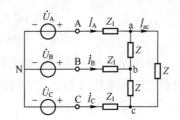

图 9-22 分析计算题 (3) 图

（4）如图 9-23 所示的对称三相电路，已知 $U_{AB} = 380\,\text{V}$，$Z_1 = 100\angle30°\,\Omega$，$Z_2 = 50\angle60°\,\Omega$，$Z_3 = 10\angle45°\,\Omega$。试画出一相计算电路，并求 $\dot{I}_A$、$\dot{I}_{1A}$、$\dot{I}_{2A}$、$\dot{I}_{ab}$。

（5）如图 9-24 所示的对称三相电路，已知 $Z = (50 + j50)\,\Omega$，$Z_1 = (100 + j100)\,\Omega$，电源的线电压为 380 V。试求

① 开关 S 打开时的 $\dot{I}_A$、$\dot{I}_B$、$\dot{I}_C$。

② 开关 S 闭合时的 $\dot{I}_A$、$\dot{I}_B$、$\dot{I}_C$。

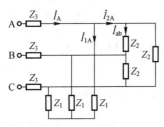

图 9-23 分析计算题 (4) 图

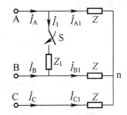

图 9-24 分析计算题 (5) 图

9.4 三相电路的功率及测量

9.4.1 节前思考

结合相量图分析，在用二瓦计法测量三相电路的功率时，什么情况下一块功率表的读数为零？什么情况下一块功率表的读数为负？

9.4.2 知识点

1. 三相电路的功率

在三相电路中，三相负载吸收的复功率等于各相复功率之和，即

$$\overline{S} = \overline{S}_A + \overline{S}_B + \overline{S}_C$$

也就是说，三相负载吸收的有功功率 P、无功功率 Q 分别等于各相负载吸收的有功功率、无功功率之和，即

$$\begin{cases} P = P_A + P_B + P_C \\ Q = Q_A + Q_B + Q_C \end{cases}$$

如果负载是对称三相负载，各相负载吸收的功率相同，故三相负载吸收的总功率可表示为

$$\begin{cases} P=3P_A=3U_pI_p\cos\varphi_p \\ Q=3Q_A=3U_pI_p\sin\varphi_p \end{cases} \tag{9-13}$$

式中，U_p、I_p 分别是每相负载上的相电压和相电流的有效值；φ_p 是每相负载的阻抗角（φ_p 也是每相负载上的相电压与相电流之间的相位差）。

当对称三相负载为丫联结时，有

$$U_l=\sqrt{3}\,U_p, \quad I_l=I_p$$

则式（9-13）可改写为

$$\begin{cases} P=3U_pI_p\cos\varphi_p=3\times\dfrac{U_l}{\sqrt{3}}I_l\cos\varphi_p=\sqrt{3}\,U_lI_l\cos\varphi_p \\ Q=3U_pI_p\sin\varphi_p=3\times\dfrac{U_l}{\sqrt{3}}I_l\sin\varphi_p=\sqrt{3}\,U_lI_l\sin\varphi_p \end{cases}$$

当对称三相负载为△联结时，有

$$U_l=U_p, \quad I_l=\sqrt{3}\,I_p$$

则式（9-13）可改写为

$$\begin{cases} P=3U_pI_p\cos\varphi_p=3U_l\times\dfrac{I_l}{\sqrt{3}}\cos\varphi_p=\sqrt{3}\,U_lI_l\cos\varphi_p \\ Q=3U_pI_p\sin\varphi_p=3U_l\times\dfrac{I_l}{\sqrt{3}}\sin\varphi_p=\sqrt{3}\,U_lI_l\sin\varphi_p \end{cases}$$

由此可见，丫联结和△联结的对称三相负载的有功功率和无功功率都可以用线电压、线电流来表示：

$$\begin{cases} P=\sqrt{3}\,U_lI_l\cos\varphi_p \\ Q=\sqrt{3}\,U_lI_l\sin\varphi_p \end{cases} \tag{9-14}$$

式中，U_l、I_l 分别是负载的线电压、线电流的有效值；φ_p 仍是每相负载的阻抗角。

对称三相电路的视在功率和功率因数分别定义为

$$S\overset{def}{=}\sqrt{P^2+Q^2}$$

$$\cos\varphi\overset{def}{=}\frac{P}{S}$$

2. 三相电路的瞬时功率

设一三相丫负载，它的相电压分别为 u_A、u_B 和 u_C，相电流分别为 i_A、i_B 和 i_C，则它所吸收的三相瞬时总功率应为各相瞬时功率之和，即

$$p=p_A+p_B+p_C=u_Ai_A+u_Bi_B+u_Ci_C \tag{9-15}$$

如果负载和相电压都是对称的，并设

$$Z_A=Z_B=Z_C=|Z|\angle\varphi$$

$$u_A=\sqrt{2}\,U\cos\omega t$$

则相电流为

$$i_A = \sqrt{2}\,I\cos(\omega t - \varphi)$$

对称三相电路各相负载的瞬时功率分别为

$$
\begin{aligned}
p_A &= u_A i_A = \sqrt{2}\,U\cos(\omega t) \times \sqrt{2}\,I\cos(\omega t - \varphi) \\
&= UI\left[\cos\varphi + \cos(2\omega t - \varphi)\right]
\end{aligned}
$$

$$
\begin{aligned}
p_B &= u_B i_B = \sqrt{2}\,U\cos(\omega t - 120°) \times \sqrt{2}\,I\cos(\omega t - \varphi - 120°) \\
&= UI\left[\cos\varphi + \cos(2\omega t - \varphi - 240°)\right]
\end{aligned}
$$

$$
\begin{aligned}
p_C &= u_C i_C = \sqrt{2}\,U\cos(\omega t + 120°) \times \sqrt{2}\,I\cos(\omega t - \varphi + 120°) \\
&= UI\left[\cos\varphi + \cos(2\omega t - \varphi + 240°)\right]
\end{aligned}
$$

将上述三式代入式（9-15）中，得

$$p = 3UI\cos\varphi = P$$

上式表明，对称三相电路的瞬时功率是一常量，该常量显然就是平均功率。这种性质称为瞬时功率平衡。三相制是一种平衡制，这是三相制的优点之一。这种性质使得作用在发电机转子上的原动机驱动力矩与电磁反作用力矩之和为常量，从而使发电机能够平稳旋转。对电动机而言，也有类似情况。

有关"三相电路的瞬时功率"的概念可以扫描二维码 9-17、二维码 9-18 进一步学习。

3. 三相电路功率的测量

当三相电路对称时，只要用一个功率表测量其中一相的功率，然后将功率表读数乘以 3 便得到三相总功率。

二维码 9-17　　　　二维码 9-18

如果丫联结负载的中性点在机壳内部无法接线，或者△联结负载无法拆开，功率表的电流线圈不能串接入一相电路中，此时可采用人造中性点的方法来测量一相的功率，如图 9-25 所示。图中两个电阻的值应等于功率表电压线圈（包括分压器）的电阻值。这样，人造中性点 n 的电位便与实际中性点（或等效丫联结对称负载中性点）的电位相等，所以功率表的读数就是一相负载的功率。

事实上，还可以用一只功率表来测量对称三相电路负载的无功功率。其原理图如图 9-26a 所示。

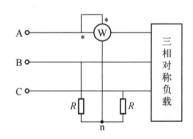

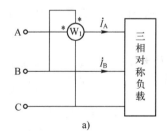

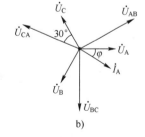

图 9-25　对称负载中一相负载　　　图 9-26　一表法测对称三相电路无功功率原理图
　　　的功率测量（Ⅱ）

设通过功率表的电流为 $\dot{I}_A$，加在电压线圈上的电压为 $\dot{U}_{BC}$。将三相负载看作是等效丫形联结，负载阻抗角为 φ。若 $\dot{U}_A = U_p\angle 0°$，则 $\dot{U}_{BC} = \sqrt{3}\,U_p\angle{-90°}$，$\dot{I}_A = I_p\angle{-\varphi}$，如图 9-26b 所

示。则功率表读数为

$$P_1 = \text{Re}[\dot{U}_{BC}\dot{I}_A^*]$$
$$= \text{Re}[\sqrt{3}\,U_p \angle -90° \times I_p \angle \varphi]$$
$$= \text{Re}[U_l I_l \angle -90°+\varphi]$$
$$= U_l I_l \cos(-90°+\varphi)$$
$$= U_l I_l \sin\varphi$$

而对称三相电路负载的无功功率为$\sqrt{3}\,U_l I_l \sin\varphi$，恰是上述读数的$\sqrt{3}$倍，所以可得对称三相负载的无功功率为

$$Q = \sqrt{3}\,U_l I_l \sin\varphi = \sqrt{3}\,P_1$$

式中，P_1为图9-26a所示电路中功率表的读数。

还可以用三表法来测量三相四线制电路中负载的功率。因为有中性线，可以方便地用功率表分别测量各相负载的功率，将测得的结果相加后就可以得到三相负载的功率（如图9-27所示）。

但是在测量三相三线制电路的功率时，由于没有中性线，不方便直接测量各相负载的功率。这时可以用二表法来测量三相功率。二表法的一种连接方式如图9-28所示。两个功率表的电流线圈串入两端线中（图示为 A、B 端线），它们的电压线圈的非电源端（即无 * 端）共同接到非电流线圈所在的第三条端线上（图示为 C 端线）。下面来证明两个功率表的代数和即为三相三线制负载的功率。两个功率表的读数分别为P_1和P_2，根据功率表的工作原理，有

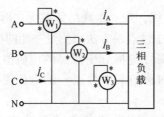

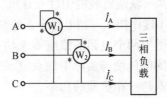

图9-27　三表法测三相四线制负载功率原理图　　　　图9-28　二表法

$$P_1 = \text{Re}[\dot{U}_{AC}\dot{I}_A^*], \quad P_2 = \text{Re}[\dot{U}_{BC}\dot{I}_B^*]$$

所以

$$P_1+P_2 = \text{Re}[\dot{U}_{AC}\dot{I}_A^* + \dot{U}_{BC}\dot{I}_B^*]$$
$$= \text{Re}[(\dot{U}_A-\dot{U}_C)\dot{I}_A^* + (\dot{U}_B-\dot{U}_C)\dot{I}_B^*]$$
$$= \text{Re}[\dot{U}_A\dot{I}_A^* + \dot{U}_B\dot{I}_B^* - \dot{U}_C(\dot{I}_A^*+\dot{I}_B^*)]$$
$$= \text{Re}[\dot{U}_A\dot{I}_A^* + \dot{U}_B\dot{I}_B^* + \dot{U}_C\dot{I}_C^*]$$
$$= \text{Re}[\bar{S}_A+\bar{S}_B+\bar{S}_C]$$
$$= \text{Re}[\bar{S}]$$

这里$\dot{U}_{AC}=\dot{U}_A-\dot{U}_C$，$\dot{U}_{BC}=\dot{U}_B-\dot{U}_C$，$\dot{I}_C^*=-(\dot{I}_A^*+\dot{I}_B^*)$。而$\text{Re}[\bar{S}]$则表示右侧三相负载的有功功率。

由以上分析可知，这种测量方法中功率表的接线只涉及端线，而与负载和电源的连接方式无关（即无论电路对称与否），这种方法也称为二瓦计法。

需要指出的是，在二表法测量三相负载功率时，单一功率表的读数没有确定的意义，而两个功率表读数的代数和恰好是三相负载吸收的总功率（如果一个功率表的读数为负值，则求代数和时该读数也应以负值代入）。另外，还可以证明在对称三相制中，有

$$\begin{cases} P_1 = \mathrm{Re}\left[\dot{U}_{AC}\dot{I}_A^*\right] = U_{AC}I_A\cos(\varphi - 30°) \\ P_2 = \mathrm{Re}\left[\dot{U}_{BC}\dot{I}_B^*\right] = U_{BC}I_B\cos(\varphi + 30°) \end{cases} \tag{9-16}$$

式中，φ 为负载的阻抗角。该证明请读者自行完成。

有关"三相电路功率的测量"的概念可以扫描二维码 9-19 进一步学习。

有关例题可以扫描二维码 9-20 ~ 二维码 9-22 学习。

二维码 9-19

二维码 9-20

二维码 9-21

二维码 9-22

9.4.3 检测

掌握对称三相电路功率的计算

1. 已知图 9-29 所示对称三相电路的线路阻抗 $Z_1 = \mathrm{j}10\,\Omega$，三相感性负载的额定线电压为 380 V，额定线电流为 2 A，功率因数为 0.8。

（1）问电源线电压为何值（407.8 V）时负载工作在额定电压？

（2）求额定状态下负载的有功功率（1055.9 W）、无功功率（791.9 var）、视在功率（1319.8 V·A）。

掌握对称三相电路功率的测量

2. 已知图 9-30 所示对称三相电路的线电压 $U_1 = 380\,\mathrm{V}$，负载阻抗 $Z = (60 - \mathrm{j}30)\,\Omega$。

（1）求负载的相电流（9.81 A）、线电流（5.66 A）。

（2）计算两个功率表的读数（$P_1 = 3721.2\,\mathrm{W}$、$P_2 = 2052.1\,\mathrm{W}$）。

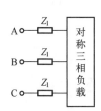
图 9-29 对称三相电路功率计算 1

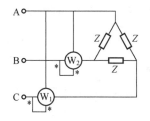
图 9-30 对称三相电路功率计算 2

习题 9.3

1. 填空题

（1）在对称三相电路中，设线电压和线电流分别为 U_1、I_1，每一相的功率因数都是 $\cos\varphi$，则三相负载吸收的总有功功率为_____。

（2）Y-Y 对称三相电路中，电源线电压 $U_1 = 380\,\text{V}$，负载 $Z = (80-\text{j}60)\,\Omega$，则三相电路的总平均功率 $P =$_____。

（3）二瓦计法测量对称三相电路时，功率表 W_1 的读数为 $800\,\text{W}$，功率表 W_2 在把电流线圈反接后读数为 $400\,\text{W}$，则三相总功率为_____ W，功率因数为_____。

（4）对称三相负载星形联结时总功率为 $10\,\text{kW}$，线电流为 $10\,\text{A}$。若把它改为三角形联结，接到同一个对称三相电源上，则线电流为_____ A，总功率为_____ kW。

（5）采用相序指示仪确定对称三相电源的相序时，若指定电容连接的端子为 C 相，则灯泡偏亮的那一相应该为_____相。

2. 分析计算题

（1）已知图 9-31 所示对称三相电路的三相负载所耗功率为 $P = 2.4\,\text{kW}$，负载功率因数 $\cos\varphi = 0.5$（超前），试求两功率表的读数。

（2）已知图 9-32 所示对称三相电路的电源线电压为 $380\,\text{V}$，$Z = (18+\text{j}24)\,\Omega$。试

① 画出一相计算电路。　　　　　② 求图中功率表的读数。

③ 用二瓦计法测三相总功率，画出另一功率表的接法，并计算其读数。

④ 求三相电源的总功率。

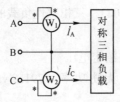

图 9-31　分析计算题（1）图

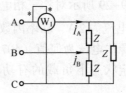

图 9-32　分析计算题（2）图

（3）已知图 9-33 所示对称三相电路的线电压为 $100\,\text{V}$，线电流为 $2\,\text{A}$，功率因数为 0.8（感性），试求功率表的读数。

（4）已知图 9-34 所示对称三相电路的电源线电压为 $380\,\text{V}$，对称三相负载吸收的平均功率为 $P_1 = 53\,\text{kW}$，$\cos\varphi = 0.9$（感性），R 吸收的平均功率为 $P_2 = 7\,\text{kW}$，试求线电流相量 $\dot{I}_A$、$\dot{I}_B$ 和 $\dot{I}_C$。

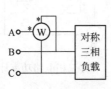

图 9-33　分析计算题（3）图

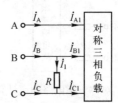

图 9-34　分析计算题（4）图

（5）已知图9-35所示对称三相电路的电源线电压为380 V，负载 $Z_1=(50+j80)\,\Omega$。电动机 M 的有功功率为 $P=1.6\,kW$，功率因数为 $\cos\varphi=0.8$（滞后）。试

① 画出一相计算电路。

② 求三相电源的有功功率、无功功率、视在功率、三相负载总的功率因数。

③ 画出用两表法测三相电源有功功率的接线图，求出各表读数。

（6）已知图9-36所示工频对称三相电路的线电压 $\dot{U}_{AB}=380\angle30°V$，三相电动机 M 负载总功率 $P=1.7\,kW$，$\cos\varphi_M=0.8$，负载 $Z=(50+j80)\,\Omega$。试

① 求三相电源发出的有功功率和无功功率。

② 为使电源端功率因数提高到 $\cos\varphi=0.9$，在负载处并联一组三相电容（丫形联结），求所需电容 C。

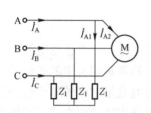
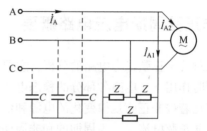

图9-35 分析计算题（5）图　　　　图9-36 分析计算题（6）图

例题精讲9-1　　例题精讲9-2　　例题精讲9-3　　例题精讲9-4

例题精讲9-5　　例题精讲9-6　　例题精讲9-7

第10章 非正弦周期电流电路

前面已经讨论了正弦稳态电路的分析计算方法，这种电路的电压和电流均按正弦规律变化，且激励与响应是同频率的正弦量。但在实际的电气系统中，却经常会遇到非正弦的激励源问题。例如，电力系统中交流发电机所产生的电动势，其波形并非理想的正弦波，而是接近正弦波的周期波形。在电子通信工程中，表示各种信息的电信号大都为非正弦量，常见的有方波、三角波、脉冲波等。本章主要讨论非正弦周期电流电路的分析方法。

10.1 非正弦周期电流电路概要

前面几章关于正弦稳态电路的分析，主要介绍了线性电路在一个正弦电源作用或多个同频率电源同时作用下，电路各部分的稳态电压、电流，它们都是同频率的正弦量。但在工程实际中还存在着按非正弦规律变化的电源和信号。其中的电流是时间的非正弦函数，称为非正弦电流。非正弦电流又分为周期的和非周期的两种。本章主要讨论在非正弦周期电压、电流激励作用下的线性电路的稳态分析。另外，当一个电路中有几个不同频率的正弦电源同时作用时，电路中产生的电压电流也是非正弦的。

图 10-1 所示非正弦周期波形都是工程中常见的例子。

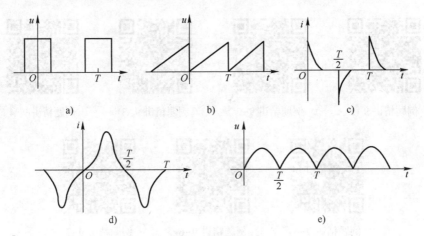

图 10-1 非正弦周期电压、电流

虽然在电子信息技术中广泛使用非正弦周期电压和电流，但在交流电力系统中却要极力避免非正弦电压和电流的产生。这是因为电力系统中的高次谐波会使电动机的性能变坏、使仪表测量不准、使电能损耗增加、对周围电器产生干扰、使继电保护误动作、产生过高电压和过大电流等。由于这些原因，发电机和变压器的制造应尽量使其能发出接近正弦波形的电动势，各电力用户应尽量从电网那里吸收接近正弦波形的电流。

10.2 非正弦周期量的有效值、均绝值、平均功率

非正弦的周期电压、电流信号都可以用一个周期函数表示，即 $f(t)=f(t+T)$，式中，T 为周期函数 $f(t)$ 的周期。如果给定的周期函数满足狄里赫利条件，它就能展开成一个收敛的傅里叶级数，即

$$f(t) = A_0 + \sum_{k=1}^{\infty} A_{km}\cos(k\omega t + \theta_k) \tag{10-1}$$

式中，第一项 A_0 称为 $f(t)$ 的恒定分量（或直流分量）；第二项称为一次谐波（或基波分量），其频率与 $f(t)$ 相同；其他各项称为高次谐波分量，即 2，3，$\cdots$，k 次谐波分量。

常用非正弦周期函数的傅里叶级数见表 10-1。

表 10-1 常用非正弦周期函数的傅里叶级数

序号	$f(t)$ 的波形图	$f(t)$ 的傅里叶级数
1		$f(t) = \dfrac{4U_m}{\pi}\left[\sin(\omega t) + \dfrac{1}{3}\sin(3\omega t) + \dfrac{1}{5}\sin(5\omega t) + \cdots + \dfrac{1}{k}\sin(k\omega t) + \cdots\right]$（$k$ 为奇数）
2		$f(t) = \dfrac{U_m}{2} - \dfrac{U_m}{\pi}\left[\sin(\omega t) + \dfrac{1}{2}\sin(\omega t) + \dfrac{1}{3}\sin(\omega t) + \cdots + \dfrac{1}{k}\sin(k\omega t) + \cdots\right]$
3		$f(t) = aU_m + \dfrac{2U_m}{\pi}\left[\sin(a\pi)\cos(\omega t) + \dfrac{1}{2}\sin(2a\pi)\cos(2\omega t) + \dfrac{1}{3}\sin(3a\pi)\cos(3\omega t) + \cdots\right]$
4		$f(t) = \dfrac{8U_m}{\pi^2}\left[\sin(\omega t) - \dfrac{1}{9}\sin(3\omega t) + \dfrac{1}{25}\sin(5\omega t) + \cdots + \dfrac{(-1)^{\frac{k-1}{2}}}{k^2}\sin(k\omega t) + \cdots\right]$（$k$ 为奇数）
5		$f(t) = \dfrac{U_m}{\pi}\left[1 + \dfrac{\pi}{2}\cos(\omega t) - \dfrac{2}{3}\cos(2\omega t) - \dfrac{2}{15}\cos(4\omega t) - \cdots - \dfrac{2}{(k-1)(k+1)}\cos(k\omega t) - \cdots\right]$（$k$ 为偶数）

（续）

序号	$f(t)$ 的波形图	$f(t)$ 的傅里叶级数
6		$f(t) = \dfrac{4U_m}{\pi}\left[\dfrac{1}{2} - \dfrac{1}{3}\cos(\omega t) - \dfrac{1}{15}\cos(2\omega t) - \cdots \right.$ $\left. - \dfrac{1}{4k^2-1}\cos(k\omega t) - \cdots \right]$

1. 有效值

在 6.1 节指出，任意周期量 $f(t)$ 的有效值定义为

$$F = \sqrt{\frac{1}{T}\int_0^T [f(t)]^2 \mathrm{d}t}$$

假设一非正弦的周期电流 i 可以分解为傅里叶级数

$$i = I_0 + \sum_{k=1}^{\infty} I_{km}\cos(k\omega t + \theta_k)$$

将 i 代入有效值公式，则其有效值 I 为

$$I = \sqrt{\frac{1}{T}\int_0^T \left[I_0 + \sum_{k=1}^{\infty} I_{km}\cos(k\omega t + \theta_k)\right]^2 \mathrm{d}t} \tag{10-2}$$

式中方括号二次方展开后将得到下列 4 种类型的积分，其积分结果分别为

$$\frac{1}{T}\int_0^T I_0^2 \mathrm{d}t = I_0^2$$

$$\frac{1}{T}\int_0^T I_{km}^2 \cos^2(k\omega t + \theta_k)\mathrm{d}t = I_k^2$$

$$\frac{1}{T}\int_0^T 2I_0 I_{km}\cos(k\omega t + \theta_k)\mathrm{d}t = 0$$

$$\frac{1}{T}\int_0^T 2I_{km}\cos(k\omega t + \theta_k)I_{qm}\cos(q\omega t + \theta_q)\mathrm{d}t = 0 \quad (k \neq q)$$

式中，$I_k = \dfrac{I_{km}}{\sqrt{2}}$。将以上 4 式代入式（10-2）得 i 的有效值 I 为

$$I = \sqrt{I_0^2 + I_1^2 + I_2^2 + \cdots} = \sqrt{I_0^2 + \sum_{k=1}^{\infty} I_k^2} \tag{10-3}$$

式（10-3）表明，非正弦周期电流的有效值等于恒定分量的二次方与各次谐波有效值二次方之和的二次方根。此结论可以推广用于其他任意非正弦周期量。

2. 均绝值

以周期电流为例，均绝值的定义式为

$$I_{av} \overset{\text{def}}{=\!=} \frac{1}{T}\int_0^T |i|\mathrm{d}t \tag{10-4}$$

即非正弦周期电流的均绝值等于其绝对值的平均值，按式（10-4）可求得正弦电流的均绝值为

$$I_{av} = \frac{1}{T}\int_0^T |I_m\cos(\omega t)|\,dt = \frac{4I_m}{T}\int_0^{\frac{T}{4}}\cos(\omega t)\,dt = 0.637I_m = 0.898I$$

它相当于正弦电流经全波整流后的平均值。

对于同一非正弦周期电流，当用不同类型的仪表测量时，会得到不同的值。这是由各种仪表的设计原理决定的。例如，直流仪表（磁电系仪表）的偏转角 $\alpha \propto \frac{1}{T}\int_0^T i\,dt$，所以用磁电系仪表测得的值将是电流的恒定分量。而电磁系仪表的偏转角 $\alpha \propto \frac{1}{T}\int_0^T i^2\,dt$，所以用电磁系仪表测得的值将是电流的有效值。另外，全波整流仪表的偏转角 $\alpha \propto |i|$，所以用其测量电流将得到电流的平均值。因此，测量非正弦周期电压、电流时要注意仪表的选择。

3. 平均功率

设一端口网络（如图 10-2 所示）的端口电压、电流取关联参考方向，则其吸收的瞬时功率为

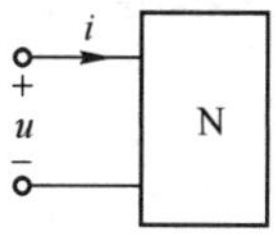

图 10-2　一端口电路

$$p = ui = \left[U_0 + \sum_{k=1}^{\infty} U_{km}\cos(k\omega t + \theta_{uk})\right]\left[I_0 + \sum_{k=1}^{\infty} I_{km}\cos(k\omega t + \theta_{ik})\right]$$

它的平均功率仍定义为
$$P = \frac{1}{T}\int_0^T p\,dt$$

由三角函数积分的特点可知，上式中不同频率正弦电压与电流乘积的积分为零，同频率正弦电压、电流乘积的积分不为零，其第 k 次为

$$P_k = U_{km}I_{km}\cos(\theta_{uk} - \theta_{ik}) = U_kI_k\cos\varphi_k$$

且直流分量电压、电流乘积的积分项为 U_0I_0，所以平均功率 P 为

$$P = U_0I_0 + U_1I_1\cos\varphi_1 + U_2I_2\cos\varphi_2 + \cdots + U_kI_k\cos\varphi_k + \cdots$$

即

$$P = U_0I_0 + \sum_{k=1}^{\infty} U_kI_k\cos\varphi_k \tag{10-5}$$

式中，$U_k = \dfrac{U_{km}}{\sqrt{2}}$，$I_k = \dfrac{I_{km}}{\sqrt{2}}$，$\varphi_k = \theta_{uk} - \theta_{ik}(k = 1, 2, \cdots)$。

即非正弦周期电流电路的平均功率等于恒定分量产生的功率和各次谐波分量产生的平均功率之和。

有关"非正弦周期量的有效值、平均值、平均功率"的概念可扫描二维码 10-1、二维码 10-2 进一步学习。

二维码 10-1　　　　　二维码 10-2

10.3　非正弦周期电流电路的计算

由前述可知，非正弦的周期电压、电流可用傅里叶级数展开法分解成直流分量和各次谐波分量。若将非正弦的周期激励作用于线性电路，根据叠加定理，可分别计算出在直流、基

波和各次谐波分量作用下电路中产生的直流和与之同频率的正弦电流分量和电压分量，最后把所得的直流分量、各次谐波分量按时域形式叠加，就可以得到电路在非正弦周期激励作用下的稳态电流和电压，这种分析方法称为谐波分析法。它实质上是把非正弦周期电流电路的计算化为一系列正弦电流电路的计算，因此仍可以采用相量分析法。

下面给出计算非正弦周期电流电路的步骤：

1）把给定的非正弦周期性激励按傅里叶级数展开，分解成恒定分量和各次谐波分量。高次谐波取到哪一项为止，依所需精确度而定。

2）分别计算电路在上述恒定分量和各次谐波分量单独作用下的响应。求恒定分量的响应要用计算直流电路的方法，求解时把电容视为开路，把电感视为短路。对各次谐波分量可以用相量法求解，但要注意感抗、容抗与频率的关系。

$$Z_L^{(k)} = \mathrm{j}k\omega L = \mathrm{j}k X_{L1}$$

$$Z_C^{(k)} = -\mathrm{j}\frac{1}{k\omega C} = -\mathrm{j}\frac{1}{k}X_{C1}$$

式中，X_{L1}、X_{C1} 分别为电感、电容对基波的电抗。

3）根据叠加定理，把步骤 2）计算出的时域结果进行叠加，从而求得所需响应。应注意把表示不同频率正弦量的相量直接相加是没有任何意义的。

有关例题可扫描二维码 10-3、二维码 10-4 学习。

二维码 10-3

二维码 10-4

由于感抗和容抗对各次谐波的反应不同，工程上利用这种性质组成含有电感和电容的各种形式的电路，将其接在输入和输出之间，可以让某些所需频率分量顺利通过而抑制某些不需要的分量，这种电路称为滤波器。例如，前面介绍过的 RC 低通滤波器、由 RLC 串联组成的带通滤波器等。图 10-3 是一个典型的滤波器电路。

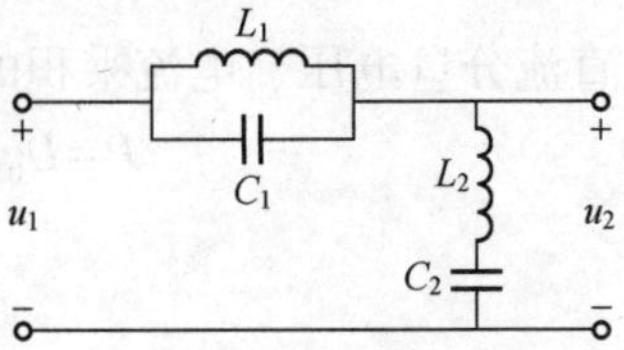

图中 u_1 为非正弦周期电压，其中含有 3ω 及 7ω 的谐波分量。如果要求在输出电压 u_2 中不含有这两个谐波分量，则只

要使 $3\omega = \dfrac{1}{\sqrt{L_1 C_1}}$, $7\omega = \dfrac{1}{\sqrt{L_2 C_2}}$ 或 $7\omega = \dfrac{1}{\sqrt{L_1 C_1}}$, $3\omega = \dfrac{1}{\sqrt{L_2 C_2}}$, 即

图 10-3 典型滤波器电路

$L_1 C_1$ 对 3ω 发生并联谐振，同时 $L_2 C_2$ 对 7ω 发生串联谐振，或 $L_1 C_1$ 对 7ω 发生并联谐振，同时 $L_2 C_2$ 对 3ω 发生串联谐振，就可以同时滤除这两个谐波分量。实际滤波电路要复杂一些，而且需根据不同要求确定相应的电路结构及其元件值。

习题 10.1

1. 填空题

（1）某非正弦周期性电压 $u(t)$ 的恒定分量为零，作用于 $10\,\Omega$ 电阻时，功率为 $1\,\mathrm{W}$。若作用于该电阻的电压为 $[u(t)+5]\,\mathrm{V}$，则功率应为_____W。

（2）已知 RL 串联电路两端电压 $u(t) = [10+20\sin(\omega t)]\,\mathrm{V}$，当 $R = \omega L = 5\,\Omega$ 时，该电路吸收的有功功率 $P = $_____W。

（3）已知 RL 串联电路在外加输入 $u(t) = U_m \sin(\omega t)\,\mathrm{V}$ 作用下的等效阻抗 $Z_{RL} = (4+\mathrm{j}3)\,\Omega$，

当外加输入频率增加为原来输入频率的 3 倍时，RL 串联电路的等效阻抗 $Z_{RL}=$ _____ Ω。

（4）通过 $R=10\,\Omega$ 中的 $i(t)=\left[6\sqrt{2}\cos(\omega t+20°)+4\sqrt{2}\cos(2\omega t+50°)\right]$A，该电阻吸收的有功功率 $P=$ _____ W。

（5）已知 RL 串联电路在 $f_1=150\,\mathrm{Hz}$ 时，等效阻抗为 $Z_1=(3+\mathrm{j}12)\,\Omega$，则当外加输入电源频率变为 $f_2=200\,\mathrm{Hz}$ 时，该 RL 串联电路的等效阻抗 $Z_2=$ _____ Ω。

（6）已知 RL 并联电路在 $f_1=100\,\mathrm{Hz}$ 时，等效导纳为 $Y_1=(4-\mathrm{j}8)\,\mathrm{S}$，则当外加输入电源频率变为 $f_2=200\,\mathrm{Hz}$ 时，该 RL 并联电路的等效导纳 $Y_2=$ _____ S。

2. 分析计算题

（1）图 10-4 所示 RLC 串联电路中的 $f=50\,\mathrm{Hz}$，$u_s=\left[20+20\sin(\omega t)+10\sin(3\omega t+90°)\right]$V。试求

① 电流 i。

② 电压源 u_s 和电流 i 的有效值。

③ 电路消耗的功率。

图 10-4　分析计算题（1）图

（2）电路如图 10-5 所示，已知 $u_s=\left[10+80\sqrt{2}\sin(\omega t)+12\sqrt{2}\sin(3\omega t+30°)\right]$V，$i_s=5\sqrt{2}\sin(\omega t+60°)$A，$R=10\,\Omega$，$\omega L=2\,\Omega$，$\dfrac{1}{\omega C}=18\,\Omega$。试求 i 及其有效值和两电源各自发出的功率。

（3）已知图 10-6 电路所示的 $R=1\,\Omega$，$L=1\,\mathrm{H}$，$C=0.25\,\mathrm{F}$，$u_1=\left[2+2\cos(2t)\right]$V，$u_2=3\sin(2t)$V。试求电压 u_R 及电阻消耗的功率。

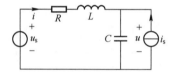

图 10-5　分析计算题（2）图

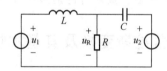

图 10-6　分析计算题（3）图

例题精讲 10-1

例题精讲 10-2

例题精讲 10-3

例题精讲 10-4

例题精讲 10-5

第11章 动态电路的复频域分析

本书在第5章中介绍了应用经典法来分析线性动态电路（一阶和二阶电路）。该方法可概括为建立电路的输入-输出方程并寻求此方程满足给定初始条件的解。对高阶电路（独立储能元件个数超过两个，微分方程的阶数大于二阶），其计算步骤将非常繁杂。

本章用拉普拉斯变换法来分析线性动态电路。其要点是把各个时间函数通过拉普拉斯变换化为复变量 s 的函数，从而使常微分方程问题化为代数方程问题。由于 s 是复变量而且具有频率的量纲，因此称为复频域分析法。复频域分析法属于变换域分析法。这种方法的思路类似于第6章的正弦稳态分析的相量法。基于拉普拉斯变换的线性动态电路的分析方法，可归结为由时域变换到"复频域"（将时域里的微分方程化为复频域函数的代数方程）进行分析，最后再返回时域。利用这种变域法解高阶电路，因其在变换过程中已经以某种形式计入原微分方程的初始条件，故可避免确定积分常数的复杂计算。这正是积分变换法的主要优点。

本章首先介绍拉普拉斯变换及其基本性质，接着介绍拉普拉斯反变换；然后建立动态电路的复频域模型，包括基尔霍夫定律的复频域形式和元件方程的复频域形式，并在此基础上讨论复频域分析法；最后讨论网络函数。

11.1 拉普拉斯变换及其基本性质

11.1.1 节前思考

（1）电路分析中的拉普拉斯变换被定义为 0_- 到 ∞ 的积分，为什么不定义为 0_+ 到 ∞ 的积分？

（2）电压 $u(t)$/电流 $i(t)$ 经拉普拉斯变换后的象函数 $U(s)/I(s)$ 的单位还是 V/A 吗？

11.1.2 知识点

1. 拉普拉斯变换的定义

在电路分析中，通常把动态过程中的起始时刻作为计时的原点 $t=0$，因此只需研究电路中的变量（函数）在 $t \in [0, \infty)$ 区间的暂态过程，而不考虑它们在 $t \in (-\infty, 0)$ 的情形。所以若用 $f(t)$ 代表换路后电路中的激励函数，即相当于把函数 $f(t)$ 乘以单位阶跃函数：

$$f(t)\varepsilon(t) = \begin{cases} f(t), & 0 \leqslant t < \infty \\ 0, & -\infty < t < 0 \end{cases}$$

则定义函数 $f(t)$ 的拉普拉斯变换为

$$F(s) = \int_{0_-}^{\infty} f(t) e^{-st} dt \tag{11-1}$$

式中，$s = \sigma + j\omega$ 为复数；$F(s)$ 称为 $f(t)$ 的象函数；$f(t)$ 称为 $F(s)$ 的原函数。拉普拉斯变换简

称为拉氏变换。

式（11-1）表明拉氏变换是一种积分变换。对于 $f(t)$，若 $\sigma > \sigma_0$，积分 $\int_0^\infty \mathrm{e}^{-\sigma t}\,|f(t)|\,\mathrm{d}t$ 收敛，则 $f(t)$ 的拉氏变换存在，就可以对它做拉氏变换，而 σ_0 是使积分 $\int_0^\infty \mathrm{e}^{-\sigma t}\,|f(t)|\,\mathrm{d}t$ 收敛的最小实数。不同的函数，σ_0 的值不同。一般称 σ_0 为 $F(s)$ 在复平面 $s=\sigma+\mathrm{j}\omega$ 内的收敛横坐标。

在电路问题中常见的函数一般是指数阶函数。指数阶函数是指满足

$$|f(t)| \leqslant M\mathrm{e}^{Ct}, \quad t \in [0, \infty)$$

的函数，其中 M 是正实数，C 为有限值的实数。当函数 $f(t)$ 是指数阶函数时，则有

$$\int_{0_-}^\infty |f(t)|\,\mathrm{e}^{-\sigma t}\mathrm{d}t \leqslant \int_{0_-}^\infty M\mathrm{e}^{Ct}\mathrm{e}^{-\sigma t}\mathrm{d}t$$

$$= \frac{M}{\sigma - C} \quad (\sigma > C)$$

可见只要选择 $\sigma > C$，则 $f(t)\mathrm{e}^{-\sigma t}$ 的绝对积分就存在，对它就可以进行拉氏变换。

拉氏变换式（11-1）的积分下限记为 0_-，如果 $f(t)$ 包含 $t=0$ 时刻的冲激，则拉氏变换也应包括这个冲激。原函数 $f(t)$ 是以时间 t 为自变量的实变函数，象函数 $F(s)$ 是以复变量 s 为自变量的复变函数。$f(t)$ 与 $F(s)$ 之间是一一对应的关系。

如果 $F(s)$ 已知，要求出与它对应的原函数 $f(t)$，由 $F(s)$ 到 $f(t)$ 的变换称为拉普拉斯反变换，定义为

$$f(t) = \frac{1}{2\pi\mathrm{j}} \int_{\sigma-\mathrm{j}\infty}^{\sigma+\mathrm{j}\infty} F(s)\mathrm{e}^{st}\mathrm{d}s \tag{11-2}$$

式（11-1）和式（11-2）用符号分别表示为

$$F(s) = \mathscr{L}[f(t)] \tag{11-3}$$

$$f(t) = \mathscr{L}^{-1}[F(s)] \tag{11-4}$$

复变量 $s=\sigma+\mathrm{j}\omega$ 常称为复频率。此时分析线性电路为复频域分析，而相应地称经典法为时域分析。

拉氏反变换式（11-2）是一个复变函数的广义积分，可用留数方法来计算。在 11.2 节中将讨论的展开定理可用于有理分式象函数的反变换计算。而集总参数电路变量的象函数属于有理分式。

由于原函数 $f(t)$ 与象函数 $F(s)$ 之间是一一对应的关系，可以把 $f(t)$ 与 $F(s)$ 编制成对应的拉氏变换表，以供查用。因此在很多场合可以像查阅三角函数表、对数表那样，方便地解决函数的拉氏变换和反变换问题。

下面根据式（11-1）求一些常用函数的拉氏变换。

（1）单位阶跃函数

设 $f(t) = \varepsilon(t)$，则

$$F(s) = \mathscr{L}[\varepsilon(t)] = \int_{0_-}^\infty \varepsilon(t)\mathrm{e}^{-st}\mathrm{d}t$$

$$= \int_{0_-}^\infty \mathrm{e}^{-st}\mathrm{d}t = -\frac{1}{s}\mathrm{e}^{-st}\bigg|_{0_-}^\infty = \frac{1}{s} \tag{11-5a}$$

即

$$\mathscr{L}[\varepsilon(t)]=\frac{1}{s} \quad 或 \quad \mathscr{L}^{-1}\left[\frac{1}{s}\right]=\varepsilon(t) \qquad (11-5\text{b})$$

（2）单位冲激函数

设 $f(t)=\delta(t)$，则

$$F(s)=\mathscr{L}[\delta(t)]=\int_{0_-}^{\infty}\delta(t)\mathrm{e}^{-st}\mathrm{d}t$$

$$=\int_{0_-}^{0_+}\delta(t)\mathrm{e}^{-st}\mathrm{d}t=\mathrm{e}^{-s\times0}=1 \qquad (11-6\text{a})$$

即

$$\mathscr{L}[\delta(t)]=1 \quad 或 \quad \mathscr{L}^{-1}[1]=\delta(t) \qquad (11-6\text{b})$$

（3）指数函数

设 $f(t)=\mathrm{e}^{\alpha t}$（$\alpha$ 是任一实数或复数），则

$$F(s)=\mathscr{L}[\mathrm{e}^{\alpha t}]=\int_{0_-}^{\infty}\mathrm{e}^{\alpha t}\mathrm{e}^{-st}\mathrm{d}t$$

$$=\frac{1}{\alpha-s}\mathrm{e}^{(\alpha-s)t}\Big|_{0_-}^{\infty}=\frac{1}{s-\alpha} \qquad (11-7\text{a})$$

即

$$\mathscr{L}[\mathrm{e}^{\alpha t}]=\frac{1}{s-\alpha} \quad 或 \quad \mathscr{L}^{-1}\left[\frac{1}{s-\alpha}\right]=\mathrm{e}^{\alpha t} \qquad (11-7\text{b})$$

二维码 11-1

有关"拉普拉斯变换的定义"的概念可以扫描二维码 11-1 进一步学习。

2. 拉普拉斯变换的基本性质

拉普拉斯变换的基本性质可以归结为若干定理（变换法则），它们在拉普拉斯变换的实际应用中都很重要：利用这些性质可以计算一些复杂原函数的象函数，并可利用这些性质与电路分析的物理内容结合起来获得应用拉氏变换求解电路的方法——运算法。

（1）线性性质

设 $f_1(t)$ 与 $f_2(t)$ 是两个任意定义在 $t\geq0$ 的时间函数，它们的象函数分别为 $F_1(s)$ 和 $F_2(s)$，C_1 和 C_2 是任意两个常数，则

$$\mathscr{L}[C_1f_1(t)\pm C_2f_2(t)]=C_1\mathscr{L}[f_1(t)]\pm C_2\mathscr{L}[f_2(t)]$$
$$=C_1F_1(s)\pm C_2F_2(s)$$

证明 $\quad \mathscr{L}[C_1f_1(t)\pm C_2f_2(t)]=\int_{0_-}^{\infty}[C_1f_1(t)\pm C_2f_2(t)]\mathrm{e}^{-st}\mathrm{d}t$

$$=C_1\int_{0_-}^{\infty}f_1(t)\mathrm{e}^{-st}\mathrm{d}t\pm C_2\int_{0_-}^{\infty}f_2(t)\mathrm{e}^{-st}\mathrm{d}t$$

$$=C_1F_1(s)\pm C_2F_2(s)$$

由此可以求得 $f(t)=\cos(\omega t)$ 的象函数。过程如下：

根据欧拉公式，有

$$\cos(\omega t)=\frac{\mathrm{e}^{\mathrm{j}\omega t}+\mathrm{e}^{-\mathrm{j}\omega t}}{2}$$

根据线性性质可得

$$\mathscr{L}[\cos(\omega t)] = \mathscr{L}\left[\frac{1}{2}(e^{j\omega t} + e^{-j\omega t})\right]$$

$$= \frac{1}{2}\left(\frac{1}{s-j\omega} + \frac{1}{s+j\omega}\right)$$

$$= \frac{s}{s^2+\omega^2} \tag{11-8}$$

同理可得

$$\mathscr{L}[\sin(\omega t)] = \frac{1}{2j}\left(\frac{1}{s-j\omega} - \frac{1}{s+j\omega}\right) = \frac{\omega}{s^2+\omega^2} \tag{11-9}$$

（2）微分性质

① 时域微分性质

函数 $f(t)$ 的象函数与其导数 $f'(t) = \dfrac{df(t)}{dt}$ 的象函数之间有如下关系：

若　　　　　　　　　　　　$\mathscr{L}[f(t)] = F(s)$

则　　　　　　　　　　　　$\mathscr{L}[f'(t)] = sF(s) - f(0_-)$

证明　　　$\mathscr{L}\left[\dfrac{df(t)}{dt}\right] = \int_{0_-}^{\infty} \dfrac{df(t)}{dt} e^{-st} dt = \int_{0_-}^{\infty} e^{-st} df(t)$

利用积分中的分部积分法，可得

$$\int_{0_-}^{\infty} e^{-st} df(t) = \left[e^{-st} f(t)\right]_{0_-}^{\infty} - \int_{0_-}^{\infty} f(t) de^{-st}$$

$$= -f(0_-) + s\int_{0_-}^{\infty} f(t) e^{-st} dt$$

这里只要 s 的实部 σ 取得足够大，就有 $\lim\limits_{t\to\infty} e^{-st} f(t) = 0$，所以

$$\mathscr{L}[f'(t)] = sF(s) - f(0_-) \tag{11-10}$$

微分定理可以推广到求原函数的二阶及二阶以上导数的拉氏变换，即

$$\mathscr{L}\left[\frac{d^2 f(t)}{dt^2}\right] = s[sF(s) - f(0_-)] - f'(0_-)$$

$$= s^2 F(s) - sf(0_-) - f'(0_-) \tag{11-11}$$

$$\mathscr{L}\left[\frac{d^n f(t)}{dt^n}\right] = s^n F(s) - s^{n-1} f(0_-) - s^{n-2} f'(0_-) - \cdots - f^{(n-1)}(0_-) \tag{11-12}$$

可以利用时域微分性质求 $f(t) = \cos(\omega t)$ 和 $f(t) = \delta(t)$ 的象函数，过程如下：

$$\mathscr{L}[\cos(\omega t)] = \mathscr{L}\left[\frac{1}{\omega} \frac{d\sin(\omega t)}{dt}\right]$$

$$= \frac{1}{\omega}\left(s\frac{\omega}{s^2+\omega^2} - 0\right)$$

$$= \frac{s}{s^2+\omega^2}$$

$$\mathscr{L}[\delta(t)] = \mathscr{L}\left[\frac{d\varepsilon(t)}{dt}\right] = s\times\frac{1}{s} - 0 = 1$$

② 复频域微分性质

设 $f(t)$ 的象函数为 $F(s)$，则有

$$\mathscr{L}[-tf(t)] = \frac{\mathrm{d}F(s)}{\mathrm{d}s}$$

证明

$$\frac{\mathrm{d}}{\mathrm{d}s}F(s) = \frac{\mathrm{d}}{\mathrm{d}s}\int_{0_-}^{\infty} f(t)\,\mathrm{e}^{-st}\mathrm{d}t = \int_{0_-}^{\infty} f(t)\frac{\mathrm{d}\mathrm{e}^{-st}}{\mathrm{d}s}\mathrm{d}t$$

$$= \int_{0_-}^{\infty} f(t)(-t)\mathrm{e}^{-st}\mathrm{d}t = \mathscr{L}[-tf(t)] \qquad (11\text{-}13)$$

因此有

$$\mathscr{L}[t\varepsilon(t)] = -\frac{\mathrm{d}}{\mathrm{d}s}\left(\frac{1}{s}\right) = \frac{1}{s^v}$$

$$\mathscr{L}[t^n] = (-1)^n\frac{\mathrm{d}^n}{\mathrm{d}s^n}\left(\frac{1}{s}\right) = \frac{n!}{s^{n+1}}$$

（3）积分性质

函数 $f(t)$ 的象函数与其积分 $\int_{0_-}^{t} f(\xi)\mathrm{d}\xi$ 的象函数之间有如下关系：

若

$$\mathscr{L}[f(t)] = F(s)$$

则

$$\mathscr{L}\left[\int_{0_-}^{t} f(\xi)\mathrm{d}\xi\right] = \frac{F(s)}{s}$$

证明 因为 $\mathscr{L}[f(t)] = \mathscr{L}\left[\dfrac{\mathrm{d}}{\mathrm{d}t}\displaystyle\int_{0_-}^{t} f(\xi)\mathrm{d}\xi\right]$，利用时域微分性质［式（11-10）］，得

$$F(s) = s\mathscr{L}\left[\int_{0_-}^{t} f(\xi)\mathrm{d}\xi\right] - \left[\int_{0_-}^{t} f(\xi)\mathrm{d}\xi\right]_{t=0_-} = s\mathscr{L}\left[\int_{0_-}^{t} f(\xi)\mathrm{d}\xi\right]$$

故

$$\mathscr{L}\left[\int_{0_-}^{t} f(\xi)\mathrm{d}\xi\right] = \frac{F(s)}{s} \qquad (11\text{-}14)$$

（4）平移性质

① 时域平移（时移）性质

函数 $f(t)$ 的象函数与其延迟函数 $f(t-t_0)$ 的象函数之间有如下关系：

若

$$\mathscr{L}[f(t)] = F(s)$$

则

$$\mathscr{L}[f(t-t_0)] = \mathrm{e}^{-st_0}F(s)$$

这里所说的 $f(t-t_0)$ 是指当 $t<0$ 时，$f(t-t_0)=0$（参考图 11-1 和图 11-2）。

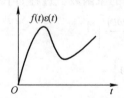

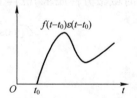

图 11-1 从 0 时刻开始出现的连续时间函数 $f(t)$ 　　图 11-2 将 $f(t)$ 的波形延迟到 t_0

证明

$$\mathscr{L}[f(t-t_0)] = \int_{0_-}^{\infty} f(t-t_0)\mathrm{e}^{-st}\mathrm{d}t$$

$$= \int_{t_{0_-}}^{\infty} f(t-t_0)\mathrm{e}^{-st}\mathrm{d}t$$

$$\overset{\text{令}\tau=t-t_0}{=} \int_{0_-}^{\infty} f(\tau)\mathrm{e}^{-s(\tau+t_0)}\mathrm{d}\tau$$

$$= \mathrm{e}^{-st_0}\int_{0_-}^{\infty} f(\tau)\mathrm{e}^{-s\tau}\mathrm{d}\tau$$

$$= \mathrm{e}^{-st_0}F(s) \tag{11-15}$$

② 复频域（频移）平移性质

设 $f(t)$ 的象函数为 $F(s)$，则有

$$\mathscr{L}[\mathrm{e}^{-\alpha t}f(t)]=F(s+\alpha)$$

证明
$$\mathscr{L}[\mathrm{e}^{-\alpha t}f(t)] = \int_{0_-}^{\infty} \mathrm{e}^{-\alpha t}f(t)\mathrm{e}^{-st}\mathrm{d}t$$

$$= \int_{0_-}^{\infty} f(t)\mathrm{e}^{-(s+\alpha)t}\mathrm{d}t$$

$$= F(s+\alpha) \tag{11-16}$$

可以利用复频域平移性质求 $f(t)=\mathrm{e}^{-\alpha t}\cos(\omega t)$ 的象函数，过程如下：

因为 $\mathscr{L}[t]=\dfrac{1}{s^2}$，则根据复频域平移性质可得

$$\mathscr{L}[t\mathrm{e}^{-\alpha t}]=\frac{1}{(s+\alpha)^2}$$

因为 $\mathscr{L}[\cos(\omega t)]=\dfrac{s}{s^2+\omega^2}$，则根据复频域平移性质可得

$$\mathscr{L}[\mathrm{e}^{-\alpha t}\cos(\omega t)]=\frac{s+\alpha}{(s+\alpha)^2+\omega^2}$$

（5）初值定理和终值定理

① 初值定理

设 $f(t)$ 的象函数为 $F(s)$，$f(t)$ 的一阶导数的象函数存在，并且当 $s\to\infty$ 时，$sF(s)$ 的极限存在，则有

$$\lim_{t\to 0_+}f(t)=\lim_{s\to\infty}sF(s)$$

证明　由时域微分性质得

$$sF(s)-f(0_-) = \int_{0_-}^{\infty}\frac{\mathrm{d}f(t)}{\mathrm{d}t}\mathrm{e}^{-st}\mathrm{d}t$$

$$= \int_{0_-}^{0_+}\frac{\mathrm{d}f(t)}{\mathrm{d}t}\mathrm{e}^{-st}\mathrm{d}t + \int_{0_+}^{\infty}\frac{\mathrm{d}f(t)}{\mathrm{d}t}\mathrm{e}^{-st}\mathrm{d}t$$

$$= f(0_+)-f(0_-) + \int_{0_+}^{\infty}\frac{\mathrm{d}f(t)}{\mathrm{d}t}\mathrm{e}^{-st}\mathrm{d}t$$

故
$$sF(s)=f(0_+)+\int_{0_+}^{\infty}\frac{\mathrm{d}f(t)}{\mathrm{d}t}\mathrm{e}^{-st}\mathrm{d}t \tag{11-17}$$

对式（11-17）两端取 $s\to\infty$ 时的极限，显然有

$$\lim_{s\to\infty}\int_{0_+}^{\infty}\frac{\mathrm{d}f(t)}{\mathrm{d}t}\mathrm{e}^{-st}\mathrm{d}t = \lim_{s\to\infty}\int_{0_+}^{\infty}\mathrm{e}^{-st}\mathrm{d}f(t) = \int_{0_+}^{\infty}(\lim_{s\to\infty}\mathrm{e}^{-st})\mathrm{d}f(t) = 0$$

则

$$\lim_{s \to \infty} sF(s) = f(0_+) \qquad (11-18)$$

② 终值定理

设 $f(t)$ 的象函数为 $F(s)$，并且当 $t \to \infty$ 时 $f(t)$ 的极限存在，则有

$$\lim_{t \to \infty} f(t) = \lim_{s \to 0} sF(s)$$

证明 根据式（11-17），对其两端取 $s \to 0$ 的极限，有

$$\lim_{s \to 0} \int_{0_+}^{\infty} \frac{df(t)}{dt} e^{-st} dt = \lim_{s \to 0} \int_{0_+}^{\infty} e^{-st} df(t) = \int_{0_+}^{\infty} \left(\lim_{s \to 0} e^{-st} \right) df(t) = \lim_{t \to \infty} f(t) - f(0_+)$$

则

$$\lim_{s \to 0} sF(s) = \lim_{t \to \infty} f(t) \qquad (11-19)$$

根据以上介绍的拉氏变换的定义以及一些基本性质，可以方便地求得一些常用的时间函数的象函数，表 11-1 为常用函数拉氏变换表。

有关"拉普拉斯变换的基本性质"的概念可扫描二维码 11-2、二维码 11-3 进一步学习。

二维码 11-2   二维码 11-3

表 11-1 常用函数拉氏变换表

原函数 $f(t)$	象函数 $F(s)$	原函数 $f(t)$	象函数 $F(s)$
$A\delta(t)$	A	$e^{-\alpha t}\cos(\omega t)$	$\dfrac{s+\alpha}{(s+\alpha)^2+\omega^2}$
$A\varepsilon(t)$	$\dfrac{A}{s}$	$te^{-\alpha t}$	$\dfrac{1}{(s+\alpha)^2}$
$Ae^{-\alpha t}$	$\dfrac{A}{s+\alpha}$	t	$\dfrac{1}{s^2}$
$1-e^{-\alpha t}$	$\dfrac{\alpha}{s(s+\alpha)}$	$\sinh(\alpha t)$	$\dfrac{\alpha}{s^2-\alpha^2}$
$\sin(\omega t)$	$\dfrac{\omega}{s^2+\omega^2}$	$\cosh(\alpha t)$	$\dfrac{s}{s^2-\alpha^2}$
$\cos(\omega t)$	$\dfrac{s}{s^2+\omega^2}$	$(1-\alpha t)e^{-\alpha t}$	$\dfrac{s}{(s+\alpha)^2}$
$\sin(\omega t+\varphi)$	$\dfrac{s\sin\varphi+\omega\cos\varphi}{s^2+\omega^2}$	$\dfrac{1}{2}t^2$	$\dfrac{1}{s^3}$
$\cos(\omega t+\varphi)$	$\dfrac{s\cos\varphi-\omega\sin\varphi}{s^2+\omega^2}$	$\dfrac{1}{n!}t^n$	$\dfrac{1}{s^{n+1}}$
$e^{-\alpha t}\sin(\omega t)$	$\dfrac{\omega}{(s+\alpha)^2+\omega^2}$	$\dfrac{1}{n!}t^n e^{-\alpha t}$	$\dfrac{1}{(s+\alpha)^{n+1}}$

11.1.3　检测

掌握拉普拉斯变换及其应用

试求出下列原函数的象函数。

(1) $f_1(t) = \sin(\omega t + \varphi)$　　　　$\left[F_1(s) = \dfrac{\omega\cos\varphi + s\sin\varphi}{s^2 + \omega^2} \right]$

(2) $f_2(t) = \sinh(\alpha t)$　　　　$\left[F_2(s) = \dfrac{\alpha}{s^2 - \alpha^2} \right]$

(3) $f_3(t) = e^{-\alpha t}(1 - \alpha t)$　　　　$\left[F_3(s) = \dfrac{s}{(s + \alpha)^2} \right]$

(4) $f_4(t) = \dfrac{1}{\alpha}(1 - e^{-\alpha t})$　　　　$\left[F_4(s) = \dfrac{1}{s(s + \alpha)} \right]$

(5) $f_5(t) = t^2$　　　　$\left[F_5(s) = \dfrac{2}{s^3} \right]$

(6) $f_6(t) = t\cos(\alpha t)$　　　　$\left[F_6(s) = \dfrac{s^2 - \alpha^2}{(s^2 + \alpha^2)^2} \right]$

(7) $f_7(t) = 3\delta(t - 3) - 5e^{-at}$　　　　$\left[F_7(s) = 3e^{-3s} - \dfrac{5}{s + \alpha} \right]$

(8) $f_8(t) = 1 + t + 3\delta(t)$　　　　$\left[F_8(s) = \dfrac{3s^2 + s + 1}{s^2} \right]$

(9) $f_9(t) = 3e^{-t} + 4\varepsilon(t - 1)e^{-(t-1)} + 5\delta(t - 2)$　　　　$\left[F_9(s) = \dfrac{3}{s + 1} + \dfrac{4}{s + 1}e^{-s} + 5e^{-2s} \right]$

(10) $f_{10}(t) = t[\varepsilon(t - 1) - \varepsilon(t - 2)]$　　　　$\left[F_{10}(s) = \dfrac{s + 1}{s^2}e^{-s} - \dfrac{2s + 1}{s^2}e^{-2s} \right]$

11.2　拉普拉斯反变换的部分分式展开

11.2.1　节前思考

工程中求象函数 $F(s)$ 的原函数 $f(t)$ 的常用方法是什么?

11.2.2　知识点

应用拉普拉斯变换分析线性定常网络时，首先要将时域中的问题变换为复频域中的问题，然后求得待求响应的象函数之后，须经过拉普拉斯反变换后才能得到原函数——时域中的解答。如果利用式（11-2）进行反变换，则涉及计算复变函数的积分，这个积分的计算一般比较困难。在实际进行反变换时，通常是将象函数展开为若干个较简单的复频域函数的线性组合，其中每个简单的复频域函数均可查阅拉氏变换表（见表 11-1）得到其原函数，然后根据线性组合定理即可求得整个原函数。下面介绍这种常用的拉普拉斯反变换法——部分分式展开法。

在集总参数电路中，线性定常网络分析中所求得的象函数 $F(s)$ 是 s 的有理分式，即

$$F(s) = \frac{N(s)}{D(s)} = \frac{b_m s^m + b_{m-1} s^{m-1} + \cdots + b_1 s + b_0}{a_n s^n + a_{n-1} s^{n-1} + \cdots + a_1 s + a_0} \tag{11-20}$$

式中，分子和分母均是复频域变量 s 的多项式，m 和 n 为正整数，所有的系数均是实数。

如果 $m \geqslant n$，则 $F(s)$ 为有理假分式，写成

$$F(s) = \frac{N(s)}{D(s)} = Q(s) + \frac{R(s)}{D(s)} \tag{11-21}$$

式中，$Q(s)$ 是 $N(s)$ 与 $D(s)$ 相除的商，$R(s)$ 是余式，其次数低于 $D(s)$ 的次数。这样就将假分式 $N(s)/D(s)$ 化为有理真分式 $R(s)/D(s)$ 和多项式 $Q(s)$ 的和。对于多项式 $Q(s)$ 中各项所对应的时间函数是冲激函数及其各阶导数（因为在电路分析中，通常不出现 $m > n$ 的情况，所以在本书中只分析 $m \leqslant n$ 的情形，对于 $m > n$ 可参阅相关书籍）；对于有理真分式 $R(s)/D(s)$，可用部分分式展开法求其原函数。

当 $m = n$ 时，式（11-21）中的

$$Q(s) = \frac{b_m}{a_n}$$

为一常数，其对应的时间函数为 $\dfrac{b_m}{a_n}\delta(t)$。

设 $F(s) = \dfrac{N(s)}{D(s)}$ 为有理真分式，它的分子多项式 $N(s)$ 与分母多项式 $D(s)$ 互质。为了能将 $F(s)$ 写成部分分式后再进行拉氏反变换，可将分母多项式 $D(s)$ 写成因式连乘的形式，即

$$D(s) = a_n s^n + a_{n-1} s^{n-1} + \cdots + a_1 s + a_0 = a_n \prod_{j=1}^{n} (s - p_j) \tag{11-22}$$

式中，$p_j(j = 1, 2, \cdots, n)$ 为 $D(s) = 0$ 的根。因为 $s \to p_j$ 时，$F(s) \to \infty$，所以将 p_j 称为有理真分式 $F(s)$ 的极点。若 p_j 是多项式 $D(s)$ 的单根，则称 p_j 为 $F(s)$ 的单极点；若 $p_j(j = 1, 2, \cdots, r)$ 是多项式 $D(s)$ 的 r 重根，则称 p_j 为 $F(s)$ 的 r 阶极点。

1. $F(s)$ 有单极点时的情况

根据代数理论，$F(s)$ 的部分分式展开式为

$$F(s) = \frac{N(s)}{D(s)} = \frac{A_1}{s - p_1} + \frac{A_2}{s - p_2} + \cdots + \frac{A_n}{s - p_n} \tag{11-23}$$

式中，p_j 为 $F(s)$ 的实数或复数极点；A_1、A_2、$\cdots$、A_n 是待定系数。

为了求出 A_1、A_2、$\cdots$、A_n，将式（11-23）两端同乘以 $(s - p_j)$，得

$$(s - p_j)F(s) = \frac{A_1(s - p_j)}{s - p_1} + \cdots + A_j + \cdots + \frac{A_n(s - p_j)}{s - p_n}$$

令 $s = p_j$，则等式右端除第 j 项外都变为零，这样求得

$$A_j = (s - p_j)F(s)\Big|_{s = p_j} = (s - p_j)\frac{N(s)}{D(s)}\bigg|_{s = p_j} \tag{11-24}$$

系数 $A_j(j = 1, 2, \cdots, n)$ 也可用下列方法求得。

由于 p_j 为 $F(s)$ 的一个根，故上述关于 A_j 的表达式可视为 $s \to p_j$ 时的极限，在求极限的过程中，出现 0/0 的不定形式，应用洛必达法则，得

$$A_j = \lim_{s \to p_j} \frac{(s-p_j)N(s)}{D(s)} = \lim_{s \to p_j} \frac{N(s)+(s-p_j)N'(s)}{D'(s)} = \frac{N(p_j)}{D'(p_j)}$$

所以确定式（11-23）中各待定系数的另一公式为

$$A_j = \frac{N(s)}{D'(s)} \bigg|_{s=p_j} \tag{11-25}$$

式中，$j=1,2,\cdots,n$。

当式（11-23）中各系数确定以后，利用 $\mathscr{L}^{-1}\left[\dfrac{1}{s-p_j}\right] = \mathrm{e}^{p_j t}$，并根据拉氏变换的线性性质，可求得 $F(s)$ 的原函数为

$$f(t) = \sum_{j=1}^{n} A_j \mathrm{e}^{p_j t}, \quad t \geqslant 0 \tag{11-26}$$

2. $F(s)$ 有复数极点的情况

设 $D(s)=0$ 具有共轭复数 $p_1 = \alpha+\mathrm{j}\omega$，$p_2 = \alpha-\mathrm{j}\omega$，则

$$A_1 = \left[s-(\alpha+\mathrm{j}\omega)\right]F(s)\,\big|_{s=\alpha+\mathrm{j}\omega} = \frac{N(s)}{D'(s)}\bigg|_{s=\alpha+\mathrm{j}\omega}$$

$$A_2 = \left[s-(\alpha-\mathrm{j}\omega)\right]F(s)\,\big|_{s=\alpha-\mathrm{j}\omega} = \frac{N(s)}{D'(s)}\bigg|_{s=\alpha-\mathrm{j}\omega}$$

由于 $F(s)$ 是实系数多项式之比，故 A_1、A_2 也为共轭复数。

设 $A_1 = |A_1|\,\mathrm{e}^{\mathrm{j}\theta_1}$，则 $A_2 = |A_1|\,\mathrm{e}^{-\mathrm{j}\theta_1}$，所以

$$
\begin{aligned}
f(t) &= A_1 \mathrm{e}^{(\alpha+\mathrm{j}\omega)t} + A_2 \mathrm{e}^{(\alpha-\mathrm{j}\omega)t} \\
&= |A_1|\,\mathrm{e}^{\mathrm{j}\theta_1}\mathrm{e}^{(\alpha+\mathrm{j}\omega)t} + |A_1|\,\mathrm{e}^{-\mathrm{j}\theta_1}\mathrm{e}^{(\alpha-\mathrm{j}\omega)t} \\
&= |A_1|\,\mathrm{e}^{\alpha t}\left[\mathrm{e}^{\mathrm{j}(\omega t+\theta_1)} + \mathrm{e}^{-\mathrm{j}(\omega t+\theta_1)}\right] \\
&= 2|A_1|\,\mathrm{e}^{\alpha t}\cos(\omega t+\theta_1), \quad t \geqslant 0
\end{aligned} \tag{11-27}
$$

3. $F(s)$ 有多重极点的情况

若 $F(s)$ 有一个 r 阶极点 p_1，其余的 p_2、$\cdots$、p_{n-r} 为单极点，则 $F(s)$ 的部分分式展开式为

$$F(s) = \frac{A_{11}}{s-p_1} + \frac{A_{12}}{(s-p_1)^2} + \cdots + \frac{A_{1r}}{(s-p_1)^r} + \left(\frac{A_2}{s-p_2} + \cdots + \frac{A_{n-r}}{s-p_{n-r}}\right) \tag{11-28}$$

式中，系数 A_2、$\cdots$、A_{n-r} 的求解如上述。现在来分析系数 A_{11}、$\cdots$、A_{1r} 的求法。

为了求 A_{11}、$\cdots$、A_{1r}，可以将式（11-28）两端同乘以 $(s-p_1)^r$，则 A_{1r} 被单独分离出来：

$$(s-p_1)^r F(s) = A_{11}(s-p_1)^{r-1} + A_{12}(s-p_1)^{r-2} + \cdots + A_{1r} + (s-p_1)^r\left(\frac{A_2}{s-p_2} + \cdots + \frac{A_{n-r}}{s-p_{n-r}}\right) \tag{11-29}$$

则

$$A_{1r} = (s-p_1)^r F(s)\,\big|_{s=p_1}$$

再将式（11-29）两端对 s 求导一次，$A_{1(r-1)}$ 被分离出来：

$$\frac{\mathrm{d}}{\mathrm{d}s}\left[(s-p_1)^r F(s)\right] = A_{11}(r-1)(s-p_1)^{r-2} + \cdots + A_{1(r-1)} + \frac{\mathrm{d}}{\mathrm{d}s}\left[(s-p_1)^r\left(\frac{A_2}{s-p_2} + \cdots + \frac{A_{n-r}}{s-p_{n-r}}\right)\right]$$

所以

$$A_{1(r-1)} = \frac{\mathrm{d}}{\mathrm{d}s} \left[(s-p_1)^r F(s) \right]_{s=p_1}$$

同理可得

$$A_{1(r-2)} = \frac{1}{2!} \frac{\mathrm{d}^2}{\mathrm{d}s^2} \left[(s-p_1)^r F(s) \right]_{s=p_1}$$

$$\vdots$$

$$A_{12} = \frac{1}{(r-2)!} \frac{\mathrm{d}^{r-2}}{\mathrm{d}s^{r-2}} \left[(s-p_1)^r F(s) \right]_{s=p_1}$$

$$A_{11} = \frac{1}{(r-1)!} \frac{\mathrm{d}^{r-1}}{\mathrm{d}s^{r-1}} \left[(s-p_1)^r F(s) \right]_{s=p_1}$$

有关"拉普拉斯反变换的部分分式展开"的概念可扫描二维码 11-4、二维码 11-5 进一步学习。

二维码 11-4   二维码 11-5

11.2.3 检测

掌握求解拉普拉斯反变换的方法

试用部分分式展开法求下列各象函数的原函数。

（1） $F_1(s) = \dfrac{4s+2}{s^3+3s^2+2s}$ $[f_1(t) = (1+2\mathrm{e}^{-t}-3\mathrm{e}^{-2t})\varepsilon(t)]$

（2） $F_2(s) = \dfrac{2s-1}{s^2+2s+3}$ $\left[f_2(t) = \dfrac{\sqrt{34}}{2}\mathrm{e}^{-t}\cos(\sqrt{2}t+46.69°)\varepsilon(t)\right]$

（3） $F_3(s) = \dfrac{s^2+4s+1}{s(s+1)^2}$ $[f_3(t) = (1+2t\mathrm{e}^{-t})\varepsilon(t)]$

（4） $F_4(s) = \dfrac{5s^2+14s+3}{s^3+6s^2+11s+6}$ $[f_4(t) = (-3\mathrm{e}^{-t}+5\mathrm{e}^{-2t}+3\mathrm{e}^{-3t})\varepsilon(t)]$

（5） $F_5(s) = \dfrac{3s^2+9s+5}{(s+3)(s^2+2s+2)}$ $\{f_5(t) = [\mathrm{e}^{-3t}+\sqrt{5}\mathrm{e}^{-t}\cos(t+26.57°)]\varepsilon(t)\}$

（6） $F_6(s) = \dfrac{\mathrm{e}^{-s}+\mathrm{e}^{-2s}+1}{s^2+3s+2}$ $\{f_6(t) = [\mathrm{e}^{-(t-1)}-\mathrm{e}^{-2(t-1)}]\varepsilon(t-1)+[\mathrm{e}^{-(t-2)}-\mathrm{e}^{-2(t-2)}]\varepsilon(t-2)+(\mathrm{e}^{-t}-\mathrm{e}^{-2t})\varepsilon(t)\}$

（7） $F_7(s) = \dfrac{2s+1}{s^2+5s+6}$ $[f_7(t) = (-3\mathrm{e}^{-2t}+5\mathrm{e}^{-3t})\varepsilon(t)]$

（8） $F_8(s) = \dfrac{s^3+5s^2+9s+8}{(s+1)(s+2)}$ $[f_8(t) = 1.5\mathrm{e}^{-t}\sin(2t)\varepsilon(t)]$

习题 11.1

填空题

(1) 象函数 $F(s) = \dfrac{s+3}{(s+1)(s+2)}$ 对应的原函数 $f(t) = $ _____。

(2) 象函数 $F(s) = \dfrac{s+6}{(s+3-j4)(s+3+j4)}$ 对应的原函数 $f(t) = $ _____。

(3) 象函数 $F(s) = \dfrac{s+1}{(s+2)^2}$ 对应的原函数 $f(t) = $ _____。

(4) 象函数 $F(s) = \dfrac{2}{s(s+2)}$ 对应的原函数 $f(t) = $ _____。

(5) 象函数 $F(s) = \dfrac{s}{s^2+4^2}$ 对应的原函数 $f(t) = $ _____。

11.3　动态电路的复频域模型

11.3.1　节前思考

如何将拉氏变换及其反变换运用到电路理论中?

11.3.2　知识点

用相量法求解正弦稳态响应时,引进了复阻抗(复导纳)的概念,并在电路图中直接画出频域中的元件模型,从而不仅可省去列写微分方程,直接写出相量形式的代数方程,而且由于相量形式表示的基本定律和直流激励下的电阻电路中所用同一定律具有相似的形式,因此就使正弦稳态电路的分析与电阻电路的分析统一为一种方法。

同样,如果将各电路元件的特性方程变换成复频域形式,再画出线性定常网络的复频域模型(或称为运算电路),然后直接列出网络在复频域中的代数方程并求解;也可以先列出网络的积分微分方程,然后变换为复频域中的代数方程并求解。一般来说,前一种方法比后一种方法简便。这一节内容主要介绍前面这种方法。

1. 基尔霍夫定律的复频域形式

基尔霍夫电流定律的时域表达式为

$$\sum i(t) = 0$$

对上式进行拉氏变换,并应用拉氏变换的线性性质,可得

$$\mathscr{L}\left[\sum i(t)\right] = \sum \mathscr{L}\left[i(t)\right] = 0$$

设任一支路的电流 $i(t)$ 的象函数为 $I(s)$,代入上式得

$$\sum I(s) = 0 \qquad\qquad (11-30)$$

式(11-30)就是基尔霍夫电流定律的复频域表达式。

同理，可以求得基尔霍夫电压定律的复频域表达式为

$$\sum U(s) = 0 \tag{11-31}$$

有关"基尔霍夫定律的复频域形式"的概念可以扫描二维码 11-6
进一步学习。

2. 电阻元件的复频域形式

在时域电路中，线性定常电阻元件（见图 11-3a）的特性
方程为

$$u(t) = Ri(t) \quad 或 \quad i(t) = Gu(t)$$

对以上两式进行拉氏变换，可得

$$U(s) = RI(s) \quad 或 \quad I(s) = GU(s) \tag{11-32}$$

上述两式为线性定常电阻元件特性方程的复频域形式，相应的运算
电路如图 11-3b 所示。

有关"电阻元件的复频域形式"的概念可以扫描二维码 11-7 进一
步学习。

3. 电感元件的复频域形式

在时域电路中，线性定常电感元件（见图 11-4a）的特性方程为

$$u(t) = L\frac{\mathrm{d}i(t)}{\mathrm{d}t} \quad 或 \quad i(t) = \frac{1}{L}\int_{0_-}^{t} u(t)\mathrm{d}t + i(0_-)$$

对上述第一式进行拉氏变换，可得

$$\mathscr{L}[u(t)] = \mathscr{L}\left[L\frac{\mathrm{d}i(t)}{\mathrm{d}t}\right]$$

$$U(s) = sLI(s) - Li(0_-) \tag{11-33a}$$

或改写为

$$I(s) = \frac{1}{sL}U(s) + \frac{i(0_-)}{s} \tag{11-33b}$$

式（11-33a）中，sL 为电感 L 的运算感抗，$i(0_-)$ 表示电感中的初始电流。这样就可以得到
图 11-4b 所示的运算电路，$Li(0_-)$ 表示附加电压源的电压，它反映了电感中初始电流的作
用。式（11-33b）中 $\frac{1}{sL}$ 为电感 L 的运算导纳，$\frac{i(0_-)}{s}$ 表示附加电流源的电流，其相应的运算
电路如图 11-4c 所示。

图 11-3　电阻元件的电路模型

二维码 11-6

二维码 11-7

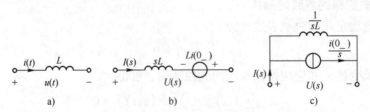

图 11-4　电感元件的电路模型

4. 电容元件的复频域形式

在时域电路中，线性定常电容元件（见图 11-5a）的特性方程为

$$u(t) = \frac{1}{C} \int_{0_-}^{t} i(t)\,\mathrm{d}t + u(0_-) \quad 或 \quad i(t) = C\frac{\mathrm{d}u(t)}{\mathrm{d}t}$$

对上述第二式进行拉氏变换，可得

$$\mathscr{L}[i(t)] = \mathscr{L}\left[C\frac{\mathrm{d}u(t)}{\mathrm{d}t}\right]$$

$$I(s) = sCU(s) - Cu(0_-) \tag{11-34a}$$

或改写为

$$U(s) = \frac{1}{sC}I(s) + \frac{u(0_-)}{s} \tag{11-34b}$$

式（11-34a）中，sC 为电容 C 的运算容纳，$u(0_-)$ 表示电容中的初始电压。这样就可以得到图 11-5b 所示的运算电路，$Cu(0_-)$ 表示附加电流源的电流，它反映了电容中初始电压的作用。式（11-34b）中 $\frac{1}{sC}$ 为电容 C 的运算阻抗，$\frac{u(0_-)}{s}$ 表示附加电压源的电压，其相应的运算电路如图 11-5c 所示。

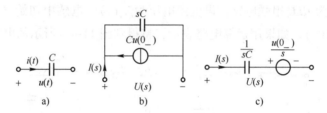

图 11-5　电容元件的电路模型

有关"电感元件的复频域形式""电容元件的复频域形式"的概念可以扫描二维码 11-8 进一步学习。

5. 耦合电感的复频域形式

在时域电路中，线性定常耦合电感（见图 11-6a）的特性方程为

$$u_1(t) = L_1\frac{\mathrm{d}i_1(t)}{\mathrm{d}t} + M\frac{\mathrm{d}i_2(t)}{\mathrm{d}t}$$

二维码 11-8

$$u_2(t) = L_2\frac{\mathrm{d}i_2(t)}{\mathrm{d}t} + M\frac{\mathrm{d}i_1(t)}{\mathrm{d}t}$$

对上式两端进行拉氏变换，可得

$$\begin{cases} U_1(s) = sL_1I_1(s) - L_1i_1(0_-) + sMI_2(s) - Mi_2(0_-) \\ U_2(s) = sL_2I_2(s) - L_2i_2(0_-) + sMI_1(s) - Mi_1(0_-) \end{cases} \tag{11-35}$$

式中，sM 称为互感运算阻抗，$Mi_1(0_-)$ 和 $Mi_2(0_-)$ 都是附加的电压源，附加的电压源的方向与电流 $i_1(t)$ 和 $i_2(t)$ 的参考方向有关。图 11-6b 为具有耦合电感的电路。

受控源及理想变压器等电路元件的特性方程的复频域形式，可根据它们的时域特性方程经拉氏变换而得，这里不再一一举例。

有关"耦合电感的复频域形式"的概念可以扫描二维码 11-9 进一步学习。

有关"线性受控源的复频域形式"的概念可以扫描二维码 11-10 进一步学习。

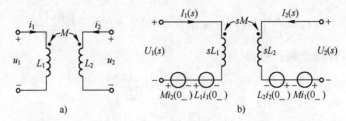

图 11-6　耦合电感的电路模型

二维码 11-9　　　　　　　　二维码 11-10

6. *RLC* 元件串联的复频域模型

图 11-7a 所示为 *RLC* 串联电路。设电源电压为 $u_1(t)$，电感中初始电流为 $i(0_-)$，电容中的初始电压为 $u(0_-)$。如果用运算电路表示，将得到图 11-7b 所示的电路。

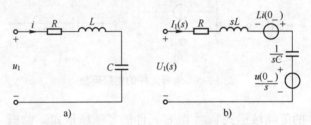

图 11-7　*RLC* 元件串联的电路模型

由基尔霍夫电压定律的复频域形式 $\sum U(s) = 0$，有

$$RI(s) + sLI(s) - Li(0_-) + \frac{1}{sC}I(s) + \frac{u(0_-)}{s} = U_1(s)$$

或

$$\left(R + sL + \frac{1}{sC}\right)I(s) = U_1(s) + Li(0_-) - \frac{u(0_-)}{s}$$

令 $Z(s) = R + sL + \dfrac{1}{sC}$，称其为 *RLC* 串联电路的运算阻抗。有时还定义 $Y(s) = \dfrac{1}{Z(s)}$，称为运算导纳。在零值初始条件下，$i(0_-) = 0$，$u(0_-) = 0$，则上式变为

$$\left(R + sL + \frac{1}{sC}\right)I(s) = U_1(s)$$

或

$$Z(s)I(s) = U_1(s) \tag{11-36}$$

上式即为运算形式的欧姆定律。

请读者将式（11-36）中的 s 变换为 $j\omega$，并与 *RLC* 串联电路的正弦稳态分析做比较。

有关 "*RLC* 元件串联的复频域形式" 的概念可以扫描二维码 11-11

二维码 11-11

进一步学习。

11.4　动态电路的复频域分析法

11.4.1　节前思考

试比较用运算法分析电路与相量法分析正弦稳态电路的相似点和不同点。

11.4.2　知识点

在 11.3 节将储能元件的初始条件作为附加电源处理后，所有运算阻抗均符合欧姆定律。基尔霍夫定律和欧姆定律在电阻电路中导出了一系列网络定理、变换和网络方程，所有这些在正弦稳态相量电路中曾用过，现在依然可以引申到运算电路。所有节点法、回路法、网孔法、叠加定理、戴维南定理、阻抗串并联和三角形-星形变换等均可以直接应用于运算电路。这样便可把解微分方程问题转化为网络中的代数运算。求解过程大体上可分为以下 4 个步骤：

1）由换路前瞬间电路的工作状态，计算出所有储能元件的初始状态，即各电感电流和电容电压初始值。

2）画出运算电路图。将所有电路元件均用运算电路模型表示，如 L 用运算感抗 sL 及附加电压源 $Li(0_-)$ 相串联的有源支路替代，C 用运算容抗 $\dfrac{1}{sC}$ 和附加电压源 $\dfrac{u(0_-)}{s}$ 相串联的有源支路替代，将电源变换为运算形式。运算电路的结构、电压和电流的参考方向均和时域电路图相同。

3）根据运算电路图，运用线性电路的各种分析方法，如回路法、节点法、叠加定理、戴维南定理、阻抗串并联和三角形-星形变换等，计算出响应的象函数。求得的运算解一般是 s 的有理分式，物理意义是不明显的。

4）运用部分分式展开法，将求出的象函数进行拉氏反变换，可得到对应的时域解。时域解是响应的时间函数表达式，由时域解可以明显地看出响应的变化规律、量值大小等。

有关例题可扫描二维码 11-12~二维码 11-15 学习。

二维码 11-12　　　二维码 11-13　　　二维码 11-14　　　二维码 11-15

11.4.3　检测

掌握动态电路的复频域分析

1. 图 11-8 所示电路在开关 S 断开前处于稳定状态，试求开关断开后开关上的电压

$u(t)\left[(12.5 + 5t - 2.5e^{-2t})\varepsilon(t)\,\mathrm{V}\right]$。

2. 试求图 11-9 所示电路在下列两激励源分别作用下的零状态响应 $u(t)\{\cos(0.5t)\varepsilon(t)\,\mathrm{V}$、$[2.5\delta(t) - 1.25\sin(0.5t)\varepsilon(t)]\,\mathrm{V}\}$。

(1) $u_s(t) = 2\varepsilon(t)\,\mathrm{V}$ (2) $u_s(t) = 5\delta(t)\,\mathrm{V}$

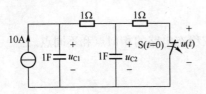 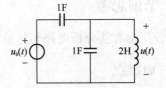

图 11-8　动态电路的复频域分析 1   图 11-9　动态电路的复频域分析 2

习题 11.2

1. 填空题

(1) 已知电感 $L = 5\mathrm{H}$，其初始电流 $i_L(0_-) = 3\,\mathrm{A}$，对于此电感元件运算电路模型中的附加电压源的大小为＿＿＿＿＿＿＿。

(2) 已知电容 $C = 2\mathrm{F}$，其两端的初始电压 $u_C(0_-) = 10\,\mathrm{V}$，对于此电容元件运算电路模型中的附加电压源大小为＿＿＿＿＿＿＿。

2. 分析计算题

(1) 图 11-10 所示电路原处于稳态，若开关 S 在 $t = 0\mathrm{s}$ 时闭合。试

① 画出 $t \geq 0$ 时的运算电路图。

② 在运算电路图中利用节点电压法求出 $t \geq 0$ 时电容电压 u_C。

(2) 图 11-11 所示电路的开关在位置 "1" 已经很久了，若开关在 $t = 0$ 时由位置 "1" 合向位置 "2"。试

① 计算开关闭合前的 $u_C(0_-)$ 及 $i_L(0_-)$。

② 画出开关动作后的运算电路。

③ 用运算法求换路后的 u_C。

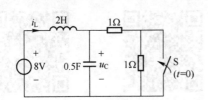 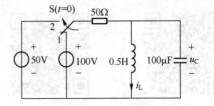

图 11-10　分析计算题（1）图   图 11-11　分析计算题（2）图

(3) 图 11-12 所示电路的电容无储能，若开关 S 在 $t = 0\mathrm{s}$ 时闭合。试

① 画出 $t \geq 0$ 时的运算电路图。

② 利用运算法求换路后的 u_C。

(4) 图 11-13 所示电路在 S 闭合前处于稳定状态，在 $t = 0$ 时刻闭合 S。试

① 画出该电路在开关 S 闭合后的运算电路图。

② 求出 $U_L(s)$。

③ 求出 $u_L(t)$。

（5）图 11-14 所示电路在开关 S 闭合前处于稳定状态，电感原储能为零。在 $t=0$ 时刻闭合开关 S。试

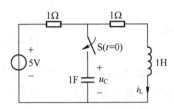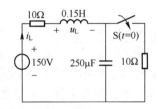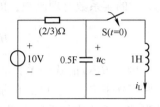

图 11-12　分析计算题（3）图　　图 11-13　分析计算题（4）图　　图 11-14　分析计算题（5）图

① 画出该电路在开关 S 闭合后的运算电路图。

② 求出 $U_C(s)$。

③ 求出 $u_C(t)$。

11.5　网络函数

11.5.1　节前思考

（1）求解冲激响应常用的方法是什么？

（2）网络函数的零、极点与激励有关吗？为什么？

11.5.2　知识点

1. 网络函数的定义

在仅含有一个激励源的零状态线性动态网络中，若任意激励 $e(t)$ 的象函数为 $E(s)$，响应 $r(t)$ 的象函数为 $R(s)$，则网络的零状态响应象函数 $R(s)$ 与激励象函数 $E(s)$ 之比称为网络函数 $H(s)$，即

$$H(s)=\frac{R(s)}{E(s)} \tag{11-37}$$

故电路的零状态响应函数等于网络函数乘以激励函数，即

$$R(s)=H(s)E(s) \tag{11-38}$$

网络函数 $H(s)$ 是联系电路中任一零状态响应象函数（例如，电路中任意两个节点间的电压或者任一支路的电流）与激励象函数的复频域导出参数。按激励与响应的类型，网络函数可以具有不同的形式。因为响应和激励可以是同一端口上的电压或电流，也可以是不同端口上的电压或电流，所以网络函数可以是驱动点阻抗或导纳、转移阻抗或导纳、电压转移函数或电流转移函数。

这里所谓的驱动点阻抗或导纳实际上就是端口的输入阻抗或导纳。

在式（11-38）中，若 $E(s)=1$，则 $R(s)=H(s)$，即网络函数就是该响应的象函数。而

当 $E(s)=1$ 时，$e(t)=\delta(t)$。换言之，网络函数 $H(s)$ 的原函数 $h(t)$ 就是单位冲激函数 $\delta(t)$ 激励下的零状态响应，即

$$h(t)=\mathscr{L}^{-1}[H(s)]=\mathscr{L}^{-1}[R(s)]=r(t) \qquad (11-39)$$

对于拓扑结构及参数给定的电路，指出输入、输出变量后，必能算出网络函数 $H(s)$。所以拓扑结构和参数完全确定了网络函数。而且对于非时变、线性、集总参数电路，$H(s)$ 都是 s 的实系数有理函数，即

$$H(s)=\frac{N(s)}{D(s)}=\frac{b_m s^m+b_{m-1}s^{m-1}+\cdots+b_1 s+b_0}{a_n s^n+a_{n-1}s^{n-1}+\cdots+a_1 s+a_0} \qquad (11-40)$$

因为 $H(s)$ 的获得无非是通过 R、L、C 串并联，或回路、节点方程的行列式计算，所有这些不外于 R、sL、$1/sC$ 的加、减、乘、除等运算。由代数知识可知其结果必为式（11-40）的形式。该式中的系数也必是 R、L、C（或受控源的控制系数）乘积的代数和，故其必为实系数。

另外，象函数 $H(s)$ 必对应着一个时域原函数 $h(t)$。从前面所述可知，网络函数 $H(s)$ 的原函数 $h(t)$ 是单位冲激函数 $\delta(t)$ 激励下的零状态响应。所以知道了冲激函数 $\delta(t)$ 的零状态响应 $h(t)$，就可以求出网络函数 $H(s)$，也就可以确定任意激励下的零状态响应。反之，若知道某一激励函数的零状态响应，则可以求出其象函数 $E(s)$ 和 $R(s)$，进而确定了网络函数 $H(s)$，从而也确定了任意激励下的零状态响应。因此线性电路任一激励函数的零状态响应确定后，其他的激励函数的零状态响应也就确定了。

有关"网络函数"的概念可以扫描二维码 11-16、二维码 11-17 进一步学习。

有关例题可扫描二维码 11-18 学习。

二维码 11-16

二维码 11-17

二维码 11-18

2. 网络函数的极点和零点

前面已经指出了网络函数 $H(s)$ 是复频率变量 s 的实系数有理式，其表达式如式（11-40）所示，它的一般形式还可以写成

$$\begin{aligned}
H(s)&=\frac{N(s)}{D(s)}=\frac{b_m s^m+b_{m-1}s^{m-1}+\cdots+b_1 s+b_0}{a_n s^n+a_{n-1}s^{n-1}+\cdots+a_1 s+a_0}\\
&=H_0\frac{(s-z_1)(s-z_2)\cdots(s-z_i)\cdots(s-z_m)}{(s-p_1)(s-p_2)\cdots(s-p_j)\cdots(s-p_n)}\\
&=H_0\frac{\displaystyle\prod_{i=1}^{m}(s-z_i)}{\displaystyle\prod_{j=1}^{n}(s-p_j)}
\end{aligned} \qquad (11-41)$$

式中，$H_0=\dfrac{b_m}{a_n}$ 为一实数，称为增益常数；$p_j(j=1,2,\cdots,n)$ 为 $D(s)=0$ 的根，称为网络函数

$H(s)$ 的极点；$z_i(i=1,2,\cdots,m)$ 为 $N(s)=0$ 的根，称为网络函数 $H(s)$ 的零点。

式（11-41）表明，一个网络函数可以用它的 n 个极点和 m 个零点及增益常数来完整地描述。极点和零点必然是实数或成对出现的共轭复数，这是实系数多项式的性质决定的。如果以复数 s 的实部 σ 为横轴，虚部 $j\omega$ 为纵轴，就得到一个复频率平面，简称复平面或 s 平面。在复平面上把 $H(s)$ 的零点用"o"表示，极点用"×"表示，从而得到网络函数 $H(s)$ 的零、极点分布图。

零、极点在 s 平面上的分布与网络的时域响应和正弦稳态响应有着密切的关系。

在极端情况下，如果一个零点 z_j 和一个极点 p_j 重合，则与该极点 p_j 有关项的系数 A_j 为零（亦称为零传输），也就是在响应中不存在这个极点的项。例如，对于图 11-15 所示的电路，当 i_s 作为输入，u 作为输出时，网络函数为

$$H(s)=\frac{(s+1)\left(\dfrac{1}{s}+1\right)}{s+\dfrac{1}{s}+2}=\frac{(s+1)(s+1)}{(s+1)^2}=1$$

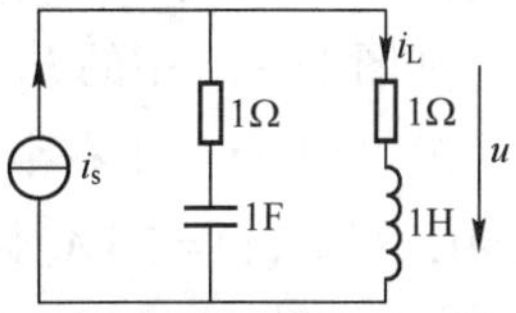

图 11-15　网络函数应用

二重零点和二重极点完全重合，响应中不存在相应极点的项。实际上，在定义 $H(s)$ 时并未规定因子不可相约，$H(s)$ 中根本反映不出零、极点重合。例如，本例中，$H(s)$ 为常数 1，就认为该网络函数不存在零、极点。所以在特殊情况下，同一电路不同响应的网络函数的极点可以不同。在本例中，若 i_L 作为输出时，$H(s)=\dfrac{1}{s+1}$，具有一个极点 (-1)，而 u 的网络函数没有极点。

3. 极点、零点和冲激响应

若已知网络函数 $H(s)$ 和外加激励的象函数 $E(s)$，则零状态响应象函数为

$$R(s)=H(s)E(s)=\frac{N(s)}{D(s)}\frac{P(s)}{Q(s)}$$

式中，$H(s)=\dfrac{N(s)}{D(s)}$，$E(s)=\dfrac{P(s)}{Q(s)}$，而 $N(s)$、$D(s)$、$P(s)$、$Q(s)$ 都是 s 的多项式。用部分分式法求 $R(s)$ 的原函数时，$D(s)Q(s)=0$ 的根包含 $D(s)=0$ 和 $Q(s)=0$ 的根。响应中与 $Q(s)=0$ 的根对应的那些项与外加激励的函数形式相同，属于强制分量；而与 $D(s)=0$ 的根（即网络函数的极点）对应的那些项的性质由网络的结构与参数决定，属于自由分量。因此说网络函数极点的性质决定了网络暂态过程的性质。

若网络函数仅含一阶极点，且 $n>m$，则网络函数可展开为

$$H(s)=\frac{N(s)}{D(s)}=\frac{b_ms^m+b_{m-1}s^{m-1}+\cdots+b_1s+b_0}{a_ns^n+a_{n-1}s^{n-1}+\cdots+a_1s+a_0}=\sum_{i=1}^{n}\frac{A_i}{s-p_i} \tag{11-42}$$

其中极点 $p_i(i=1,2,\cdots,n)$ 也称为网络函数 $H(s)$ 的自然频率或固有频率，它仅与网络的结构及参数有关。

网络的单位冲激响应为

$$h(t)=\mathscr{L}^{-1}\big[H(s)\big]=\sum_{i=1}^{n}A_i\mathrm{e}^{p_it} \tag{11-43}$$

不失一般性，设 $p_i=\alpha_i+j\omega_i$，$A_i=|A_i|\angle\theta_i$，现讨论如下：

1）当极点位于左半实轴（如图 11-16 中的极点 p_1）时，$\alpha_1<0$，$\omega_1=0$，则 $h_1(t)=A_1\mathrm{e}^{\alpha_1 t}$ 按指数规律衰减。$|\alpha_1|$ 值越大，即 p_1 离原点越远，衰减越快。如图 11-16 中的 h_1。

2）当极点位于左半平面但不包含实轴（如图 11-16 中的极点 p_2 和其共轭复数 p_2^*）时，$\alpha_2<0$，则 $h_2(t)=2|A_2|\mathrm{e}^{\alpha_2 t}\cos(\omega_2 t+\theta_2)$，它是振幅按指数衰减的自由振荡。$|\alpha_2|$ 值越大，即 p_2 和 p_2^* 离虚轴越远，衰减越快；ω_2 越大，即 p_2 和 p_2^* 离实轴越远，振荡越激烈。如图 11-16 中的 h_2。

3）当极点位于原点（如图 11-16 中的极点 p_3）时，$\alpha_3=\omega_3=0$。则 $h_3(t)=A_3\varepsilon(t)$ 为阶跃函数。如图 11-16 中的 h_3。

4）当极点位于虚轴（如图 11-16 中的极点 p_4 和其共轭复数 p_4^*）时，$\alpha_4=0$，则 $h_4(t)=2|A_4|\cos(\omega_4 t+\theta_4)$，它是不衰减的自由振荡。$\omega_4$ 越大，即 p_4 和 p_4^* 离实轴越远，振荡越激烈。如图 11-16 中的 h_4。

5）当极点位于右半平面但不包含实轴（如图 11-16 中的极点 p_5 和其共轭复数 p_5^*）时，$\alpha_5>0$，则 $h_5(t)=2|A_5|\mathrm{e}^{\alpha_5 t}\cos(\omega_5 t+\theta_5)$，它是振幅按指数增长的自由振荡。$\alpha_5$ 值越大，即 p_5 和 p_5^* 离虚轴越远，增长越快；ω_5 越大，即 p_5 和 p_5^* 离实轴越远，振荡越激烈。如图 11-16 中的 h_5。

6）当极点位于右半实轴（如图 11-16 中的极点 p_6）时，$\alpha_6>0$，$\omega_6=0$，则 $h_6(t)=A_6\mathrm{e}^{\alpha_6 t}$ 按指数规律增长。α_6 值越大，即 p_6 离原点越远，增长越快。如图 11-16 中的 h_6。

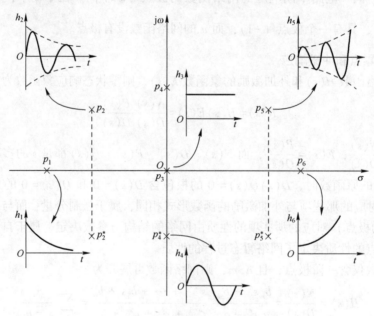

图 11-16 零、极点分布图

由以上分析可以看到，一个稳定线性定常网络得网络函数 $H(s)$ 具有以下性质：
1）$H(s)$ 是 s 的实有理函数。
2）在其所有的极点中无位于开右半 s 平面上的极点。
3）在位于虚轴 $\mathrm{j}\omega$ 上的极点中无重极点（这一点请读者思考：可以由它对应的时域解入手分析）。

如果线性定常网络不稳定，而且还是渐进稳定（定义请参考相关教材），则其网络函数具有以下性质：

1）$H(s)$是s的实有理函数。

2）其所有的极点都位于开左半s平面上。

有关"网络函数的极点和零点""极点、零点和冲激响应"的概念可以扫描二维码 11-19、二维码 11-20 进一步学习。

二维码 11-19   二维码 11-20

4. 极点、零点和频率响应

现在定义复数形式的网络函数 $H(j\omega)$，它等于响应的相量与激励的相量之比，即

$$H(j\omega) = \frac{N(j\omega)}{D(j\omega)} \tag{11-44}$$

它实际上就是将式（11-37）中的s用$j\omega$替代。一般用$H(j\omega)$来讨论网络的频率特性。计算$H(j\omega)$时要用电路的相量模型。把一个电路的复频域模型和相量模型做比较后可以发现，如果把复频域模型中的s代以$j\omega$，把象函数代以相量，就得到相应的相量模型。在一般情况下，令$H(s)$中的$s = j\omega$，就得到$H(j\omega)$；令$H(j\omega)$中的$j\omega = s$，就得到$H(s)$。

通过分析$H(j\omega)$随ω变化的情况，可以预见相应的驱动点函数或转移函数在正弦稳态情况下随ω变化的特性。

对于某一固定的频率ω，$H(j\omega)$通常是一个复数，即可表示为

$$H(j\omega) = |H(j\omega)| e^{j\varphi}$$
$$= |H(j\omega)| \angle \varphi(j\omega) \tag{11-45}$$

式中，$|H(j\omega)|$为网络函数在频率ω处的模值，而$|H(j\omega)|$随ω变化的关系称为幅值频率特性，简称幅频特性；$\varphi(j\omega) = \arg[H(j\omega)]$为网络函数在频率$\omega$处的辐角，而$\varphi = \arg[H(j\omega)]$随$\omega$变化的关系称为相位频率特性，简称相频特性。根据式（11-41）有

$$H(j\omega) = H_0 \frac{\prod_{i=1}^{m}(j\omega - z_i)}{\prod_{j=1}^{n}(j\omega - p_j)} \tag{11-46}$$

所以

$$|H(j\omega)| = H_0 \frac{\prod_{i=1}^{m}|(j\omega - z_i)|}{\prod_{j=1}^{n}|(j\omega - p_j)|} \tag{11-47}$$

$$\varphi = \arg[H(j\omega)] = \sum_{i=1}^{m}\arg(j\omega - z_i) - \sum_{j=1}^{n}\arg(j\omega - p_j) \tag{11-48}$$

所以，若已知网络函数的极点和零点，则按式（11-47）和式（11-48）便可计算相对应的频率响应，同时还可以通过在 s 平面上作图的方法定性描绘出频率响应。

11.5.3 检测

掌握网络函数的求解

1. 求图 11-17 所示网络的驱动点阻抗 $Z(s)$，并绘出零、极点分布图。

2. 某网络函数 $H(s)$ 的零、极点分布如图 11-18 所示，且已知 $H(s)\big|_{s=0}=32$，试求该网络函数。

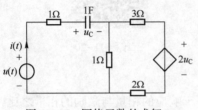

图 11-17　网络函数的求解 1

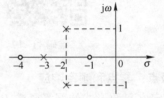

图 11-18　网络函数的求解 2

习题 11.3

1. 填空题

（1）已知某线性电路中的网络函数为 $H(s)=\dfrac{4}{s+2}$，则对应此电路中的单位冲激响应 $h(t)=$ _____。

（2）线性电路单位冲激响应 $h(t)=5\mathrm{e}^{-3t}$ 的网络函数 $H(s)=$ _____。

（3）网络函数 $H(s)$ 的原函数 $h(t)$ 是_____激励下的零状态响应。

（4）某网络函数 $H(s)=\dfrac{10(s+3)}{s^2+7s+10}$，则此网络函数的幅频特性表达式 $|H(\mathrm{j}\omega)|=$ _____；相频特性表达式 $\varphi(\mathrm{j}\omega)=\arg[H(\mathrm{j}\omega)]=$ _____。

（5）已知某网络函数的零点为 $z_1=-1$，极点为 $p_1=-2$，$p_2=-3$，$p_3=-4$，而且 $H(s)\big|_{s=0}=2$，则该网络函数 $H(s)=$ _____。

（6）已知某线性电路的单位冲激响应为 $h(t)=2\mathrm{e}^{-t}+4\mathrm{e}^{-2t}$，则该电路对应的网络函数的零点为_____，极点为_____。

2. 分析计算题

（1）已知某个网络函数 $H(s)$ 的零、极点分布如图 11-19 所示，且 $H(s)\big|_{s=0}=4$。试

① 写出该网络函数。

② 写出其网络函数的幅频特性 $|H(\mathrm{j}\omega)|$ 和相频特性 $\arg[H(\mathrm{j}\omega)]$。

③ 定性画出其幅频特性和相频特性示意图。

（2）电路如图 11-20 所示。试

① 求以 u_L 为响应的网络函数 $H(s)$。

② 画出 $H(s)$ 对应的零、极点分布图。

③ 定性绘出 $H(s)$ 的幅频响应。

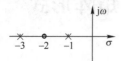

图 11-19　分析计算题（1）图

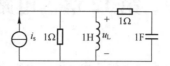

图 11-20　分析计算题（2）图

（3）电路如图 11-21 所示。试

① 求电压转移函数 $H(s) = U_2(s)/U_s(s)$。

② 绘出其零、极点分布图。

③ 绘出幅频响应 $|H(j\omega)| - \omega$ 曲线。

（4）图 11-22 所示网络 N 含有直流源和初始条件。当 $u_s = 5e^{-2t}\varepsilon(t)\,\text{V}$ 时，$i_2 = (1 - 5e^{-t} + 3e^{-2t})\varepsilon(t)\,\text{A}$；当 $u_s = 10e^{-2t}\varepsilon(t)\,\text{V}$ 时，$i_2 = (1 - 8e^{-t} + 6e^{-2t})\varepsilon(t)\,\text{A}$。试分别求 $u_s = 20e^{-2t}\varepsilon(t)\,\text{V}$、$u_s = 10\sin(2t)\varepsilon(t)\,\text{V}$ 时的 i_2。

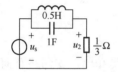

图 11-21　分析计算题（3）图

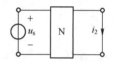

图 11-22　分析计算题（4）图

例题精讲 11-1

例题精讲 11-2

例题精讲 11-3

例题精讲 11-4

例题精讲 11-5

例题精讲 11-6

例题精讲 11-7

例题精讲 11-8

第 12 章　电路方程的矩阵形式

本书在第 3 章中介绍了建立电路方程的支路电流法、网孔电流法、回路电流法、节点电压法等基本分析方法。这些方法是通过观察电路的结构而建立电路方程的，所列出的一组代数方程通过手工计算求解。这些方法适合相对比较简单的电路。然而随着科学技术的发展，电路规模日趋庞大，结构日趋复杂，对于这类"大规模电路"，继续凭借观察电路结构建立电路方程及手工求解庞大的方程组，是十分困难的。本章介绍一种新的系统编写电路矩阵方程的方法，以便借助计算机来完成矩阵方程的自动编写和求解。在这种方法中要用到网络图论的若干基本概念和线性代数中的矩阵知识。

12.1　割集

12.1.1　节前思考

对于连通图 G，若取同一个树，则对应的单树支割集和单连支回路有何内在联系？

12.1.2　知识点

由基尔霍夫定律可以发现，电路的 KCL、KVL 方程只涉及支路与节点的关系或支路与回路的关系，而和元件特性无关。因此，如果将节点看成数学概念的点，支路看成线（边），则基尔霍夫定律只涉及点、线的关系。把点、线的关系用图表示出来，这种图就称为网络的图。

在第 3 章中介绍了图的定义和基本概念，介绍了有关树、树支、连支的概念以及通过选取不同的树确定基本回路，从而确定独立的 KCL、KVL 方程。本节介绍另外一个非常重要的概念——割集，并介绍如何利用用树的概念确定基本割集组。

割集：某一连通图 G，用一个封闭面（高斯面）对其进行切割，如果切割到的这些支路集合满足如下性质：

1) 若移去被切割的全部支路，则剩下的图 G 被分成两个分离部分（非连通图）。

2) 保留被切割到的支路中的任何一条，则图 G 仍是连通的。

则称被切割到的支路的集合为一个割集。如图 12-1 所示为某图 G 的两个割集的示例。其中图 12-1a 切割到了支路 1、2、6，把这些支路全部移走，则图 G 被分成两个部分（一部分为封闭面内的孤立节点，另一部分为封闭面外的除去支路 1、2、6 的部分），保留其中的任意一条（如支路 1），则图 G 仍是连通的；同理，图 12-1b 切割到了支路 2、3、5、6，把这些支路全部移走，

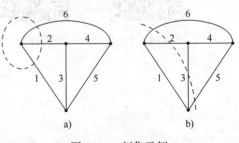

图 12-1　割集示例

则图 G 被分成两个部分（一部分在封闭面内，另一部分在封闭面外），保留其中的任意一条，则图 G 仍是连通的。可见，图 12-1a、b 的支路集合（1，2，6）、（2，3，5，6）为该图 G 的两个不同割集。

割集不唯一，一个连通图有许多不同的割集。借助树的概念可以很方便地确定一组独立的割集。对于一个连通图，如任选一个树，显然，全部的连支不可能构成割集，因为将任何连支移去后所得的图仍是连通的，所以，每一割集应至少包含一条树支。另一方面，由于树是连接全部节点所需最少支路的集合，所以移去任何一条树支，连通图将被分成两部分，从而可以形成一个割集。同理，每一条树支都可以与相应的一些连支构成割集。这种只包含一条树支与相应的一些连支构成的割集称为单树支割集。对于一个有 n 个节点、b 条支路的连通图，其树支数为 $(n-1)$，因此有 $(n-1)$ 个单树支割集，称为基本割集组。即对于 n 个节点的连通图，独立割集数为 $(n-1)$。

由于一个连通图 G 可以有许多不同的树，所以可选出许多基本割集组。

另外，割集是有方向的。割集的方向可任意设为从封闭面由里指向外，或者由外指向里。如果是基本割集组，一般选取每条树支的方向为对应割集的方向。如图 12-2 所示，设定割集的方向和树支 2 的方向相同，从高斯面由里指向外。

有关"割集"的概念可以扫描二维码 12-1 进一步学习。

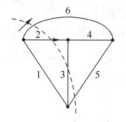

图 12-2　割集的方向　　　　　　二维码 12-1

12.2　关联矩阵、回路矩阵、割集矩阵

12.2.1　节前思考

对于连通图 G，若取同一个树，则对应的基本回路阵和基本割集阵有何内在联系？

12.2.2　知识点

图的支路是从电路中某个元件或元件组合抽象而来的，因此，在图论中，图的支路与节点、回路、割集这三者之间的关系显得非常重要，它直接反映出电路的结构关系，关系到电路的 KCL、KVL 方程的列写。通过矩阵的形式来描述图的支路与节点、回路、割集这三者的关联性质，可以使电路的系统分析非常简单直观。构成的三种矩阵分别称为关联矩阵 A、回路矩阵 B、割集矩阵 Q。下面对其分别进行介绍。

1. 关联矩阵 A

关联矩阵 A 主要描述图的支路和节点的关联情形。

设有向图 G 的节点数为 n，支路数为 b，则节点和支路的关联性质可用一个 $n \times b$ 的矩阵表示，该矩阵称为关联矩阵，一般记为 $\boldsymbol{A}_a$。$\boldsymbol{A}_a$ 的行对应图 G 的节点，列对应图 G 的支路，它的第 i 行第 j 列的元素 a_{ij} 定义为

$$a_{ij}=\begin{cases} 1, & \text{支路 } j \text{ 与节点 } i \text{ 关联,且支路方向背离节点 } i \\ -1, & \text{支路 } j \text{ 与节点 } i \text{ 关联,且支路方向指向节点 } i \\ 0, & \text{支路 } j \text{ 与节点 } i \text{ 不关联} \end{cases}$$

从以上可以看出，通过 0、1、-1 这三个值，关联矩阵的行体现了每一个节点与全部支路的关联情况；而关联矩阵的列体现了每一条支路跨接在哪些节点上。如对于图 12-3 所示的有向图 G，行按节点序号顺序编排，列按支路顺序，则它的关联矩阵为

$$\boldsymbol{A}_a = \begin{bmatrix} 1 & 1 & 0 & 0 & 0 & 1 \\ 0 & -1 & 1 & -1 & 0 & 0 \\ 0 & 0 & 0 & 1 & -1 & -1 \\ -1 & 0 & -1 & 0 & 1 & 0 \end{bmatrix}$$

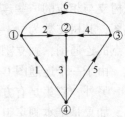

从矩阵 $\boldsymbol{A}_a$ 可以看出，$\boldsymbol{A}_a$ 每一行表明了该节点上连有哪些支路，以及各支路的方向是指向或背离该节点；$\boldsymbol{A}_a$ 的每一列表明了各支路连接在哪两个节点之间，因此矩阵 $\boldsymbol{A}_a$ 的每一列必然只有 1（背离）

图 12-3　有向图 G

和 -1（指向）两个非零元素。把矩阵 $\boldsymbol{A}_a$ 的所有行的元素相加，则会得到一行全为零的行，这说明矩阵 $\boldsymbol{A}_a$ 的所有行彼此不是独立的，$\boldsymbol{A}_a$ 存在冗余行。

如果删去 $\boldsymbol{A}_a$ 的任意一行，将得到一个 $(n-1)\times b$ 的矩阵，称为降阶关联矩阵，一般用 $\boldsymbol{A}$ 表示。被删去 $\boldsymbol{A}_a$ 的那一行所对应的节点可看作参考节点。例如，在图 12-3 中，若删去 $\boldsymbol{A}_a$ 的第 4 行，也就是节点④作为参考节点，则降阶关联矩阵 $\boldsymbol{A}$ 为

$$\boldsymbol{A} = \begin{bmatrix} 1 & 1 & 0 & 0 & 0 & 1 \\ 0 & -1 & 1 & -1 & 0 & 0 \\ 0 & 0 & 0 & 1 & -1 & -1 \end{bmatrix}$$

由于支路的方向背离一个节点，必然指向另一个节点，因此可以从降阶关联矩阵 $\boldsymbol{A}$ 推导出 $\boldsymbol{A}_a$。在不引起混淆的情况下，常常将降阶关联矩阵简称为关联矩阵。关联矩阵 $\boldsymbol{A}$ 和 $\boldsymbol{A}_a$ 一样，完全表明了图的支路和节点的关联关系。有向图 G 和它的关联矩阵 $\boldsymbol{A}$ 有完全对应的关系，由 G 可写出 $\boldsymbol{A}$，由 $\boldsymbol{A}$ 也可画出 G。

既然关联矩阵 $\boldsymbol{A}$ 表明了支路和节点的关联情况，则电路的 KCL、KVL 方程必然和关联矩阵 $\boldsymbol{A}$ 有关，即支路电流、支路电压能用关联矩阵 $\boldsymbol{A}$ 表示。

（1）KCL 方程的矩阵形式

设某电路含有 b 条支路、n 个节点，若支路电流和支路电压取关联参考方向，可画出其有向图 G，其支路的方向代表该支路的电流和电压的参考方向。不妨设支路电流列向量为 $\boldsymbol{i}=[i_1 \quad i_2 \quad \cdots \quad i_b]^T$，支路电压列向量为 $\boldsymbol{u}=[u_1 \quad u_2 \quad \cdots \quad u_b]^T$，节点电压列向量 $\boldsymbol{u}_n=[u_{n1} \quad u_{n2} \quad \cdots \quad u_{n(n-1)}]^T$，则此电路的 KCL 方程的矩阵形式可表示为

$$\boldsymbol{Ai}=\boldsymbol{0} \tag{12-1}$$

关联矩阵 $\boldsymbol{A}$ 的行对应 $(n-1)$ 个节点，列对应 b 条支路，组成 $(n-1)\times b$ 矩阵，而电流 $\boldsymbol{i}$ 列向量为 $b\times 1$ 矩阵，根据矩阵乘法规则可知，所得乘积恰好等于汇集于相应节点上的支路电流的代数和，也就是节点的 KCL 方程 $\sum\limits_{\text{节点}k} i = 0$。以图 12-3 的图为例，结点④为参考节点，有

$$Ai = \begin{bmatrix} 1 & 1 & 0 & 0 & 0 & 1 \\ 0 & -1 & 1 & -1 & 0 & 0 \\ 0 & 0 & 0 & 1 & -1 & -1 \end{bmatrix} \begin{bmatrix} i_1 \\ i_2 \\ i_3 \\ i_4 \\ i_5 \\ i_6 \end{bmatrix} = \begin{bmatrix} i_1+i_2+i_6 \\ -i_2+i_3-i_4 \\ i_4-i_5-i_6 \end{bmatrix} = \begin{bmatrix} 0 \\ 0 \\ 0 \end{bmatrix}$$

可以看出，$i_1+i_2+i_6$、$-i_2+i_3-i_4$、$i_4-i_5-i_6$ 正好是节点①、②、③上的电流的代数和。

（2）KVL 方程的矩阵形式

关联矩阵 A 表示节点和支路的关联情况，则 A 的转置矩阵 A^T 表示的就是 b 条支路和 $(n-1)$ 个节点的关联情况，用 A^T 乘以节点电压列向量 u_n，所乘结果是一个 b 维的列向量，其中每行的元素正好是该行对应支路的节点电压的代数和，即用节点电压表示的对应的支路电压情况，用矩阵表示为

$$u = A^T u_n \tag{12-2}$$

仍以图 12-3 为例，有

$$u = \begin{bmatrix} u_1 \\ u_2 \\ u_3 \\ u_4 \\ u_5 \\ u_6 \end{bmatrix} = A^T u_n = \begin{bmatrix} 1 & 0 & 0 \\ 1 & -1 & 0 \\ 0 & 1 & 0 \\ 0 & -1 & 1 \\ 0 & 0 & -1 \\ 1 & 0 & -1 \end{bmatrix} \begin{bmatrix} u_{n1} \\ u_{n2} \\ u_{n3} \end{bmatrix} = \begin{bmatrix} u_{n1} \\ u_{n1}-u_{n2} \\ u_{n2} \\ -u_{n2}+u_{n3} \\ -u_{n3} \\ u_{n1}-u_{n3} \end{bmatrix} = \begin{bmatrix} u_1 \\ u_2 \\ u_3 \\ u_4 \\ u_5 \\ u_6 \end{bmatrix}$$

二维码 12-2

有关"关联矩阵 A"的概念可以扫描二维码 12-2 进一步学习。

2. 回路矩阵 B

如果一个回路包含某一条支路，则称此回路与该支路关联。回路与支路的关联性质也可用矩阵来描述。在有向图 G 中，任选一组独立回路，且规定回路的方向，根据支路和回路的关联情况，回路矩阵的元素 b_{ij} 按如下方式定义：

$$b_{ij} = \begin{cases} 1, & 支路 j 与回路 i 关联,且它们方向一致 \\ -1, & 支路 j 与回路 i 关联,且它们方向相反 \\ 0, & 支路 j 与回路 i 不关联 \end{cases}$$

由此定义构成的矩阵称为独立回路矩阵 B，简称回路矩阵 B。回路矩阵的行对应选定的回路，而列对应有向图 G 的支路。与关联矩阵类似，回路矩阵同样通过 0、1、-1 这三个值，体现了每一个回路与各支路（行），以及每一条支路属于哪些回路（列）的关联情况。

例如，图 12-4 所示有向图 G，矩阵的行分别对应 l_1、l_2、l_3 三个回路，列分别是它的支路，则回路矩阵为

$$B = \begin{bmatrix} -1 & 1 & 1 & 0 & 0 & 0 \\ 0 & 1 & 0 & -1 & 0 & -1 \\ 0 & 0 & -1 & -1 & -1 & 0 \end{bmatrix}$$

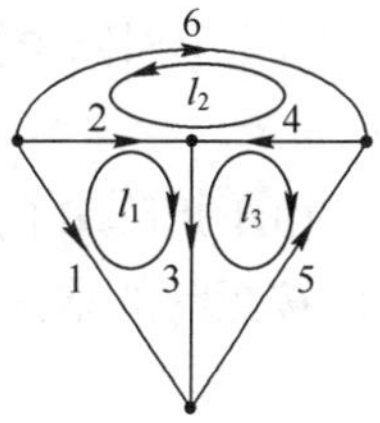

对于一个图 G 而言，往往可选择许多不同的回路。在诸多回路中，如何确定一组独立的回路呢？借助树的概念便可以很好地解决这个问

图 12-4　回路矩阵示例

题，特别是对于比较复杂的大型网络。前面已经讲过，选好一个树，每增添一条连支可以构成一个回路，因此独立回路的个数便是连支的个数，即$(b-n+1)$个独立回路。这种回路称为单连支回路。体现支路和基本回路的关联性质的矩阵，称为基本回路矩阵，一般用$\boldsymbol{B}_f$表示。写$\boldsymbol{B}_f$时，支路的顺序一般按"先连支，后树支"或者"先树支，后连支"的顺序排列，且以该连支的方向为对应的回路的绕行方向，这种情况下，$\boldsymbol{B}_f$中将出现一个单位子矩阵，即

$$\boldsymbol{B}_f = \begin{bmatrix} \boldsymbol{1}_l & \vdots & \boldsymbol{B}_t \end{bmatrix}$$

例如，对于图12-4，如果选取支路（2,3,5）为树支，则（1,4,6）为连支（图12-5所示），支路按"先连支，后树支"的顺序排列，则构成的基本回路矩阵为

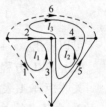

图12-5 单连支回路示例

$$\boldsymbol{B}_f = \begin{matrix} l_1 \\ l_2 \\ l_3 \end{matrix} \begin{matrix} 1 & 4 & 6 & 2 & 3 & 5 \\ \begin{bmatrix} 1 & 0 & 0 & -1 & -1 & 0 \\ 0 & 1 & 0 & 0 & 1 & 1 \\ 0 & 0 & 1 & -1 & -1 & -1 \end{bmatrix} \end{matrix}$$

回路矩阵左乘支路电压列向量，所得乘积是一个l阶的列向量。由于矩阵$\boldsymbol{B}$的每一行表示每一对应回路与支路的关联情况，由矩阵的乘法规则可知所得乘积列向量中每一元素将等于每一对应回路中各支路电压的代数和，即

$$\boldsymbol{Bu} = \begin{bmatrix} 回路1中的\sum u \\ 回路2中的\sum u \\ \vdots \\ 回路l中的\sum u \end{bmatrix}$$

根据基尔霍夫电压定律（KVL），故有

$$\boldsymbol{Bu} = \boldsymbol{0} \tag{12-3}$$

式（12-3）是用矩阵表示的KVL的矩阵形式。例如，对于图12-4，矩阵形式的KVL方程为

$$\boldsymbol{Bu} = \begin{bmatrix} -1 & 1 & 1 & 0 & 0 & 0 \\ 0 & 1 & 0 & -1 & 0 & -1 \\ 0 & 0 & -1 & -1 & -1 & 0 \end{bmatrix} \begin{bmatrix} u_1 \\ u_2 \\ u_3 \\ u_4 \\ u_5 \\ u_6 \end{bmatrix} = \begin{bmatrix} -u_1+u_2+u_3 \\ u_2-u_4-u_6 \\ -u_3-u_4-u_5 \end{bmatrix} = \begin{bmatrix} 0 \\ 0 \\ 0 \end{bmatrix}$$

设l个回路电流的列向量为

$$\boldsymbol{i}_l = \begin{bmatrix} i_{l1} & i_{l2} & \cdots & i_{ll} \end{bmatrix}^T$$

由于矩阵$\boldsymbol{B}$的每一列，对应矩阵$\boldsymbol{B}^T$的每一行，表示每一对应支路与回路的关联情况，所以按矩阵的乘法规则可知

$$\boldsymbol{i} = \boldsymbol{B}^T \boldsymbol{i}_l \tag{12-4}$$

例如，对图12-4有

$$\begin{bmatrix} i_1 \\ i_2 \\ i_3 \\ i_4 \\ i_5 \\ i_6 \end{bmatrix} = \begin{bmatrix} -1 & 0 & 0 \\ 1 & 1 & 0 \\ 1 & 0 & -1 \\ 0 & -1 & -1 \\ 0 & 0 & -1 \\ 0 & -1 & 0 \end{bmatrix} \begin{bmatrix} i_{l1} \\ i_{l2} \\ i_{l3} \end{bmatrix} = \begin{bmatrix} -i_{l1} \\ i_{l1}+i_{l2} \\ i_{l1}-i_{l3} \\ -i_{l2}-i_{l3} \\ -i_{l3} \\ -i_{l2} \end{bmatrix}$$

式（12-4）表明，电路中各支路电流可以用与该支路关联的所有回路的回路电流表示，这正是回路电流法的基本思想，式（12-4）是用矩阵 $\boldsymbol{B}$ 表示的 KCL 的矩阵形式。值得一提的是，如果采用基本回路矩阵 $\boldsymbol{B}_f$ 表示 KVL、KCL 的矩阵形式时，支路电压、支路电流的支路顺序要与基本回路矩阵 $\boldsymbol{B}_f$ 相同。

二维码 12-3

有关"回路矩阵 $\boldsymbol{B}$"的概念可以扫描二维码 12-3 进一步学习。

3. 割集矩阵 $\boldsymbol{Q}$

设一个割集由某些支路构成，则称这些支路与该割集关联。支路与割集的关联性质可用割集矩阵描述。设有向图的节点数为 n，支路数为 b，则该图的独立割集数为 $(n-1)$。对每个割集编号，并指定割集的方向，于是割集矩阵为一个 $(n-1) \times b$ 的矩阵，一般用 $\boldsymbol{Q}$ 表示。$\boldsymbol{Q}$ 的行对应割集，列对应支路，它的任一元素 q_{ij} 定义如下：

$$q_{ij} = \begin{cases} 1, & \text{支路} j \text{与割集} i \text{关联,且它们方向一致} \\ -1, & \text{支路} j \text{与割集} i \text{关联,且它们方向相反} \\ 0, & \text{支路} j \text{与割集} i \text{不关联} \end{cases}$$

设某一电路的图如图 12-6 所示，割集分别为 C_1、C_2、C_3，

则对应的割集矩阵为

$$\boldsymbol{Q} = \begin{array}{c} \begin{array}{cccccc} 1 & 2 & 3 & 4 & 5 & 6 \end{array} \\ \begin{bmatrix} 1 & 1 & 0 & 0 & 0 & 1 \\ 0 & -1 & 1 & 1 & 0 & 0 \\ 0 & 0 & 0 & 1 & -1 & 1 \end{bmatrix} \end{array}$$

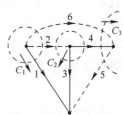

图 12-6　割集矩阵示例

如果选一组单树支割集为一组独立割集，这种割集矩阵称为基本割集矩阵，一般用 $\boldsymbol{Q}_f$ 表示。在写 $\boldsymbol{Q}_f$ 时，矩阵的列（各支路）一般按照"先树支，后连支"或者"先连支，后树支"的顺序排列；矩阵的行按照单树支对应割集的顺序，并且割集的方向与相应树支的方向一致，则 $\boldsymbol{Q}_f$ 将会出现一个单位子矩阵，即有

$$\boldsymbol{Q}_f = [\boldsymbol{1}_t \vdots \boldsymbol{Q}_l] \tag{12-5}$$

式中，下标 t 和 l 分别表示对应于树支和连支部分。如图 12-6 中，若取支路 $(1,3,4)$ 为树支，则对应的单树支割集分别为 $C_1(1,2,6)$、$C_2(2,3,5,6)$、$C_3(4,5,6)$，如图 12-7 所示。

则单树支割集矩阵为

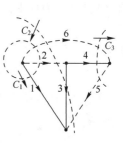

图 12-7　单树支割集示例

$$Q_f = \begin{array}{c} \begin{array}{cccccc} 1 & 3 & 4 & 2 & 5 & 6 \end{array} \\ \begin{bmatrix} 1 & 0 & 0 & 1 & 0 & 1 \\ 0 & 1 & 0 & -1 & 1 & -1 \\ 0 & 0 & 1 & 0 & -1 & 1 \end{bmatrix} \end{array}$$

用割集矩阵乘以支路电流列向量，根据矩阵的乘法规则所得结果为汇集在每个割集支路电流的代数和，由基尔霍夫电流定律和割集的概念，可知

$$Qi = 0 \tag{12-6}$$

式（12-6）是用矩阵 Q 表示的 KCL 的矩阵形式。例如，对图 12-6 所示有向图和对应的割集，则有

$$Qi = \begin{bmatrix} 1 & 1 & 0 & 0 & 0 & 1 \\ 0 & -1 & 1 & 1 & 0 & 0 \\ 0 & 0 & 0 & 1 & -1 & 1 \end{bmatrix} \begin{bmatrix} i_1 \\ i_2 \\ i_3 \\ i_4 \\ i_5 \\ i_6 \end{bmatrix} = \begin{bmatrix} i_1 + i_2 + i_6 \\ -i_2 + i_3 + i_4 \\ i_4 - i_5 + i_6 \end{bmatrix} = \begin{bmatrix} 0 \\ 0 \\ 0 \end{bmatrix}$$

如果用单树支割集矩阵 Q_f 乘以支路电流列向量，注意支路电流的排列顺序要与单树支割集支路顺序一致。

树支的支路电压称为树支电压，连支的支路电压称为连支电压。由于基本割集中只含有一个树支，因此通常就把树支电压定义为该基本割集的电压，称为基本割集电压。又由于树支数为 $(n-1)$ 个，故共有 $(n-1)$ 个树支电压（即基本割集电压），而其余的支路电压则为连支电压。根据 KVL，全部的支路电压都可用 $(n-1)$ 个树支电压来表示。所以基本割集电压（即树支电压）可以作为网络分析的一组独立变量。将电路中 $(n-1)$ 个树支电压用 $(n-1)$ 阶列向量表示，即

$$\boldsymbol{u}_t = \begin{bmatrix} u_{t1} & u_{t2} & \cdots & u_{t(n-1)} \end{bmatrix}^T$$

由于 Q_f 的每一列，也就是 Q_f^T 的每一行，表示的是一条支路与割集的关联情况，按矩阵相乘的规则可得

$$\boldsymbol{u} = Q_f^T \boldsymbol{u}_t \tag{12-7}$$

式（12-7）是用矩阵 Q_f 表示的 KVL 的矩阵形式。例如，对图 12-7 所示的有向图，选取支路 $(1,3,4)$ 为树支，则有

$$\boldsymbol{u} = \begin{bmatrix} u_1 & u_3 & u_4 & u_2 & u_5 & u_6 \end{bmatrix}^T$$

那么

$$\boldsymbol{u} = Q_f^T \boldsymbol{u}_t = \begin{bmatrix} 1 & 0 & 0 \\ 0 & 1 & 0 \\ 0 & 0 & 1 \\ 1 & -1 & 0 \\ 0 & 1 & -1 \\ 1 & -1 & 1 \end{bmatrix} \begin{bmatrix} u_{t1} \\ u_{t2} \\ u_{t3} \end{bmatrix} = \begin{bmatrix} u_{t1} \\ u_{t2} \\ u_{t3} \\ u_{t1} - u_{t2} \\ u_{t2} - u_{t3} \\ u_{t1} - u_{t2} - u_{t3} \end{bmatrix}$$

在求解电路时，选取不同的独立变量就形成了不同的方法。下面几节中将讨论的节点法、回路法、割集法就是分别选用节点电压 u_n、连支电流 i_l（即回路电流）和树支电压 u_t 作为独立变量的，所列出的 KCL、KVL 方程就有对应的矩阵形式。

有关"割集矩阵 $\boldsymbol{Q}$"的概念可以扫描二维码 12-4 进一步学习。

二维码 12-4

12.3　回路电流方程的矩阵形式

12.3.1　节前思考

（1）列写含有电压控制电压源的支路阻抗矩阵需要注意什么？
（2）请推导网孔电流法的矩阵形式。

12.3.2　知识点

回路电流法和网孔电流法是分别以回路电流和网孔电流作为电路的独立变量，列写回路和网孔的 KVL 方程的分析方法。

根据 12.2 节内容可知，描述支路与回路关联性质的是回路矩阵 $\boldsymbol{B}$，所以可以用以回路矩阵 $\boldsymbol{B}$ 表示的 KCL 和 KVL 推导出回路电流方程的矩阵形式。

设回路电流列向量为 $\boldsymbol{i}_l$，有

$$\text{KCL} \qquad \boldsymbol{i} = \boldsymbol{B}^{\mathrm{T}} \boldsymbol{i}_l$$

$$\text{KVL} \qquad \boldsymbol{B}\boldsymbol{u} = \boldsymbol{0}$$

分析电路，除了依据 KCL、KVL 外，还要知道每一条支路所含有的元件和它的特性，即要知道支路的电压、电流的约束关系。在分析电路时，若定义一种典型支路作为通用的电路模型可以简化分析，这种支路称为"复合支路"。对于回路法采用图 12-8 所示的复合支路，其中下标 k 表示第 k 条支路，$\dot{U}_{sk}$ 和 $\dot{I}_{sk}$ 分别表示独立电压源和独立电流源，Z_k 表示阻抗，且规定它只能是单一的电阻、电感或电容，不允许是它们的组合；支路电压 $\dot{U}_k$ 和支路电流 $\dot{I}_k$ 取关联参考方向，独立电源 $\dot{U}_{sk}$ 和 $\dot{I}_{sk}$ 的参考方向和支路方向相反，而阻抗元件 Z_k 的电压、电流参考方向与支路方向相同（阻抗上电压、电流取关联参考方向）。在此种情况下，该复合支路可抽象为图 12-8b。

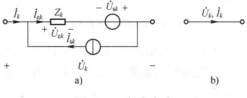

图 12-8　复合支路

图 12-8 所示的复合支路采用的是相量形式，应用运算法时，可相应地采用运算形式。下面分不同情况推导整个电路的回路电流方程的矩阵形式。

1. 电路中电感之间无耦合，并且支路中不含受控源

对于第 k 条支路，支路电压和支路电流的关系为

$$\dot{U}_k = Z_k(\dot{I}_k + \dot{I}_{sk}) - \dot{U}_{sk} \tag{12-8}$$

分别设：

支路电流列向量为 $\dot{\boldsymbol{I}} = \begin{bmatrix} \dot{I}_1 & \dot{I}_2 & \cdots & \dot{I}_b \end{bmatrix}^T$

支路电压列向量为 $\dot{\boldsymbol{U}} = \begin{bmatrix} \dot{U}_1 & \dot{U}_2 & \cdots & \dot{U}_b \end{bmatrix}^T$

支路电流源列向量为 $\dot{\boldsymbol{I}}_s = \begin{bmatrix} \dot{I}_{s1} & \dot{I}_{s2} & \cdots & \dot{I}_{sb} \end{bmatrix}^T$

支路电压源列向量为 $\dot{\boldsymbol{U}}_s = \begin{bmatrix} \dot{U}_{s1} & \dot{U}_{s2} & \cdots & \dot{U}_{sb} \end{bmatrix}^T$

按式（12-8）分别写出整个电路的 b 条支路方程，可整理写成

$$\begin{bmatrix} \dot{U}_1 \\ \dot{U}_2 \\ \vdots \\ \dot{U}_b \end{bmatrix} = \begin{bmatrix} Z_1 & & & 0 \\ & Z_2 & & \\ & & \ddots & \\ 0 & & & Z_b \end{bmatrix} \begin{bmatrix} \dot{I}_1 + \dot{I}_{s1} \\ \dot{I}_2 + \dot{I}_{s2} \\ \vdots \\ \dot{I}_b + \dot{I}_{sb} \end{bmatrix} - \begin{bmatrix} \dot{U}_{s1} \\ \dot{U}_{s2} \\ \vdots \\ \dot{U}_{sb} \end{bmatrix} \tag{12-9}$$

即

$$\dot{\boldsymbol{U}} = \boldsymbol{Z}(\dot{\boldsymbol{I}} + \dot{\boldsymbol{I}}_s) - \dot{\boldsymbol{U}}_s \tag{12-10}$$

式中，$\boldsymbol{Z}$ 称为支路阻抗矩阵，对角线上的元素分别为每条支路的阻抗，且它是一个 $b \times b$ 的对角阵。

由上面分析，电路满足的方程分别为

$$\text{KCL} \qquad \dot{\boldsymbol{I}} = \boldsymbol{B}^T \dot{\boldsymbol{I}}_l \tag{12-11}$$

$$\text{KVL} \qquad \boldsymbol{B}\dot{\boldsymbol{U}} = \boldsymbol{0} \tag{12-12}$$

$$\text{支路方程} \qquad \dot{\boldsymbol{U}} = \boldsymbol{Z}(\dot{\boldsymbol{I}} + \dot{\boldsymbol{I}}_s) - \dot{\boldsymbol{U}}_s$$

把上述支路方程代入式（12-12）可得

$$\boldsymbol{B}\big[\boldsymbol{Z}(\dot{\boldsymbol{I}} + \dot{\boldsymbol{I}}_s) - \dot{\boldsymbol{U}}_s\big] = \boldsymbol{0}$$

$$\boldsymbol{BZ}\dot{\boldsymbol{I}} + \boldsymbol{BZ}\dot{\boldsymbol{I}}_s - \boldsymbol{B}\dot{\boldsymbol{U}}_s = \boldsymbol{0}$$

再把式（12-11）代入上式可得

$$\boldsymbol{BZB}^T \dot{\boldsymbol{I}}_l = \boldsymbol{B}\dot{\boldsymbol{U}}_s - \boldsymbol{BZ}\dot{\boldsymbol{I}}_s \tag{12-13}$$

式（12-13）即为回路电流方程的矩阵形式。如果设 $\boldsymbol{Z}_l \overset{\text{def}}{=} \boldsymbol{BZB}^T$，可知它是一个 l 阶的方阵，称为回路阻抗矩阵，它的主对角线元素即为自阻抗，非对角线元素即为互阻抗。

有关"电路中电感之间无耦合，并且支路中不含受控源"的相关情况可以扫描二维码12-5进一步学习。

二维码12-5

2. 电路中电感之间有耦合，但支路中不含受控源

设第 k 条、第 j 条支路之间有耦合关系，此时应考虑支路间的互感电压的相互作用，支路编号时将它们相邻的编在一起，则第 k 条、第 j 条支路的支路方程为

$$\dot{U}_k = Z_k\,\dot{I}_{ek} \pm j\omega M_{kj}\dot{I}_{ej} - \dot{U}_{sk} = Z_k(\dot{I}_k + \dot{I}_{sk}) \pm j\omega M_{kj}(\dot{I}_j + \dot{I}_{sj}) - \dot{U}_{sk}$$

$$\dot{U}_j = \pm j\omega M_{jk}\dot{I}_{ek} + Z_j\,\dot{I}_{ej} - \dot{U}_{sj} = \pm j\omega M_{jk}(\dot{I}_k + \dot{I}_{sk}) + Z_j(\dot{I}_j + \dot{I}_{sj}) - \dot{U}_{sj}$$

若其余支路不含互感，则对应的支路方程为

$$\dot{U}_1 = Z_1\,\dot{I}_{e1} - \dot{U}_{s1} = Z_1(\dot{I}_1 + \dot{I}_{s1}) - \dot{U}_{s1}$$

$$\dot{U}_2 = Z_2\,\dot{I}_{e2} - \dot{U}_{s2} = Z_2(\dot{I}_2 + \dot{I}_{s2}) - \dot{U}_{s2}$$

$$\vdots$$

$$\dot{U}_b = Z_b\,\dot{I}_{eb} - \dot{U}_{sb} = Z_b(\dot{I}_b + \dot{I}_{sb}) - \dot{U}_{sb}$$

将整个电路的 b 条支路方程表示为矩阵形式：

$$
\begin{bmatrix} \dot{U}_1 \\ \dot{U}_2 \\ \vdots \\ \dot{U}_k \\ \dot{U}_j \\ \vdots \\ \dot{U}_b \end{bmatrix}
=
\begin{bmatrix}
Z_1 & 0 & \cdots & 0 & 0 & \cdots & 0 \\
0 & Z_2 & \cdots & 0 & 0 & \cdots & 0 \\
\vdots & \vdots & & \vdots & \vdots & & \vdots \\
0 & 0 & \cdots & Z_k & \pm j\omega M_{kj} & \cdots & 0 \\
0 & 0 & \cdots & \pm j\omega M_{jk} & Z_j & \cdots & 0 \\
\vdots & \vdots & & \vdots & \vdots & & \vdots \\
0 & 0 & \cdots & 0 & 0 & \cdots & Z_b
\end{bmatrix}
\begin{bmatrix} \dot{I}_1 + \dot{I}_{s1} \\ \dot{I}_2 + \dot{I}_{s2} \\ \vdots \\ \dot{I}_k + \dot{I}_{sk} \\ \dot{I}_j + \dot{I}_{sj} \\ \vdots \\ \dot{I}_b + \dot{I}_{sb} \end{bmatrix}
-
\begin{bmatrix} \dot{U}_{s1} \\ \dot{U}_{s2} \\ \vdots \\ \dot{U}_{sk} \\ \dot{U}_{sj} \\ \vdots \\ \dot{U}_{sb} \end{bmatrix}
$$

或者可统一写成

$$\dot{\boldsymbol{U}} = \boldsymbol{Z}(\dot{\boldsymbol{I}} + \dot{\boldsymbol{I}}_s) - \dot{\boldsymbol{U}}_s$$

由上式可以看出，它和式（12-10）形式完全相同，因此支路间有耦合时，回路方程的矩阵形式仍为式（12-13）。所不同的只有支路阻抗矩阵 $\boldsymbol{Z}$，其主对角线元素仍为各支路阻抗，而非对角线元素的第 k 行、第 j 列和第 j 行、第 k 列的两个元素是两条支路的互阻抗，阻抗矩阵 $\boldsymbol{Z}$ 不再为对角阵。式中的互阻抗前的"$\pm$"取决于各电感的同名端和电流、电压的参考方向，电流同时流入同名端的对应取"+"，反之取"−"。

有关"电路中电感之间有耦合，但支路中不含受控源"的相关情况可以扫描二维码 12-6进一步学习。

有关例题可扫描二维码 12-7 学习。

二维码 12-6

二维码 12-7

3. 复合支路含有受控源

如图 12-9 所示的复合支路及其有向图，设第 k 条支路上含有受控电压源 $\dot{U}_{dk}$，控制量是第 j 条支路无源元件的电压或电流，注意图中受控源的参考方向和支路电压方向相同，则该支路的支路方程为

图 12-9 含受控电压源的复合支路

$$\dot{U}_k = Z_k(\dot{I}_k + \dot{I}_{sk}) + \dot{U}_{dk} - \dot{U}_{sk}$$

可以看出，上式和式（12-8）基本相同，只多了一项 $\dot{U}_{dk}$。若受控电压源为电流控制电压源，即 $\dot{U}_{dk} = r_{kj}\dot{I}_{ej} = r_{kj}(\dot{I}_j + \dot{I}_{sj})$，则电路的回路电流方程的矩阵形式可写为

$$\begin{bmatrix} \dot{U}_1 \\ \dot{U}_2 \\ \vdots \\ \dot{U}_k \\ \dot{U}_j \\ \vdots \\ \dot{U}_b \end{bmatrix} = \begin{matrix} \\ \\ \\ k \\ \\ \\ \end{matrix} \begin{bmatrix} Z_1 & & & & & & 0 \\ & Z_2 & & & & & \\ & & \ddots & & & & \\ & & & Z_k & r_{kj} & & \\ & & & & Z_j & & \\ & & & & & \ddots & \\ 0 & & & & & & Z_b \end{bmatrix} \begin{bmatrix} \dot{I}_1 + \dot{I}_{s1} \\ \dot{I}_2 + \dot{I}_{s2} \\ \vdots \\ \dot{I}_k + \dot{I}_{sk} \\ \dot{I}_j + \dot{I}_{sj} \\ \vdots \\ \dot{I}_b + \dot{I}_{sb} \end{bmatrix} - \begin{bmatrix} \dot{U}_{s1} \\ \dot{U}_{s2} \\ \vdots \\ \dot{U}_{sk} \\ \dot{U}_{sj} \\ \vdots \\ \dot{U}_{sb} \end{bmatrix}$$

或写成

$$\dot{U} = Z(\dot{I} + \dot{I}_s) - \dot{U}_s$$

由上式可以看出，它和式（12-10）形式完全相同，因此支路上含有受控电压源时，回路方程的矩阵形式仍为式（12-13）。所不同的只有支路阻抗矩阵 Z，其主对角线元素仍为各支路阻抗，而非对角线元素的第 k 行、第 j 列的元素不再为零，它的大小为电流控制电压源的控制系数 r_{kj}。如果图 12-9 的复合支路中受控源的参考方向和图示相反时，则阻抗矩阵 Z 中该元素对应的则为 $-r_{kj}$；若支路中含有电压控制电压源，即 $\dot{U}_{dk} = \mu_{kj}\dot{U}_{ej} = \mu_{kj}Z_j(\dot{I}_j + \dot{I}_{sj})$，则支路阻抗矩阵的第 k 行、第 j 列的元素则为 $\mu_{kj}Z_j$，其正负号的判断与电流控制电压源时的情况相同。

综上所述，不管何种电路，回路电流方程的矩阵形式都为式（12-13），即

$$BZB^T\dot{I}_l = B\dot{U}_s - BZ\dot{I}_s$$

只是不同的支路内容，对应的支路阻抗矩阵有所不同而已。在列写回路电流方程的矩阵形式时，只需按照式（12-13），分别写出回路矩阵、阻抗矩阵、电压源列向量和电流源列向量，代入式（12-13）进行矩阵相乘，即可得到所求结果。

有关"复合支路含有受控源"的相关情况可以扫描二维码 12-8 进一步学习。

二维码 12-8

12.3.3 检测

掌握回路电流方程矩阵形式的列写

电路及其有向图如图 12-10 所示，试列写其回路电流方程的矩阵形式。

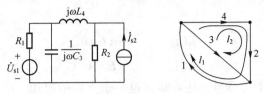

图 12-10 回路电流方程矩阵形式的列写

习题 12.1

分析计算题

（1）电路及其有向图如图 12-11 所示，试列写下列两种情况下的回路电流方程的矩阵形式。

① L_2 和 L_3 之间不含互感。

② L_2 和 L_3 之间含有互感。

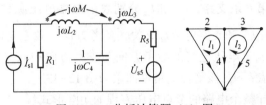

图 12-11 分析计算题（1）图

（2）电路及其有向图如图 12-12 所示，试列写其回路电流方程的矩阵形式。

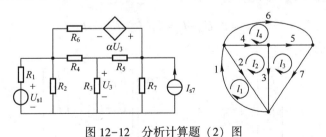

图 12-12 分析计算题（2）图

12.4 节点电压方程的矩阵形式

12.4.1 节前思考

列写含有电流控制电流源的支路导纳矩阵需要注意什么？

12.4.2　知识点

节点电压法以节点电压为电路的独立变量，列写的是电路的 KCL 方程。由于描述支路和节点关联性质的是关联矩阵 A，因此可以用以 A 表示的 KCL 和 KVL 推导出节点电压方程的矩阵形式。

$$\text{KCL} \qquad A\dot{I} = 0 \tag{12-14}$$

$$\text{KVL} \qquad \dot{U} = A^{\mathrm{T}}\dot{U}_n \tag{12-15}$$

除了依据 KCL、KVL 方程外，还需知道每一条支路的电压、电流的约束关系。对于节点电压法，一般可采用图 12-13a 所示的复合支路。

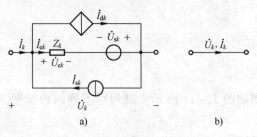

图 12-13　含受控源的复合支路

其中，下标 k 表示第 k 条支路，$\dot{U}_{sk}$ 和 $\dot{I}_{sk}$ 分别表示独立电压源和独立电流源，Y_k 表示这条支路的导纳；支路电压 $\dot{U}_k$ 和支路电流 $\dot{I}_k$ 取关联参考方向，独立电源 $\dot{U}_{sk}$ 和 $\dot{I}_{sk}$ 的参考方向和支路方向相反，而导纳 Y_k 上电压电流的参考方向与支路方向相同（阻抗上电压、电流取关联参考方向）。在此种情况下，该复合支路可抽象为图 12-13b。

下面分不同情况推导整个电路的节点电压方程的矩阵形式。

1. 电路中无受控源，电感间无耦合

对于第 k 条支路（$\dot{I}_{dk}=0$ 时）有

$$\dot{I}_k = Y_k\dot{U}_{ek} - \dot{I}_{sk} = Y_k(\dot{U}_k + \dot{U}_{sk}) - \dot{I}_{sk}$$

对整个电路则有

$$\begin{bmatrix} \dot{I}_1 \\ \dot{I}_2 \\ \vdots \\ \dot{I}_b \end{bmatrix} = \begin{bmatrix} Y_1 & & & 0 \\ & Y_2 & & \\ & & \ddots & \\ 0 & & & Y_b \end{bmatrix} \begin{bmatrix} \dot{U}_1 + \dot{U}_{s1} \\ \dot{U}_2 + \dot{U}_{s2} \\ \vdots \\ \dot{U}_b + \dot{U}_{sb} \end{bmatrix} - \begin{bmatrix} \dot{I}_{s1} \\ \dot{I}_{s2} \\ \vdots \\ \dot{I}_{sb} \end{bmatrix}$$

或写成

$$\dot{I} = Y(\dot{U} + \dot{U}_s) - \dot{I}_s \tag{12-16}$$

式中，Y 称为支路导纳矩阵，它是一个 $b \times b$ 的对角阵，对角线上的每个元素分别是各支路的导纳。

将式（12-16）代入式（12-14），可得

$$A\dot{I} = AY(\dot{U} + \dot{U}_s) - A\dot{I}_s = 0$$

将式（12-15）代入上式，整理可得

$$AYA^T\dot{U}_n = A\dot{I}_s - AY\dot{U}_s \tag{12-17}$$

式（12-17）即为节点电压方程的矩阵形式。如果设 $Y_n \overset{\text{def}}{=} AYA^T$，可知它是一个 $n-1$ 阶的方阵，称为节点导纳矩阵，它的主对角线元素即为自导纳，非对角线元素为互导纳。而方程右边的 $\dot{J}_n \overset{\text{def}}{=} A\dot{I}_s - AY\dot{U}_s$ 为流入各节点等效电流的列向量。

有关"电路中无受控源，电感间无耦合"的情况可扫描二维码 12-9 进一步学习。

有关例题可扫描二维码 12-10 学习。

二维码 12-9　　　　　　　　　二维码 12-10

2. 电路中无受控源，而电感间存在耦合

设第 k 条、第 j 条支路之间有耦合关系，支路编号时将它们相邻的编在一起，根据 12.3 节的内容容易得出其支路阻抗矩阵为

$$
Z = \begin{array}{c}\\ \\ k \\ j \\ \\ \end{array}
\begin{bmatrix}
Z_1 & & & k & j & \\
 & \ddots & & & & \\
\hline
 & & & \vdots & & \\
 & & & \mathrm{j}\omega L_k & \pm\mathrm{j}\omega M & \\
 & & & \pm\mathrm{j}\omega M & \mathrm{j}\omega L_j & \\
 & & & & & \ddots
\end{bmatrix}
$$

则对应的支路导纳矩阵和支路阻抗矩阵满足 $Y = Z^{-1}$，即

$$
Y = Z^{-1} = \begin{array}{c}\\ \\ k \\ j \\ \\ \end{array}
\begin{bmatrix}
Y_1 & & & k & j & \\
 & \ddots & & & & \\
\hline
 & & & \vdots & & \\
 & & & \dfrac{L_j}{\Delta} & \mp\dfrac{M}{\Delta} & \\
 & & & \mp\dfrac{M}{\Delta} & \dfrac{L_k}{\Delta} & \\
 & & & & & \ddots
\end{bmatrix}
\quad \text{其中,} \quad \Delta = \mathrm{j}\omega(L_k L_j - M^2)
$$

从上式可以看出，只有含有互感的由第 k 条、第 j 条支路构成的导纳子矩阵发生了变化，即该子矩阵的非对角线元素不再为零，其余支路的导纳没有发生变化。因此，含有互感的电路的节点电压矩阵方程仍为式（12-17），所不同的只有支路导纳矩阵 Y 不再为对角阵。

有关"电路中无受控源，而电感间存在耦合"的情况可扫描二维码 12-11 进一步学习。

二维码 12-11

3. 支路中含有受控源

如图 12-13 所示复合支路，设第 k 条支路上含有受控电流源 $\dot{I}_{dk}$，控制量是第 j 条支路无源元件的电压或电流，注意图中受控源的参考方向和支路电流方向相同，则该支路的支路方程为

$$\dot{I}_k = \dot{I}_{ek} + \dot{I}_{dk} - \dot{I}_{sk} = Y_k \dot{U}_{ek} + \dot{I}_{dk} - \dot{I}_{sk} = Y_k(\dot{U}_k + \dot{U}_{sk}) + \dot{I}_{dk} - \dot{I}_{sk}$$

若受控电流源是电压控制电流源（VCCS），则 $\dot{I}_{dk} = g_{kj}\dot{U}_{ek} = g_{kj}(\dot{U}_j + \dot{U}_{sj})$；若受控电流源是电流控制电流源（CCCS），则 $\dot{I}_{dk} = \beta_{kj}\dot{I}_{ek} = \beta_{kj}Y_j(\dot{U}_j + \dot{U}_{sj})$。将 b 条支路的支路方程写成矩阵形式为

$$\begin{bmatrix} \dot{I}_1 \\ \vdots \\ \dot{I}_k \\ \vdots \\ \dot{I}_j \\ \vdots \\ \dot{I}_b \end{bmatrix} = \begin{array}{c} \\ \\ k \end{array} \begin{bmatrix} Y_1 & & & & & & \\ & \ddots & & & & & \\ & & Y_k & & Y_{kj} & & 0 \\ & & & \ddots & & & \\ & & & & Y_j & & \\ & & & & & \ddots & \\ 0 & & & & & & Y_b \end{bmatrix} \begin{bmatrix} \dot{U}_1 + \dot{U}_{s1} \\ \vdots \\ \dot{U}_k + \dot{U}_{sk} \\ \vdots \\ \dot{U}_j + \dot{U}_{sj} \\ \vdots \\ \dot{U}_b + \dot{U}_{sb} \end{bmatrix} - \begin{bmatrix} \dot{I}_{s1} \\ \vdots \\ \dot{I}_{sk} \\ \vdots \\ \dot{I}_{sj} \\ \vdots \\ \dot{I}_{sb} \end{bmatrix} \text{，其中，} Y_{kj} = \begin{cases} g_{kj} \\ \beta_{kj}Y_j \end{cases}$$

将上式写成矩阵形式为

$$\dot{I} = Y(\dot{U} + \dot{U}_s) - \dot{I}_s$$

可以发现，上式和式（12-16）完全相同，只是支路导纳矩阵 Y 不再是对角阵，其第 k 行、第 j 列的元素不再为零，而是 Y_{kj}。

有关"支路中含有受控源"的情况可扫描二维码 12-12 进一步学习。

有关例题可扫描二维码 12-13 学习。

二维码 12-12

二维码 12-13

12.4.3 检测

掌握节点电压方程矩阵形式的列写

电路及其有向图如图 12-14 所示，试列写其节点电压方程的矩阵形式。

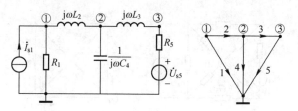

图 12-14 节点电压方程矩阵形式的列写

12.5 割集电压方程的矩阵形式

12.5.1 节前思考

分析节点电压方程与割集电压方程、网孔电流方程与回路电流方程的内在联系与区别。

12.5.2 知识点

通过 12.2 节的式（12-7）可知，电路中所有支路电压可以用树支电压表示，所以以树支电压与独立节点电压一样可被选作电路的独立变量。当所选独立割集组不是基本割集组时，式（12-7）可理解为一组独立的割集电压。这时割集电压是指由割集划分的两组节点（或两分离部分）之间的一种假想电压，正如回路电流是沿着回路流动的一种假想电流一样。以割集电压为电路独立变量的分析法称为割集电压法。

如图 12-13 所示的复合支路，有

$$\text{KCL} \qquad \boldsymbol{Q}_f \dot{\boldsymbol{I}} = \boldsymbol{0}$$

$$\text{KVL} \qquad \dot{\boldsymbol{U}} = \boldsymbol{Q}_f^T \dot{\boldsymbol{U}}_t$$

支路方程的形式为

$$\dot{\boldsymbol{I}} = \boldsymbol{Y}(\dot{\boldsymbol{U}} + \dot{\boldsymbol{U}}_s) - \dot{\boldsymbol{I}}_s$$

通过化简整理，可得割集电压（树支电压）方程的矩阵形式为

$$\boldsymbol{Q}_f \boldsymbol{Y} \boldsymbol{Q}_f^T \dot{\boldsymbol{U}}_t = \boldsymbol{Q}_f \dot{\boldsymbol{I}}_s - \boldsymbol{Q}_f \boldsymbol{Y} \dot{\boldsymbol{U}}_s$$

值得一提的是，割集电压法是节点电压法的推广，或者说节点电压法是割集电压法的一个特例。若选择一组独立割集，使每一割集都由汇集在一个节点上的支路构成时，割集电压法便成为节点电压法。

有关"割集电压方程的矩阵形式"的概念可以扫描二维码 12-14 进一步学习。

二维码 12-14

12.5.3 检测

掌握割集电压方程矩阵形式的列写

电路及其有向图如图 12-15 所示，试以支路（1，2，6，7）为树支，列写该电路的割集电压方程的矩阵形式。

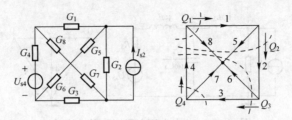

图 12-15　割集电压方程矩阵形式的列写

习题 12.2

分析计算题

（1）电路及其有向图如图 12-16 所示，试列写下列两种情况下的节点电压方程的矩阵形式。

① L_2 和 L_3 之间不含互感。

② L_2 和 L_3 之间含有互感。

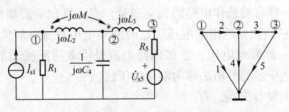

图 12-16　分析计算题（1）图

（2）电路及其有向图如图 12-17 所示，电路角频率为 ω，试列写其节点电压方程的矩阵形式（采用相量形式）。

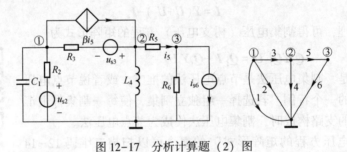

图 12-17　分析计算题（2）图

（3）电路及其有向图如图 12-18 所示，电路角频率为 ω，试以支路（1，2，3）为树支，列写该电路的割集电压方程的矩阵形式（采用相量形式）。

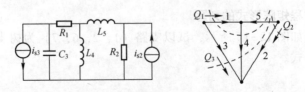

图 12-18　分析计算题（3）图

12. 6　状态方程

12. 6. 1　节前思考

（1）根据状态方程的标准形式说明选电容电压 u_C 和电感电流 i_L 作为电路的状态变量有什么好处？

（2）对于非线性电路，应该选用什么量作为状态变量？

12. 6. 2　知识点

1. 状态变量与状态方程

电路理论中，t_0 时刻的状态是指在 t_0 时刻电路必须具备的最少信息，它们和从该时刻开始的任意输入一起确定 t_0 时刻以后电路的响应。而状态变量是电路的一组独立的动态变量，它们在任意时刻的值组成了该时刻的状态。从对一阶电路、二阶电路的分析可知，电容上电压 u_C（或电荷 q_C）和电感中的电流 i_L（或磁通链 $\varPsi_L$）是电路的状态变量。对状态变量列出的一阶微分方程称为状态方程。这就是说，如果已知状态变量在 t_0 时的值，而且已知自 t_0 开始的外施激励，通过求解微分方程，就能唯一地确定 $t>t_0$ 后电路的全部性状。

下面通过一个简单的例子说明以上介绍的概念。在讨论图 12-19 所示二阶 *RLC* 串联电路的时域分析中，列出了以电容电压为求解对象的微分方程：

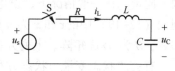

图 12-19　*RLC* 串联电路

$$LC\frac{\mathrm{d}^2 u_C}{\mathrm{d}t^2}+RC\frac{\mathrm{d}u_C}{\mathrm{d}t}+u_C=u_s$$

这是一个二阶线性微分方程。其中，在 $t=t_0$ 时电容上的电压和电感上的电流的初始值作为确定积分常数的初始条件（这里以 $t=t_0$ 作为过程的起始）。如果以电容电压 u_C 和电感电流 i_L 为变量列上述电路的方程，则有

$$C\frac{\mathrm{d}u_C}{\mathrm{d}t}=i_L$$

$$L\frac{\mathrm{d}i_L}{\mathrm{d}t}=u_s-Ri_L-u_C$$

对以上两个方程变形，可得

$$\begin{cases}\dfrac{\mathrm{d}u_C}{\mathrm{d}t}=\dfrac{1}{C}i_L\\[2mm]\dfrac{\mathrm{d}i_L}{\mathrm{d}t}=-\dfrac{1}{L}u_C-\dfrac{R}{L}i_L+\dfrac{1}{L}u_s\end{cases}\qquad(12-18)$$

式（12-18）是一组以 u_C 和 i_L 为变量的一阶微分方程，而 $u_C(0_+)$ 和 $i_L(0_+)$ 提供了用来确定积分常数的初始值，因此方程（12-18）就是刻画电路动态过程的状态方程。

如果用矩阵形式列写方程（12-18），则有

$$\begin{bmatrix} \dfrac{du_C}{dt} \\[2mm] \dfrac{di_L}{dt} \end{bmatrix} = \begin{bmatrix} 0 & \dfrac{1}{C} \\[2mm] -\dfrac{1}{L} & -\dfrac{R}{L} \end{bmatrix} \begin{bmatrix} u_C \\[1mm] i_L \end{bmatrix} + \begin{bmatrix} 0 \\[1mm] \dfrac{1}{L} \end{bmatrix} [u_s]$$

若令 $x_1 = u_C$，$x_2 = i_L$，$\dot{x}_1 = \dfrac{du_C}{dt}$，$\dot{x}_2 = \dfrac{di_L}{dt}$，则有

$$\begin{bmatrix} \dot{x}_1 \\[1mm] \dot{x}_2 \end{bmatrix} = A \begin{bmatrix} x_1 \\[1mm] x_2 \end{bmatrix} + B[u_s]$$

式中

$$A = \begin{bmatrix} 0 & \dfrac{1}{C} \\[2mm] -\dfrac{1}{L} & -\dfrac{R}{L} \end{bmatrix}, \quad B = \begin{bmatrix} 0 \\[1mm] \dfrac{1}{L} \end{bmatrix}$$

如果令 $\dot{x} = [\dot{x}_1, \dot{x}_2]^T$，$x = [x_1, x_2]^T$，$v = [u_s]$，则有

$$\dot{x} = Ax + Bv \tag{12-19}$$

式（12-19）称为状态方程的标准形式。x 称为状态向量，v 称为输入向量。在一般情况下，设电路具有 n 个状态变量，m 个独立电源，则式（12-19）中的 $\dot{x}$ 和 x 为 n 阶列向量，A 为 $n \times n$ 方阵，v 为 m 阶列向量，B 为 $n \times m$ 矩阵。上列方程有时也称为向量微分方程。

有关"状态变量与状态方程"的概念可以扫描二维码 12-15 进一步学习。

二维码 12-15

2. 直观法列写状态方程

从对上述二阶电路列写状态方程的过程不难看出，要列出包含 $\dfrac{du_C}{dt}$ 项的方程，并对只含有一个电容的节点或割集写出 KCL 方程；而要列出包含 $\dfrac{di_L}{dt}$ 项的方程，对只包含一个电感的回路列写 KVL 方程。对于不太复杂的电路，可以用直观法列写状态方程。例如，对图 12-20 所示电路，若以 u_C、i_1 和 i_2 为状态变量，可按如下步骤列出状态方程。

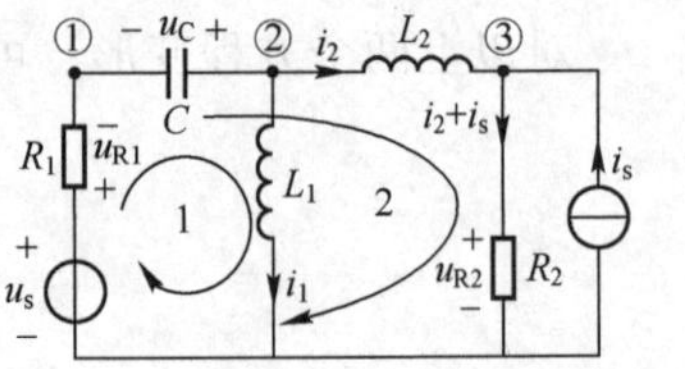

对节点②列出 KCL 方程

$$C \frac{du_C}{dt} = -i_1 - i_2$$

再分别对回路 1 和回路 2 列写 KVL 方程

$$L_1 \frac{di_1}{dt} = -u_{R1} + u_C + u_s = -R_1(i_1 + i_2) + u_C + u_s$$

$$L_2 \frac{di_2}{dt} = -u_{R1} + u_C - u_{R2} + u_s = -R_1(i_1 + i_2) + u_C - R_2(i_2 + i_s) + u_s$$

整理以上方程并写成矩阵形式有

图 12-20　用直观法列写状态方程

$$\begin{bmatrix} \dfrac{\mathrm{d}u_C}{\mathrm{d}t} \\[2mm] \dfrac{\mathrm{d}i_1}{\mathrm{d}t} \\[2mm] \dfrac{\mathrm{d}i_2}{\mathrm{d}t} \end{bmatrix} = \begin{bmatrix} 0 & -\dfrac{1}{C} & -\dfrac{1}{C} \\[2mm] \dfrac{1}{L_1} & -\dfrac{R_1}{L_1} & -\dfrac{R_1}{L_1} \\[2mm] \dfrac{1}{L_2} & -\dfrac{R_1}{L_2} & -\dfrac{R_1+R_2}{L_2} \end{bmatrix} \begin{bmatrix} u_C \\[1mm] i_1 \\[1mm] i_2 \end{bmatrix} + \begin{bmatrix} 0 & 0 \\[2mm] \dfrac{1}{L_1} & 0 \\[2mm] \dfrac{1}{L_2} & -\dfrac{R_2}{L_2} \end{bmatrix} \begin{bmatrix} u_s \\[1mm] i_s \end{bmatrix}$$

或写成标准形式：

$$\dot{\boldsymbol{x}} = \boldsymbol{Ax} + \boldsymbol{Bv}$$

式中，$\dot{\boldsymbol{x}} = \begin{bmatrix} \dot{x}_1 & \dot{x}_2 & \dot{x}_3 \end{bmatrix}^{\mathrm{T}}$，$\boldsymbol{x} = \begin{bmatrix} x_1 & x_2 & x_3 \end{bmatrix}^{\mathrm{T}}$，$\boldsymbol{v} = \begin{bmatrix} u_s & i_s \end{bmatrix}^{\mathrm{T}}$，而 $x_1 = u_C$，$x_2 = i_1$，$x_3 = i_2$。

值得注意的是，在列写包含 $\dfrac{\mathrm{d}u_C}{\mathrm{d}t}$ 或 $\dfrac{\mathrm{d}i_L}{\mathrm{d}t}$ 的方程时，有时可能出现非状态变量，例如，上例中的 u_{R1} 和 u_{R2}，只有把它们也表示为状态变量后，才能得到状态方程的标准形式。在建立状态方程的过程中，通常包含消去非状态变量的过程。

二维码 12-16

有关"直观法列写状态方程"的概念可以扫描二维码 12-16 进一步学习。

3. 系统法列写状态方程

对于复杂电路，利用树的概念建立状态方程较为方便。下面介绍一种借助"特有树"建立状态方程的系统列写法。特有树是这样一种树，它的树支包含了电路中的所有电压源支路和电容支路，它的连支包含了电路中所有电流源支路和电感支路。当电路中不存在仅由电容和电压源支路构成的回路和仅由电流源和电感支路构成的割集时，特有树总是存在的。于是可以选一个特有树，对单电容树支割集列写 KCL 方程，对单电感连支回路列写 KVL 方程。然后消去非状态变量（如果有必要），最后整理并写成矩阵形式。

系统法列写状态方程的具体步骤如下：

1）令每一支路只包含一个元件。把网络的独立电源、电容、电感、电阻等元件所在支路都作为一条支路。

2）选择一个特有树。将电压源支路、电容支路看成树支；将电流源支路、电感支路看成连支；由树的定义决定其余电阻支路哪些为树支、哪些为连支。

3）对包含电容的支路列写基本割集方程，对包含电感的支路列写基本回路方程，使方程的左边尽量出现 $C\dfrac{\mathrm{d}u_C}{\mathrm{d}t}$ 或 $L\dfrac{\mathrm{d}i_L}{\mathrm{d}t}$ 项，而等号右边尽可能含 u_C、i_L（状态变量）和 u_s、i_s（输入变量），以及其他非状态变量 i_C、u_L 等。

4）消去非状态变量。即对于作为树支的电阻电压，结合欧姆定律列写包含该电阻的单树支割集的 KCL 方程；对于作为连支的电阻电流，结合欧姆定律列写包含该电阻的单连支回路的 KVL 方程。

5）整理这些方程即可得到 $\dot{\boldsymbol{x}} = \boldsymbol{Ax} + \boldsymbol{Bv}$。

综上所述，状态变量和储能元件有联系，状态变量的个数等于独立的储能元件个数；一般选择 u_C 和 i_L 为状态变量，也常选 $\boldsymbol{\Psi}$ 和 q 为状态变量；值得一提的是，状态变量的选择不唯一。

在实际应用中，如果需要以节点电压为输出，这就要求导出节点电压与状态变量之间的关系。在线性电路中，节点电压可表示为状态变量与输入激励的线性组合。这种联系了电路中某些感兴趣的量与状态变量和输入量之间的关系式称为电路的输出方程。输出方程的一般形式为

$$y = Cx + Dv \qquad (12{-}20)$$

式中，y 为输出向量；x 为状态向量；v 为输入向量；C 和 D 为仅与电路结构和元件值有关的系数矩阵。

有关"系统法列写状态方程"的概念可以扫描二维码 12-17 进一步学习。

二维码 12-17

12.6.3 检测

掌握状态方程的列写

1. 试以 u_C 与 i_L 为状态变量列写图 12-21 所示电路的状态方程。

2. 试以 u_1、u_2、i_3 为状态变量列写图 12-22 所示电路的状态方程。

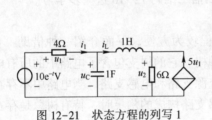

图 12-21 状态方程的列写 1

图 12-22 状态方程的列写 2

习题 12.3

分析计算题

（1）试以 u_C 与 i_L 为状态变量列写图 12-23 所示电路的状态方程。

（2）试以 u_C、i_{L1} 和 i_{L2} 为状态变量列写图 12-24 所示电路的状态方程。

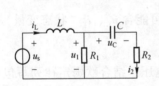
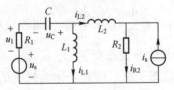

图 12-23 分析计算题（1）图

图 12-24 分析计算题（2）图

（3）试以 u_C 与 i_L 为状态变量列写图 12-25 所示电路的状态方程。

（4）试以 u_C、i_{L1} 和 i_{L2} 为状态变量列写图 12-26 所示电路的状态方程。

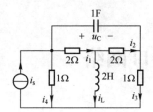

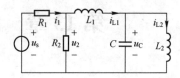

图 12-25　分析计算题 (3) 图　　　　　图 12-26　分析计算题 (4) 图

例题精讲 12-1　　　　例题精讲 12-2　　　　例题精讲 12-3　　　　例题精讲 12-4

例题精讲 12-5

第13章 二端口网络

前面章节的电路分析，主要是分析计算支路的电流和电压，所分析的电路是一个完整的电路。然而，随着集成电路技术的发展，越来越多的实用电路被集成在很小的芯片上，经封装后广泛使用在各类电子仪器设备中，这如同将整个网络封装在"黑盒子"中，而只引出若干端子与其他网络或电源或负载相连接。对于这样的网络，感兴趣的将不再是某条支路上的电流电压情况，而是这个网络的外部特性，即引出的端子上的电压电流关系。这一类电路有其自身的特点，其分析方法，可称为网络的端口分析法。本章主要研究二端口网络的特性和分析方法。

13.1 二端口网络及其参数方程

13.1.1 节前思考

(1) 是不是所有二端口都具有6种参数？

(2) 设计一个不存在 Z 参数的二端口网络。

13.1.2 知识点

网络的一个端口是指网络的有以下性质的一对端子：从一个端子流入的电流等于从另一个端子流出的电流。例如，对于如图13-1所示的某网络的一个端口，则应有

$$i_1 = i_1' \tag{13-1}$$

式（13-1）称为端口条件，只有满足端口条件的一对端子才能构成一个端口。在集总参数电路中，任意一个二端元件都可以看成一个最简单的一端口。戴维南等效电路也是一个一端口。端口可以看成是网络完成能量或信息"吞吐"的口子，即输入输出口。

含有两个端口的网络称为二端口网络。如图13-2所示的电路是一个二端口网络，它的两个端口的电流都应满足端口条件，即对端口 1-1′（或端口 2-2′）来说，从网络外部流入端子1（或2）的电流，等于由网络内部流出端子1′（或2′）的电流。值得一提的是，并不是所有的多端网络的两个端子都可以形成一个端口，要构成端口必须满足端口条件。例如，任意一个四端网络不一定是二端口网络，只有它的两对端子都满足端口条件时才能构成二端口网络。

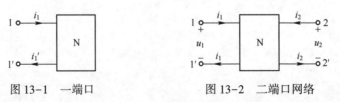

图 13-1　一端口　　　　　　　图 13-2　二端口网络

一般情况下，常将二端口网络的端口 1-1′ 看成输入端口，电流、电压信号或功率由此端口输入；将端口 2-2′ 看成输出端口，电流、电压信号或功率由此端口输出。这是因为在分析问题时，能量的传递和信息的处理方向习惯上是从左到右的。本书按惯例所采用的参考方向如图 13-2 所示，两个端口电流都流进二端口网络，端口电压和电流的参考方向对网络内部关联。参阅其他参考书目时，应注意其端口电压和电流的参考方向，和本书不一致时，需要适当地引入负号。图 13-3 给出了几个常见的二端口网络电路的实例。

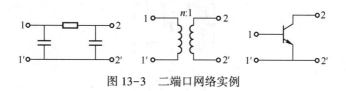

图 13-3　二端口网络实例

二端口网络就其内部是否含有独立源，可分为含源二端口网络和无源二端口网络。本章只讨论二端口网络的内部仅由线性的电阻 R、电容 C、电感 L、互感 M 和线性的受控源等元件构成的情况。若考虑二端口网络的动态过程时，还假定网络内部所有储能元件的初始储能为零，即所有电容的初始电压（电荷）为零，电感的初始电流（磁链）为零，这样所考虑的二端口网络的任何响应都是零状态响应。

引入端口的概念，使得分析电路的重点放在了端口的伏安特性上。例如，一端口网络的伏安特性可以用一个参数来表征，即阻抗 Z（或导纳 Y），阻抗 Z 即为表征该一端口网络的参数。对于二端口网络来说，要研究二端口网络的特性，实质上也是去研究端口上的伏安特性，即找出端口上电压和电流的关系，这些关系也需要一些参数来表示。这些关系的确立，是和构成二端口网络的元件和连接方式密切相关的。一旦电路的元件和连接方式确定，这些表征二端口网络的电路参数也就不变，端口上电压、电流的变化规律也就不变。通常情况下，可以采用实验测量或计算的方法确立端口上的伏安特性。

下面讨论如何确立二端口网络的伏安特性。

二端口网络的端口变量有 4 个，即 2 个端口电压和 2 个端口电流。要研究二端口网络的伏安特性，就是要研究这 4 个变量之间的关系，即找出这 4 个变量之间的方程。因为是 4 个变量，显然至少需要 2 个独立方程。因此，任取其中的 2 个做自变量（即激励），另外 2 个则为因变量（即响应），则可以得到 $C_4^2 = 6$ 组方程。也就是说，可以得到 6 组不同的方程来表征某个二端口网络的伏安特性。参数方程的具体形式有以下几种形式（采用相量形式）。

Y 参数方程：将端口电流用端口电压表示，即自变量（激励）是端口电压 $\dot{U}_1$、$\dot{U}_2$，因变量（响应）是端口电流 $\dot{I}_1$、$\dot{I}_2$。Y 参数方程为

$$\begin{bmatrix} \dot{I}_1 \\ \dot{I}_2 \end{bmatrix} = Y \begin{bmatrix} \dot{U}_1 \\ \dot{U}_2 \end{bmatrix}$$

Z 参数方程：将端口电压用端口电流表示，即自变量（激励）是端口电流 $\dot{I}_1$、$\dot{I}_2$，因变量（响应）是端口电压 $\dot{U}_1$、$\dot{U}_2$。Z 参数方程为

$$\begin{bmatrix} \dot{U}_1 \\ \dot{U}_2 \end{bmatrix} = Z \begin{bmatrix} \dot{I}_1 \\ \dot{I}_2 \end{bmatrix}$$

T 参数方程：将端口 1-1′的电压、电流用端口 2-2′的电压、电流表示，即自变量（激励）是端口电流$\dot{U}_2$、$(-\dot{I}_2)$（注意负号），因变量（响应）是端口电压$\dot{U}_1$、$\dot{I}_1$。**T** 参数方程为

$$\begin{bmatrix} \dot{U}_1 \\ \dot{I}_1 \end{bmatrix} = T \begin{bmatrix} \dot{U}_2 \\ -\dot{I}_2 \end{bmatrix}$$

H 参数方程为

$$\begin{bmatrix} \dot{U}_1 \\ \dot{I}_2 \end{bmatrix} = H \begin{bmatrix} \dot{I}_1 \\ \dot{U}_2 \end{bmatrix}$$

此外，还有两种参数方程，本书不做介绍。下面分别讨论以上四种参数方程，从而掌握二端口网络的伏安特性和分析方法。

有关"二端口网络"的概念可以扫描二维码 13-1 进一步学习。

1. Y 参数（短路导纳参数）

如图 13-4 所示，在二端口网络两端施加电压源激励$\dot{U}_1$和$\dot{U}_2$，则端口电流$\dot{I}_1$和$\dot{I}_2$是由两个电压源共同作用产生的响应。根据线性电路的特点，可知$\dot{I}_1$和$\dot{I}_2$与$\dot{U}_1$和$\dot{U}_2$是线性关系，根据叠加定理，端口电流是这两个电压的线性函数，即

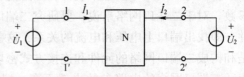

图 13-4　施加电压源激励的二端口网络

$$\begin{cases} \dot{I}_1 = Y_{11}\dot{U}_1 + Y_{12}\dot{U}_2 \\ \dot{I}_2 = Y_{21}\dot{U}_1 + Y_{22}\dot{U}_2 \end{cases} \tag{13-2}$$

可把该式写成矩阵形式：

$$\begin{bmatrix} \dot{I}_1 \\ \dot{I}_2 \end{bmatrix} = \begin{bmatrix} Y_{11} & Y_{12} \\ Y_{21} & Y_{22} \end{bmatrix} \begin{bmatrix} \dot{U}_1 \\ \dot{U}_2 \end{bmatrix} = Y \begin{bmatrix} \dot{U}_1 \\ \dot{U}_2 \end{bmatrix} \tag{13-3}$$

式中

$$Y = \begin{bmatrix} Y_{11} & Y_{12} \\ Y_{21} & Y_{22} \end{bmatrix}$$

为二端口网络的 **Y** 参数矩阵，因为每个参数都具有导纳的量纲，因此又称为导纳参数矩阵。

式（13-2）和（13-3）称为二端口网络的 **Y** 参数方程，显然该端口方程描述了二端口网络的外特性。对任一给定的二端口网络，**Y** 参数是一组确定的常数，其值取决于二端口网络内部的结构和元件参数值。在二端口网络的内部结构和元件参数已知的情况下，**Y** 参数可

通过计算获得，也可通过实验测量的方法获得。

由式（13-2）可知，令电压分别为零，即在短路条件下，可表示出每个 Y 参数的物理意义，从而可通过计算或测量得到 Y 参数。具体做法如下：令 $\dot{U}_2 = 0$，即端口 2-2′短路，则

$$Y_{11} = \frac{\dot{I}_1}{\dot{U}_1} \bigg|_{\dot{U}_2 = 0}$$

$$Y_{21} = \frac{\dot{I}_2}{\dot{U}_1} \bigg|_{\dot{U}_2 = 0}$$

Y_{11} 和 Y_{21} 这两个参数都是在端口 2-2′短路的情况下测得的，Y_{11} 称为自导纳，Y_{21} 称为转移导纳，这两个参数都具有导纳的量纲。

若令 $\dot{U}_1 = 0$，即端口 1-1′短路，则可得

$$Y_{12} = \frac{\dot{I}_1}{\dot{U}_2} \bigg|_{\dot{U}_1 = 0}$$

$$Y_{22} = \frac{\dot{I}_2}{\dot{U}_2} \bigg|_{\dot{U}_1 = 0}$$

Y_{12} 和 Y_{22} 这两个参数都是在端口 1-1′短路的情况下测得的，Y_{12} 称为转移导纳，Y_{22} 称为自导纳，这两个参数具有导纳的量纲。

因为以上参数都是通过在短路的情况下测得的，所以 Y 参数又称为短路导纳参数。对一般线性二端口网络而言，采用上述 4 个 Y 参数就可描述其端口特性。实际上，当二端口网络满足某些特定条件时，所需参数还可减少。例如，当二端口网络内部不含受控源，而仅含线性的电阻、电容、电感和互感等元件时（该二端口网络也称为互易二端口网络），此时只需要 3 个参数就可确定二端口网络的外部特性。如果二端口网络为电气上对称的二端口网络（简称对称二端口网络），此时只需要 2 个参数就可确定二端口网络的外部特性。所谓电气上对称的二端口网络，是指两个端口上的电气特性完全相同。结构上对称的二端口网络一定是电气上对称的二端口网络，而结构上不对称的二端口网络也有可能是电气上对称的二端口网络。

有关"Y 参数"的概念可以扫描二维码 13-2 进一步学习。

2. Z 参数（开路阻抗参数）

图 13-5 所示的二端口网络两端施加电流源激励 $\dot{I}_1$ 和 $\dot{I}_2$，则端口电压 $\dot{U}_1$ 和 $\dot{U}_2$ 是由两个电流源共同作用产生的响应。根据叠加定理，端口电压是这两个端口电流的线性函数，即

二维码 13-2

$$\begin{cases} \dot{U}_1 = Z_{11}\dot{I}_1 + Z_{12}\dot{I}_2 \\ \dot{U}_2 = Z_{21}\dot{I}_1 + Z_{22}\dot{I}_2 \end{cases} \tag{13-4}$$

可把该式写成矩阵形式：

$$\begin{bmatrix} \dot{U}_1 \\ \dot{U}_2 \end{bmatrix} = \begin{bmatrix} Z_{11} & Z_{12} \\ Z_{21} & Z_{22} \end{bmatrix} \begin{bmatrix} \dot{I}_1 \\ \dot{I}_2 \end{bmatrix} = \mathbf{Z} \begin{bmatrix} \dot{I}_1 \\ \dot{I}_2 \end{bmatrix} \qquad (13-5)$$

式中

$$\mathbf{Z} = \begin{bmatrix} Z_{11} & Z_{12} \\ Z_{21} & Z_{22} \end{bmatrix}$$

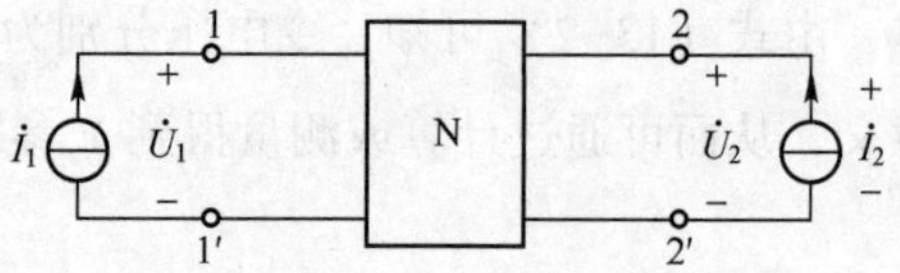

图 13-5 施加电流源激励的二端口网络

为二端口网络的 $\mathbf{Z}$ 参数矩阵，因为每个参数都具有阻抗的量纲，因此又称为阻抗参数矩阵。

式（13-4）和式（13-5）称为二端口网络的 $\mathbf{Z}$ 参数方程，显然该端口方程描述了二端口网络的外特性。对任一给定的二端口网络，$\mathbf{Z}$ 参数是一组确定的常数，其值取决于二端口网络内部的结构和元件参数值。在二端口网络的内部结构和元件参数已知的情况下，$\mathbf{Z}$ 参数可通过计算获得，也可通过实验测定的方法获得。

由式（13-4）可知，若令某个端口电流为零，即在开路条件下，可表示出每个 $\mathbf{Z}$ 参数的物理意义，从而可通过计算或测量得到 $\mathbf{Z}$ 参数。具体做法如下：令 $\dot{I}_2 = 0$，即端口 2-2′开路，如图 13-6 所示。

则可得

$$Z_{11} = \left. \frac{\dot{U}_1}{\dot{I}_1} \right|_{\dot{I}_2 = 0}$$

$$Z_{21} = \left. \frac{\dot{U}_2}{\dot{I}_1} \right|_{\dot{I}_2 = 0}$$

Z_{11} 和 Z_{21} 这两个参数都是在端口 2-2′开路的情况下测得的，Z_{11} 称为自阻抗，Z_{21} 称为转移阻抗，它们都具有阻抗的量纲。

若令 $\dot{I}_1 = 0$，即端口 1-1′开路，如图 13-7 所示。

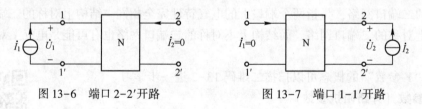

图 13-6 端口 2-2′开路　　　　　图 13-7 端口 1-1′开路

则可得

$$Z_{12} = \left. \frac{\dot{U}_1}{\dot{I}_2} \right|_{\dot{I}_1 = 0}$$

$$Z_{22} = \left. \frac{\dot{U}_2}{\dot{I}_2} \right|_{\dot{I}_1 = 0}$$

Z_{12} 和 Z_{22} 这两个参数都是在端口 1-1′开路的情况下测得的，Z_{12} 称为转移阻抗，Z_{22} 称为自阻抗，这 4 个参数具有阻抗的量纲。

因为上述 4 个参数都是在开路的情况下测得的,因此,Z 参数也称为开路阻抗参数。

与 Y 参数类似,对于满足互易定理的二端口网络,参数 $Z_{12}=Z_{21}$,即只需要 3 个独立的参数来描述该二端口网络。而对于电气上对称的二端口网络,除满足 $Z_{12}=Z_{21}$ 外,还满足 $Z_{11}=Z_{22}$ 的条件,即只需要 2 个独立的参数来描述。

如果二端口内部含有受控源,这样的二端口网络一般不满足互易定理,它的参数 $Z_{12}\neq Z_{21}$,即该二端口网络需要 4 个不同参数来描述。

同一个二端口网络的端口电压和电流的相互关系既可以用 Y 参数来描述,又可以用 Z 参数来描述,因此这两种参数必然有一定的关系。可以证明,如果一个二端口网络的 Y 参数或 Z 参数矩阵存在逆矩阵,它们之间满足 $Z=Y^{-1}$,$Y=Z^{-1}$,即二者互为逆矩阵。这一关系类似于二端元件阻抗和导纳之间的关系,因此,可以把二端口网络的 Z 参数和 Y 参数看成是阻抗元件的推广。

二维码 13-3

有关 "Z 参数" 的概念可以扫描二维码 13-3 进一步学习。

3. T 参数(传输参数)

在很多实际工程的问题中,往往需要分析输入与输出之间的直接关系,如果应用 Y 或 Z 参数方程,显得很不方便。为此需要建立输出端口的电压、电流与输入端口的电压、电流的关系方程,这种方程是用输出端口上的电压、电流变量,表示输入端口上的电压、电流变量。由于在实际问题中,输出端口的电流一般设为流向负载,为了不改变按惯例设定的二端口网络

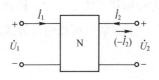

图 13-8 线性二端口网络
(输出电流 $-\dot{I}_2$)

的参考方向,特地用 $(-\dot{I}_2)$ 来表示流入负载的电流,如图 13-8 所示。

下面从 Y 参数方程推导出 $(\dot{U}_1,\ \dot{I}_1)$ 与 $(\dot{U}_2,\ -\dot{I}_2)$ 的直接关系。

已知 Y 参数方程为

$$\dot{I}_1 = Y_{11}\dot{U}_1 + Y_{12}\dot{U}_2 \tag{13-6}$$

$$\dot{I}_2 = Y_{21}\dot{U}_1 + Y_{22}\dot{U}_2 \tag{13-7}$$

由式(13-7)可得

$$\dot{U}_1 = -\frac{Y_{22}}{Y_{21}}\dot{U}_2 + \frac{1}{Y_{21}}\dot{I}_2$$

$$= -\frac{Y_{22}}{Y_{21}}\dot{U}_2 + \left(-\frac{1}{Y_{21}}\right)(-\dot{I}_2) \tag{13-8}$$

将式(13-8)代入式(13-6),可得

$$\dot{I}_1 = Y_{11}\left(-\frac{Y_{22}}{Y_{21}}\dot{U}_2 + \frac{1}{Y_{21}}\dot{I}_2\right) + Y_{12}\dot{U}_2$$

$$= \left(Y_{12} - \frac{Y_{11}Y_{22}}{Y_{21}}\right)\dot{U}_2 + \left(-\frac{Y_{11}}{Y_{21}}\right)(-\dot{I}_2) \tag{13-9}$$

令式(13-8)和式(13-9)中的相应系数为

$$T_{11} = -\frac{Y_{22}}{Y_{21}}, \qquad T_{12} = -\frac{1}{Y_{21}}$$

$$T_{21} = Y_{12} - \frac{Y_{11}Y_{22}}{Y_{21}}, \qquad T_{22} = -\frac{Y_{11}}{Y_{21}}$$

则式（13-8）和式（13-9）可以表示为

$$\begin{cases} \dot{U}_1 = T_{11}\dot{U}_2 + T_{12}(-\dot{I}_2) \\ \dot{I}_1 = T_{21}\dot{U}_2 + T_{22}(-\dot{I}_2) \end{cases} \tag{13-10}$$

写成矩阵形式为

$$\begin{bmatrix} \dot{U}_1 \\ \dot{I}_1 \end{bmatrix} = \begin{bmatrix} T_{11} & T_{12} \\ T_{21} & T_{22} \end{bmatrix} \begin{bmatrix} \dot{U}_2 \\ -\dot{I}_2 \end{bmatrix} \tag{13-11}$$

式（13-10）和式（13-11）称为 $\boldsymbol{T}$ 参数方程，系数称为 $\boldsymbol{T}$ 参数。由于 $\boldsymbol{T}$ 参数常用于电力传输和有线通信中，因而又称为传输参数或一般参数。

$\boldsymbol{T}$ 参数也可以由计算或测量求出。在式（13-10）中，令 $\dot{I}_2 = 0$，可得出

$$T_{11} = \left.\frac{\dot{U}_1}{\dot{U}_2}\right|_{\dot{I}_2=0}$$

$$T_{21} = \left.\frac{\dot{I}_1}{\dot{U}_2}\right|_{\dot{I}_2=0}$$

T_{11} 是端口 2-2′ 开路时两个端口电压之比，称为转移电压比，它是一个无量纲的量；T_{21} 是端口 2-2′ 开路时的转移导纳。这两个参数是在开路的情况下测得的，称为开路参数。

同理，令 $\dot{U}_2 = 0$，则可得

$$T_{12} = \left.\frac{\dot{U}_1}{-\dot{I}_2}\right|_{\dot{U}_2=0}$$

$$T_{22} = \left.\frac{\dot{I}_1}{-\dot{I}_2}\right|_{\dot{U}_2=0}$$

T_{12} 是端口 2-2′ 短路时的转移阻抗；T_{22} 是端口 2-2′ 短路时的两个端口电流之比，称为转移电流比，它也是一个无量纲的量。这两个参数是在短路的情况下测得的，称为短路参数。

若二端口网络满足互易定理，它的 $\boldsymbol{Y}$ 参数满足 $Y_{12} = Y_{21}$，由此可以得到互易的二端口网络 $\boldsymbol{T}$ 参数满足的互易条件是

$$T_{11}T_{22} - T_{12}T_{21} = 1 \tag{13-12}$$

对于对称二端口网络，它的 $\boldsymbol{Y}$ 参数还满足对称条件 $Y_{11} = Y_{22}$，由此可得出对称二端口网络的 $\boldsymbol{T}$ 参数还须满足的条件是 $T_{11} = T_{22}$。

有关"$\boldsymbol{T}$ 参数"的概念可以扫描二维码 13-4 进一步学习。

二维码 13-4

4. H 参数（混合参数）

如图 13-9 所示，用 $\dot{I}_1$ 和 $\dot{U}_2$ 的线性组合来表示 $\dot{U}_1$ 和 $\dot{I}_2$，可以得到又一组参数方程，这组方程在分析和测量晶体管电路时，非常方便。由于自变量取自不同端口的电压和电流，因此，这组方程又称为混合参数方程。

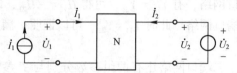

图 13-9 施加混合激励的线性二端口网络

可以从式（13-2）的 Y 参数方程推出（$\dot{U}_1$，$\dot{I}_2$）与（$\dot{I}_1$，$\dot{U}_2$）的直接关系为

$$\dot{U}_1 = \frac{1}{Y_{11}}\dot{I}_1 - \frac{Y_{12}}{Y_{11}}\dot{U}_2$$

$$\dot{I}_2 = \frac{Y_{21}}{Y_{11}}\dot{I}_1 + \frac{Y_{11}Y_{22}-Y_{12}Y_{21}}{Y_{11}}\dot{U}_2$$

令

$$H_{11} = \frac{1}{Y_{11}} \ , \ H_{12} = -\frac{Y_{12}}{Y_{11}}$$

$$H_{21} = \frac{Y_{21}}{Y_{11}} \ , \ H_{12} = \frac{Y_{11}Y_{22}-Y_{12}Y_{21}}{Y_{11}}$$

即可得到如下标准形式的 H 参数方程：

$$\dot{U}_1 = H_{11}\dot{I}_1 + H_{12}\dot{U}_2$$

$$\dot{I}_2 = H_{21}\dot{I}_1 + H_{22}\dot{U}_2 \tag{13-13}$$

可以通过计算或实验测量得到 H 参数及其物理意义。由式（13-13）可知，分别令 $\dot{U}_2 = 0$ 和 $\dot{I}_1 = 0$ 可以得到

$$H_{11} = \left.\frac{\dot{U}_1}{\dot{I}_1}\right|_{\dot{U}_2=0}$$

$$H_{21} = \left.\frac{\dot{I}_2}{\dot{I}_1}\right|_{\dot{U}_2=0}$$

H_{11} 是输出端口短路时的输入阻抗；H_{21} 是输出端口短路时的转移电流比，是一个无量纲的量。

$$H_{12} = \left.\frac{\dot{U}_1}{\dot{U}_2}\right|_{\dot{I}_1=0}$$

$$H_{22} = \left.\frac{\dot{I}_2}{\dot{U}_2}\right|_{\dot{I}_1=0}$$

H_{12} 是输入端口开路时的转移电压比，是一个无量纲的量；H_{22} 是输入端口开路时的输出导纳。

由于 $\boldsymbol{H}$ 参数的 4 个参数的量纲各不相同，表示方式又是混合型的，故 $\boldsymbol{H}$ 参数又称为混合参数。

满足互易定理的二端口网络，有 $Y_{12}=Y_{21}$，可得 $H_{12}=-H_{21}$，即 $\boldsymbol{H}$ 参数有 3 个独立参数。如果二端口网络为对称二端口网络，此时 $Y_{11}=Y_{22}$，可以证明，满足 $H_{11}H_{22}-H_{12}H_{21}=1$，即 $\boldsymbol{H}$ 参数有 2 个独立参数。

除了上述 4 组参数外，二端口网络还有两组参数分别与 $\boldsymbol{T}$ 参数和 $\boldsymbol{H}$ 参数相类似，分别称为传输逆参数和混合逆参数，只是将两个端口的两对变量进行互换，这里不再赘述。

从本节分析可知，同一个二端口网络，可以选择不同的参数进行描述，由一个二端口网络的一组参数可以求出其他各组参数，各组参数之间的关系可见表 13-1。在分析二端口网络时，视不同情况采用合适的参数可以简化分析。

最后需要指出的是，并非任何一个二端口网络都具有每组参数，有些二端口网络可能只具有其中的几组。如图 13-10a、b、c 所示的二端口网络，其中，图 13-10a 电路的 $\boldsymbol{Z}$ 参数不存在，图 13-10b 电路的 $\boldsymbol{Y}$ 参数不存在，图 13-10c 电路的 $\boldsymbol{Z}$、$\boldsymbol{Y}$ 参数都不存在。

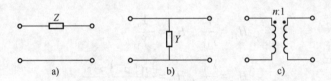

图 13-10　几种特殊的二端口网络

表 13-1　各组参数之间的关系

参　数	Y		Z		T		H		互　易　性
Y	Y_{11} $\quad$ Y_{12} Y_{21} $\quad$ Y_{22}		$\dfrac{Z_{22}}{\Delta Z}$ $\quad$ $\dfrac{-Z_{12}}{\Delta Z}$ $\dfrac{-Z_{21}}{\Delta Z}$ $\quad$ $\dfrac{Z_{11}}{\Delta Z}$		$\dfrac{T_{22}}{T_{12}}$ $\quad$ $\dfrac{-\Delta T}{T_{12}}$ $\dfrac{-1}{T_{12}}$ $\quad$ $\dfrac{T_{11}}{T_{12}}$		$\dfrac{1}{H_{11}}$ $\quad$ $\dfrac{-H_{12}}{H_{11}}$ $\dfrac{H_{21}}{H_{11}}$ $\quad$ $\dfrac{\Delta H}{H_{11}}$		$Y_{12}=Y_{21}$
Z	$\dfrac{Y_{22}}{\Delta Y}$ $\quad$ $\dfrac{-Y_{12}}{\Delta Y}$ $\dfrac{-Y_{21}}{\Delta Y}$ $\quad$ $\dfrac{Y_{11}}{\Delta Y}$		Z_{11} $\quad$ Z_{12} Z_{21} $\quad$ Z_{22}		$\dfrac{T_{11}}{T_{21}}$ $\quad$ $\dfrac{\Delta T}{T_{21}}$ $\dfrac{1}{T_{21}}$ $\quad$ $\dfrac{T_{22}}{T_{21}}$		$\dfrac{\Delta H}{H_{22}}$ $\quad$ $\dfrac{H_{12}}{H_{22}}$ $\dfrac{-H_{21}}{H_{22}}$ $\quad$ $\dfrac{1}{H_{22}}$		$Z_{12}=Z_{21}$
T	$\dfrac{-Y_{22}}{Y_{21}}$ $\quad$ $\dfrac{-1}{Y_{21}}$ $\dfrac{-\Delta Y}{Y_{21}}$ $\quad$ $\dfrac{-Y_{11}}{Y_{21}}$		$\dfrac{Z_{11}}{Z_{21}}$ $\quad$ $\dfrac{\Delta Z}{Z_{21}}$ $\dfrac{1}{Z_{21}}$ $\quad$ $\dfrac{Z_{22}}{Z_{21}}$		T_{11} $\quad$ T_{12} T_{21} $\quad$ T_{22}		$\dfrac{-\Delta H}{H_{21}}$ $\quad$ $\dfrac{-H_{11}}{H_{21}}$ $\dfrac{-H_{22}}{H_{21}}$ $\quad$ $\dfrac{-1}{H_{21}}$		$T_{11}T_{22}-T_{21}T_{12}=1$
H	$\dfrac{1}{Y_{11}}$ $\quad$ $\dfrac{-Y_{12}}{Y_{11}}$ $\dfrac{Y_{21}}{Y_{11}}$ $\quad$ $\dfrac{\Delta Y}{Y_{11}}$		$\dfrac{\Delta Z}{Z_{22}}$ $\quad$ $\dfrac{Z_{12}}{Z_{22}}$ $\dfrac{-Z_{21}}{Z_{22}}$ $\quad$ $\dfrac{1}{Z_{22}}$		$\dfrac{T_{12}}{T_{22}}$ $\quad$ $\dfrac{\Delta T}{T_{22}}$ $\dfrac{-1}{T_{22}}$ $\quad$ $\dfrac{T_{21}}{T_{22}}$		H_{11} $\quad$ H_{12} H_{21} $\quad$ H_{22}		$H_{12}=-H_{21}$

注：$\Delta Y=Y_{11}Y_{22}-Y_{12}Y_{21}$，$\Delta Z=Z_{11}Z_{22}-Z_{12}Z_{21}$，$\Delta T=T_{11}T_{22}-T_{12}T_{21}$，$\Delta H=H_{11}H_{22}-H_{12}H_{21}$。

13.1.3　检测

掌握求解二端口网络的参数

1. 试求图 13-11 所示电路的 $\boldsymbol{Z}(s)$ 矩阵。
2. 试求图 13-12 所示电路的 $\boldsymbol{Z}(s)$、$\boldsymbol{Y}(s)$、$\boldsymbol{H}(s)$ 矩阵。

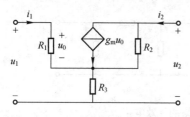

图 13-11　二端口网络参数求解 1

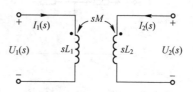

图 13-12　二端口网络参数求解 2

3. 试求图 13-13 所示电路的 $\boldsymbol{Z}$、$\boldsymbol{T}$ 矩阵。
4. 试求图 13-14 所示电路的 $\boldsymbol{H}$ 矩阵。

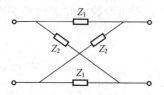

图 13-13　二端口网络参数求解 3

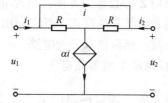

图 13-14　二端口网络参数求解 4

13.2　二端口网络的等效电路

13.2.1　节前思考

为什么要研究二端口网络的等效电路?

13.2.2　知识点

由戴维南定理可知，在线性无源一端口网络中，可以用一个等效阻抗（或导纳）来替代复杂的一端口，这使得电路的分析得到了简化，二者能等效替代的条件是端口上的电压、电流关系不变，并且等效替代是对外电路而言的，如图 13-15 所示。

对于线性二端口网络，为了简化计算，也可以用简单的二端口网络来等效替代复杂的二端口网络，前提是用等效网络替代原网络后，端口上的电压、电流关系应保持不变。由 13.1 节二端口网络的参数方程可以看出，只有当二端口网络的同一种参数完全相同

图 13-15　一端口网络的等效电路

时，才能保持端口的电压、电流不变，二者才互相等效。因此凡满足这一等效条件的电路才是二端口网络的等效电路。

1. 线性无源二端口网络的等效电路

对于线性无源二端口网络，其 4 个参数中只有 3 个是独立的，因此，互易二端口网络的最简等效电路最少可由 3 个独立的阻抗元件构成。由 3 个独立阻抗元件构成的电路，有两种连接形式：T 型和 Π 型。如图 13-16 所示。

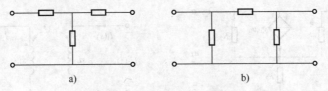

图 13-16　二端口网络的等效电路

a) T 型等效　b) Π 型等效

求取二端口网络的等效电路，即确定该二端口网络等效电路的阻抗（或导纳）元件的参数值。选择一组合适的二端口网络参数，能非常方便求出某种等效电路。例如，若求 T 型等效电路，采用 **Z** 参数最为方便；而若求 Π 型等效电路，采用 **Y** 参数最为方便。如果给定二端口网络的参数是其他形式，可以利用表 13-1 不同参数之间的转换关系，先求出适合的二端口网络参数，然后再求等效电路。

2. 由 Z 参数确定 T 型等效电路

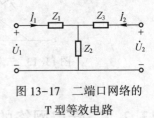

图 13-17　二端口网络的 T 型等效电路

如果已知某无源二端口网络的 **Z** 参数为 $\mathbf{Z} = \begin{bmatrix} Z_{11} & Z_{12} \\ Z_{21} & Z_{22} \end{bmatrix}$，其中 $Z_{21} = Z_{12}$，求取该二端口网络的等效 T 型电路，即确定如图 13-17 所示电路三个阻抗元件的值。

两个二端口网络等效，端口特性要相同，即 T 型等效电路的 **Z** 参数要和给定的 **Z** 参数相同，以此建立 **Z** 参数和元件的关系。

容易得知图 13-17 所示电路的端口特性方程为

$$\begin{cases} \dot{U}_1 = (Z_1 + Z_2)\dot{I}_1 + Z_2\dot{I}_2 \\ \dot{U}_2 = Z_2\dot{I}_1 + (Z_2 + Z_3)\dot{I}_2 \end{cases}$$

令该二端口网络的 **Z** 参数和给定的二端口网络的 **Z** 参数相等，因此可得

$$\begin{cases} Z_{11} = Z_1 + Z_2 \\ Z_{12} = Z_2 = Z_{21} \\ Z_{22} = Z_2 + Z_3 \end{cases}$$

解此方程可得

$$\begin{cases} Z_1 = Z_{11} - Z_{12} \\ Z_2 = Z_{12} = Z_{21} \\ Z_3 = Z_{22} - Z_{12} \end{cases} \tag{13-14}$$

式（13-14）即为等效 T 型二端口网络的三个阻抗和已知 **Z** 参数满足的关系。可见，由

Z 参数确定 T 型等效电路的元件值关系非常简单。

3. 由 Y 参数确定 Π 型等效电路

如果已知某互易二端口网络的 Y 参数为 $Y = \begin{bmatrix} Y_{11} & Y_{12} \\ Y_{21} & Y_{22} \end{bmatrix}$，其中 $Y_{21} = Y_{12}$，求取该二端口网络的等效 Π 型电路，即确定如图 13-18 所示电路三个导纳元件的值。

两个二端口网络等效，即端口特性相同，令等效 Π 型电路的 Y 参数等于给定的 Y 参数，由此建立 Y 参数和元件的关系。

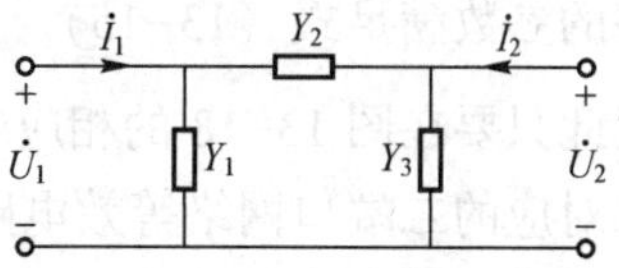

图 13-18 二端口网络的
Π 型等效电路

图 13-18 所示电路的端口特性方程为

$$\begin{cases} \dot{I}_1 = (Y_1 + Y_2) \dot{U}_1 - Y_2 \dot{U}_2 \\ \dot{I}_2 = -Y_2 \dot{U}_1 + (Y_2 + Y_3) \dot{U}_2 \end{cases}$$

由该二端口网络的 Y 参数和给定的二端口网络的 Y 参数相等，因此，可得

$$\begin{cases} Y_{11} = Y_1 + Y_2 \\ Y_{12} = -Y_2 = Y_{21} \\ Y_{22} = Y_2 + Y_3 \end{cases}$$

解此方程可得

$$\begin{cases} Y_1 = Y_{11} + Y_{12} \\ Y_2 = -Y_{12} = -Y_{21} \\ Y_3 = Y_{22} + Y_{12} \end{cases} \tag{13-15}$$

式（13-15）即为等效 Π 型二端口网络的三个导纳和已知 Y 参数满足的关系。可见，由 Y 参数确定 Π 型等效电路的元件值关系非常简单。

除了可以借助式（13-14）和式（13-15）来分别确定相应的 T 和 Π 型等效电路外，也可以采用列写端口方程的方法，直接建立端口参数与所求等效电路的元件参数之间的关系来求取等效电路。

4. 一般二端口网络的等效电路

对于内部含有受控源的线性二端口网络，由于其 Z 参数矩阵中 $Z_{12} \neq Z_{21}$，Y 参数矩阵中 $Y_{12} \neq Y_{21}$，其外部特性需要用 4 个参数来描述，所以此时用具有 3 个元件的 T 型或 Π 型等效电路已不能刻画其外部特性，这时可通过适当增加受控源来求取等效电路。下面以 Y 参数为例进行说明。

假设给定二端口网络的 Y 参数矩阵为 $Y = \begin{bmatrix} Y_{11} & Y_{12} \\ Y_{21} & Y_{22} \end{bmatrix}$，由 Y 参数可知，二端口网络的 Y 参数方程为

$$\begin{cases} \dot{I}_1 = Y_{11} \dot{U}_1 + Y_{12} \dot{U}_2 \\ \dot{I}_2 = Y_{21} \dot{U}_1 + Y_{22} \dot{U}_2 \end{cases} \tag{13-16}$$

式（13-16）可改写成

$$\begin{cases} \dot{I}_1 = Y_{11}\dot{U}_1 + Y_{12}\dot{U}_2 \\ \dot{I}_2 = Y_{12}\dot{U}_1 + Y_{22}\dot{U}_2 + \underline{(Y_{21}-Y_{12})\dot{U}_1} \end{cases} \tag{13-17}$$

从式（13-17）可以看出，这组方程除了电流 $\dot{I}_2$ 的方程中下画线的部分，其余部分可看成是某个互易二端口网络的 $\boldsymbol{Y}$ 参数方程，它的 Π 型等效电路如图 13-18 所示。三个导纳元件的参数满足式（13-15）。而式（13-17）中下画线部分，可看成是一个电压控制电流源，因此只要在图 13-18 的相应端口处并联一个电流为 $(Y_{21}-Y_{12})\dot{U}_1$ 的电压控制电流源，便可得到对应的二端口网络等效电路，如图 13-19 所示。

与此类似，如果将二端口网络的 $\boldsymbol{Y}$ 参数方程化为

$$\begin{cases} \dot{I}_1 = Y_{11}\dot{U}_1 + Y_{21}\dot{U}_2 + \underline{(Y_{12}-Y_{21})\dot{U}_2} \\ \dot{I}_2 = Y_{21}\dot{U}_1 + Y_{22}\dot{U}_2 \end{cases} \tag{13-18}$$

式（13-18）中下画线部分 $(Y_{21}-Y_{12})\dot{U}_2$ 可看成是电压控制电流源，将其并联在相应端口处，也可得到不同形式的二端口网络的等效电路，如图 13-20 所示。

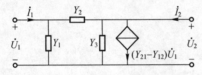
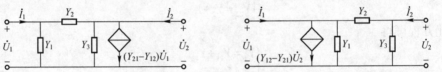

图 13-19　二端口网络的等效电路　　图 13-20　$\boldsymbol{Y}$ 参数等效电路的另一种形式

因此，二端口网络内部含有受控源，其等效电路是在化为互易二端口网络等效电路的基础上适当地增添受控源来实现。其等效电路根据受控源所放置的位置不同，会有两种形式的等效电路，分析的时候只要选择一种即可。

根据 $\boldsymbol{H}$ 参数每个参数的物理意义，可以做出相应于 $\boldsymbol{H}$ 参数的等效电路。设 $\boldsymbol{H}$ 参数为已知，则有

$$\begin{cases} \dot{U}_1 = H_{11}\dot{I}_1 + H_{12}\dot{U}_2 \\ \dot{I}_2 = H_{21}\dot{I}_1 + H_{22}\dot{U}_2 \end{cases}$$

由上述 $\boldsymbol{H}$ 参数方程，可画出如图 13-21 所示的 $\boldsymbol{H}$ 参数的等效电路，其中 H_{11} 为阻抗，H_{22} 为导纳，$H_{12}\dot{U}_2$ 和 $H_{21}\dot{I}_1$ 分别为受控电压源和受控电流源。

有关"二端口网络的等效电路"的概念可以扫描二维码 13-5 进一步学习。

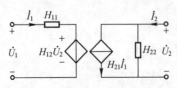

图 13-21　$\boldsymbol{H}$ 参数等效电路　　　　　　二维码 13-5

13.2.3　检测

掌握二端口网络的等效电路的求解

图 13-22 所示为二端口电阻性网络。当在端口 1-1′加 100 V 电压，端口 2-2′开路时，$I_1 = 2.5 A$，$U_2 = 60 V$；若在端口 2-2′加 100 V 电压，端口 1-1′开路，$I_2 = 2 A$，$U_1 = 48 V$。试求此网络的 T 参数。

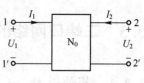

图 13-22　二端口网络的
等效电路求解

习题 13.1

1. 填空题

（1）互易二端口的独立参数的个数为＿＿＿＿＿＿。

（2）对称二端口的独立参数的个数为＿＿＿＿＿＿。

（3）测量导纳参数 Y_{11} 时，需将端口 2-2′＿＿＿＿＿＿路处理，$Y_{11} = $＿＿＿＿＿＿。

（4）测量阻抗参数 Z_{12} 时，需将端口 1-1′＿＿＿＿＿＿路处理，$Z_{12} = $＿＿＿＿＿＿。

（5）测量传输参数 T_{21} 时，需将端口 2-2′＿＿＿＿＿＿路处理，$T_{21} = $＿＿＿＿＿＿。

（6）互易二端口 Y 参数满足的互易条件是＿＿＿＿＿＿。

（7）互易二端口 Z 参数满足的互易条件是＿＿＿＿＿＿。

（8）互易二端口 T 参数满足的互易条件是＿＿＿＿＿＿。

（9）若某二端口的 Y 参数或 Z 参数均存在，则它们的关系为＿＿＿＿＿＿。

2. 分析计算题

（1）试求图 13-23 所示电路的 $Z(s)$ 矩阵。

（2）电路如图 13-24 所示。试求角频率 $\omega = 10^3$ rad/s 时网络的 Z 参数及 Y 参数。

（3）试求图 13-25 所示网络的 Y 参数。

（4）试求 13-26 所示网络的开路阻抗参数 Z，并用这些参数求出该二端口网络的 T 形等效模型。

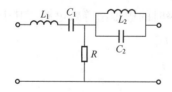

图 13-23　分析计算题（1）图

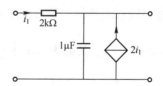

图 13-24　分析计算题（2）图

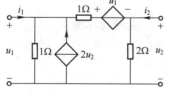

图 13-25　分析计算题（3）图

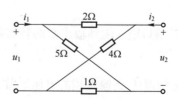

图 13-26　分析计算题（4）图

13.3 二端口网络的网络函数

13.3.1 节前思考

分析网络函数的意义是什么？

13.3.2 知识点

在工程上二端口网络通常被接在信号源和负载之间，以完成某些功能，如信号的传输、放大或滤波等，二端口网络的这种性能可用网络函数来描述。讨论正弦稳态二端口网络时，其网络函数的定义是：在零状态下，二端口网络的输出响应相量和输入激励相量之间的比。若响应相量和激励相量属于同一个端口，则称为该二端口网络的网络函数为策动点函数，否则称为转移函数。策动点函数又分为策动点阻抗函数和策动点导纳函数。转移函数又分为电压转移函数、电流转移函数、转移阻抗和转移导纳。

在信号源和负载已知的情况下，利用二端口网络参数可以直接进行端口特性分析，而无须详细了解二端口网络的内部电路，这给实际工程分析计算带来很大便利。当二端口网络输入激励无内阻抗 Z_s 及输出端口无外接负载阻抗 Z_L（开路或短路）时，该二端口网络称为无端接二端口网络，否则称为端接二端口网络。端接二端口网络又可分为单端接二端口网络（有 Z_s 或 Z_L）以及双端接（Z_s 和 Z_L 同时存在）二端口网络两种类型（如图 13-27 所示）。

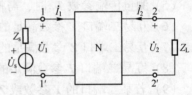

图 13-27　端接二端口

工程上经常涉及的端接二端口分析有：

1）二端口网络输出端接负载时输入端开路的等效阻抗（策动点阻抗），称为输入阻抗 $Z_{in} = \dfrac{\dot{U}_1}{\dot{I}_1}$。

2）二端口网络输入端接信号源而输出端开路时的戴维南等效电路，其中戴维南等效阻抗（此时信号源要置于零）又称为输出阻抗 $Z_0 = \dfrac{\dot{U}_2}{\dot{I}_2}$。

3）端接二端口输入端到输出端的电压转移函数 $A_u = \dfrac{\dot{U}_2}{\dot{U}_1}$ 和电流转移函数 $A_i = \dfrac{\dot{I}_2}{\dot{I}_1}$。

4）端接二端口输入端到输出端的转移阻抗 $Z_T = \dfrac{\dot{U}_2}{\dot{I}_1}$ 和转移导纳 $Y_T = \dfrac{\dot{I}_2}{\dot{U}_1}$。

5）信号电压源 $\dot{U}_s$ 到输出端的电压增益 $A_{us} = \dfrac{\dot{U}_2}{\dot{U}_s}$。

1. 策动点阻抗

如图 13-28a 所示，如果二端口网络用传输参数表示，则由传输参数方程

$$\dot{U}_1 = T_{11}\dot{U}_2 - T_{12}\dot{I}_2 \qquad (13\text{-}19)$$

$$\dot{I}_1 = T_{21}\dot{U}_2 - T_{22}\dot{I}_2 \qquad (13\text{-}20)$$

得

$$Z_{in} = \frac{\dot{U}_1}{\dot{I}_1} = \frac{T_{11}\dot{U}_2 - T_{12}\dot{I}_2}{T_{21}\dot{U}_2 - T_{22}\dot{I}_2}$$

又因为

$$\dot{U}_2 = -Z_L\dot{I}_2$$

所以

$$Z_{in} = \frac{T_{11}Z_L + T_{12}}{T_{21}Z_L + T_{22}} \qquad (13\text{-}21)$$

式（13-21）表明输入阻抗不仅与二端口网络的参数有关，而且与负载阻抗有关。对于不同的二端口网络，Z_{in} 和 Z_L 的关系不同，因此二端口网络有变换阻抗的作用。

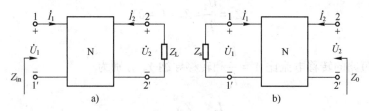

图 13-28　输入阻抗和输出阻抗

a）求输入阻抗　b）求输出阻抗

如图 13-28b 所示电路，此电路是移去电压源 $\dot{U}_s$ 和负载 Z_L，从输出端看进去为一端口网络，输出阻抗 Z_0 即该一端口网络的戴维南等效阻抗。由式（13-19）和式（13-20），以及输入端口方程 $\dot{U}_1 = -Z_s\dot{I}_1$，经化简整理，可得

$$Z_0 = \frac{\dot{U}_2}{\dot{I}_2} = \frac{T_{22}Z_s + T_{12}}{T_{21}Z_s + T_{11}} \qquad (13\text{-}22)$$

式（13-22）表明二端口网络的输出阻抗与二端口网络的参数和实际电压源的内阻抗有关。

对二端口网络的输入阻抗和输出阻抗的分析也可采用其他参数，如 Z 参数、Y 参数和 H 参数等。

引入输入阻抗、输出阻抗的概念后，会给电路分析带来方便。如图 13-29a 所示电路，当分析输入端口的某些问题时，可以用图 13-29b 所示的等效电路来分析；而当分析输出端口的问题时，可采用图 13-29c 所示的等效电路来分析，注意此时的电压源为输出端口开路时的开路电压 $\dot{U}_{oc}$。

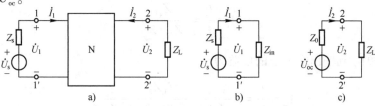

图 13-29　应用等效电路分析具有端接二端口网络

2. 转移函数

（1）无端接二端口网络的转移函数

若二端口网络用 $\boldsymbol{Z}$ 参数方程形式表示，即

$$\dot{U}_1 = Z_{11}\dot{I}_1 + Z_{12}\dot{I}_2 \tag{13-23}$$

$$\dot{U}_2 = Z_{21}\dot{I}_1 + Z_{22}\dot{I}_2 \tag{13-24}$$

则端口 2-2′ 开路的转移电压比 $A_\mathrm{u} = \dfrac{\dot{U}_2}{\dot{U}_1}$ 和转移阻抗 Z_T 分别为

$$A_\mathrm{u} = \frac{\dot{U}_2}{\dot{U}_1} = \frac{Z_{21}}{Z_{11}}(\dot{I}_2 = 0)$$

$$Z_\mathrm{T} = \frac{\dot{U}_2}{\dot{I}_1} = Z_{21}(\dot{I}_2 = 0)$$

端口 2-2′ 短路的转移电流比 $A_\mathrm{i} = \dfrac{\dot{I}_2}{\dot{I}_1}$ 和转移导纳 Y_T 分别为

$$A_\mathrm{i} = \frac{\dot{I}_2}{\dot{I}_1} = -\frac{Z_{21}}{Z_{22}}(\dot{U}_2 = 0)$$

$$Y_\mathrm{T} = \frac{\dot{I}_2}{\dot{U}_1} = -\frac{Z_{21}}{Z_{11}Z_{22} - Z_{12}Z_{21}}(\dot{U}_2 = 0)$$

上述二端口的网络函数也可由 $\boldsymbol{T}$ 参数、$\boldsymbol{H}$ 参数推导得来。

（2）双端接二端口网络的转移函数

此时转移函数不仅与二端口网络参数有关，还与激励内阻抗 Z_s 和端接负载 Z_L 有关。因此除了应用二端口网络的参数方程外，还需考虑输入端口的伏安关系和输出端口所接负载的伏安关系。

二端口网络用 $\boldsymbol{Z}$ 参数方程形式表示为式（13-23）和式（13-24）。

又因为

$$\dot{U}_1 = \dot{U}_\mathrm{s} - Z_\mathrm{s}\dot{I}_1 \tag{13-25}$$

$$\dot{U}_2 = -Z_\mathrm{L}\dot{I}_2 \tag{13-26}$$

联立以上方程，化简整理可得

$$A_\mathrm{u} = \frac{\dot{U}_2}{\dot{U}_1} = \frac{Z_{21}Z_\mathrm{L}}{Z_{11}Z_{22} - Z_{12}Z_{21} + Z_{11}Z_\mathrm{L}} = \frac{Z_{21}Z_\mathrm{L}}{\Delta Z + Z_{11}Z_\mathrm{L}}$$

$$A_\mathrm{i} = \frac{\dot{I}_2}{\dot{I}_1} = -\frac{Z_{21}}{Z_{22} + Z_\mathrm{L}}$$

信号电压源 $\dot{U}_\mathrm{s}$ 到输出端电压的增益为

$$A_\mathrm{us} = \frac{\dot{U}_2}{\dot{U}_\mathrm{s}} = -\frac{Z_\mathrm{L}Z_{21}}{(Z_\mathrm{s} + Z_{11})(Z_\mathrm{L} + Z_{22}) - Z_{12}Z_{21}}$$

可以发现，此时转移函数与 **Z** 参数、Z_s 和 Z_L 均有关，这就说明除了要考虑二端口网络的特性外，还需考虑二端口网络的端接情况。

二端口网络可以由任意一组参数方程表示，采用不同的二端口网络参数方程，所得结果相同，但计算的繁简相差很大。读者可根据需要选择合适的参数。

有关"二端口网络的网络函数"的概念可以扫描二维码 13-6、二维码 13-7 进一步学习。

有关例题可扫描二维码 13-8 学习。

二维码 13-6　　　　　　　二维码 13-7　　　　　　　二维码 13-8

13.3.3　检测

掌握二端口网络函数的求解

图 13-30 所示为一相移网络，试求其 **Z** 参数。若在输出端接入一电阻 R，且 $R^2 = \dfrac{L}{C}$，试求此时的输入阻抗 $Z_i(s)$。

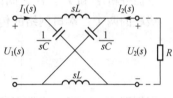

图 13-30　二端口网络函数的求解

13.4　二端口网络的连接

13.4.1　节前思考

什么样的二端口网络的串联、并联不会破坏端口条件？

13.4.2　知识点

研究二端口网络的连接主要解决两方面的问题：一是便于将复杂二端口网络分解为简单二端口网络，以简化电路分析过程；二是由若干二端口网络按一定方式连接构成具有所需特性的复杂二端口网络，以实现具体电路的设计。

二端口网络常见的连接方式有级联、并联、串联、串并联、并串联等。本节主要研究不同连接方式下形成的复合二端口网络的参数与每个子二端口网络的参数的关系。这种参数间的关系也可推广到多个二端口网络的连接中去。

1. 二端口网络的级联

如图 13-31 所示，将一个二端口网络的输出端口与另一个二端口网络的输入端口连接，形成一个复合二端口网络（虚线框内），这样的连接方式称为两个二端口网络的级联。

分析二端口网络的级联，采用传输参数比较方便。设如图 13-31 所示的两个子二端口网络的传输参数矩阵分别为

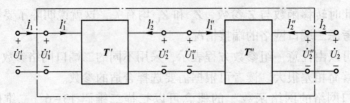

图 13-31　二端口网络的级联

$$T' = \begin{bmatrix} T'_{11} & T'_{12} \\ T'_{21} & T'_{22} \end{bmatrix}, \quad T'' = \begin{bmatrix} T''_{11} & T''_{12} \\ T''_{21} & T''_{22} \end{bmatrix}$$

级联后形成的复合二端口网络的传输参数矩阵设为

$$T = \begin{bmatrix} T_{11} & T_{12} \\ T_{21} & T_{22} \end{bmatrix}$$

下面分析 T 和 T'、T'' 之间的关系。

级联的两个二端口网络的传输参数方程分别为

$$\begin{bmatrix} \dot{U}'_1 \\ \dot{I}'_1 \end{bmatrix} = T' \begin{bmatrix} \dot{U}'_2 \\ -\dot{I}'_2 \end{bmatrix}, \quad \begin{bmatrix} \dot{U}''_1 \\ \dot{I}''_1 \end{bmatrix} = T'' \begin{bmatrix} \dot{U}''_2 \\ -\dot{I}''_2 \end{bmatrix}$$

根据图 13-31 所示电路可得级联后端口上满足的关系为

$$\begin{bmatrix} \dot{U}_1 \\ \dot{I}_1 \end{bmatrix} = \begin{bmatrix} \dot{U}'_1 \\ \dot{I}'_1 \end{bmatrix}, \quad \begin{bmatrix} \dot{U}'_2 \\ -\dot{I}'_2 \end{bmatrix} = \begin{bmatrix} \dot{U}''_1 \\ \dot{I}''_1 \end{bmatrix}, \quad \begin{bmatrix} \dot{U}_2 \\ -\dot{I}_2 \end{bmatrix} = \begin{bmatrix} \dot{U}''_2 \\ -\dot{I}''_2 \end{bmatrix}$$

由以上关系式和相应的传输参数方程，可得

$$\begin{bmatrix} \dot{U}_1 \\ \dot{I}_1 \end{bmatrix} = \begin{bmatrix} \dot{U}'_1 \\ \dot{I}'_1 \end{bmatrix} = T' \begin{bmatrix} \dot{U}'_2 \\ -\dot{I}'_2 \end{bmatrix} = T' \begin{bmatrix} \dot{U}''_1 \\ \dot{I}''_1 \end{bmatrix} = T'T'' \begin{bmatrix} \dot{U}''_2 \\ -\dot{I}''_2 \end{bmatrix} = T'T'' \begin{bmatrix} \dot{U}_2 \\ -\dot{I}_2 \end{bmatrix} \overset{\text{def}}{=} T \begin{bmatrix} \dot{U}_2 \\ -\dot{I}_2 \end{bmatrix}$$

上式即为两个二端口网络级联后所形成的复合二端口网络的传输参数方程。由此得出两个子二端口网络级联后形成的复合二端口网络的传输参数矩阵 T 与传输参数矩阵 T'、T'' 之间有以下关系：

$$T = T'T'' \tag{13-27}$$

式（13-27）表明，两个二端口网络级联后形成的复合二端口网络的传输参数矩阵等于该两个子二端口网络的传输参数矩阵的乘积。

同理，对于 n 个级联的二端口网络，其总的复合二端口网络传输参数矩阵 T 是各个子二端口网络传输参数矩阵的乘积，即

$$T = T_1 T_2 \cdots T_n = \prod_{i=1}^{n} T_i \tag{13-28}$$

有关"二端口网络的级联"的概念可扫描二维码 13-9 进一步学习。

有关例题可扫描二维码 13-10 学习。

二维码 13-9　　　　　　　　　　　二维码 13-10

2. 二端口网络的并联

将两个二端口网络的输入端口和输出端口分别并联，形成一个复合二端口网络，如图 13-32 所示，这样的连接方式称为二端口网络的并联。

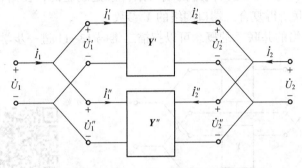

图 13-32　二端口网络的并联

讨论二端口网络并联时，使用 $\boldsymbol{Y}$ 参数比较方便。设如图 13-32 所示并联的两个子二端口网络，其 $\boldsymbol{Y}$ 参数矩阵分别为

$$\boldsymbol{Y}' = \begin{bmatrix} Y'_{11} & Y'_{12} \\ Y'_{21} & Y'_{22} \end{bmatrix}, \quad \boldsymbol{Y}'' = \begin{bmatrix} Y''_{11} & Y''_{12} \\ Y''_{21} & Y''_{22} \end{bmatrix}$$

其对应的 $\boldsymbol{Y}$ 参数方程分别为

$$\begin{bmatrix} \dot{I}'_1 \\ \dot{I}'_2 \end{bmatrix} = \boldsymbol{Y}' \begin{bmatrix} \dot{U}'_1 \\ \dot{U}'_2 \end{bmatrix}, \quad \begin{bmatrix} \dot{I}''_1 \\ \dot{I}''_2 \end{bmatrix} = \boldsymbol{Y}'' \begin{bmatrix} \dot{U}''_1 \\ \dot{U}''_2 \end{bmatrix}$$

由图 13-32 所示电路可以看出，两个二端口网络并联后端口电压、电流满足以下关系：

$$\begin{bmatrix} \dot{U}_1 \\ \dot{U}_2 \end{bmatrix} = \begin{bmatrix} \dot{U}'_1 \\ \dot{U}'_2 \end{bmatrix} = \begin{bmatrix} \dot{U}''_1 \\ \dot{U}''_2 \end{bmatrix}$$

$$\begin{bmatrix} \dot{I}_1 \\ \dot{I}_2 \end{bmatrix} = \begin{bmatrix} \dot{I}'_1 \\ \dot{I}'_2 \end{bmatrix} + \begin{bmatrix} \dot{I}''_1 \\ \dot{I}''_2 \end{bmatrix}$$

设二端口网络并联后，端口条件没有破坏，即每个二端口网络的方程仍然成立，则由以上关系式和相应的 $\boldsymbol{Y}$ 参数方程可得

$$\begin{bmatrix} \dot{I}_1 \\ \dot{I}_2 \end{bmatrix} = \begin{bmatrix} \dot{I}'_1 \\ \dot{I}'_2 \end{bmatrix} + \begin{bmatrix} \dot{I}''_1 \\ \dot{I}''_2 \end{bmatrix} = \boldsymbol{Y}' \begin{bmatrix} \dot{U}'_1 \\ \dot{U}'_2 \end{bmatrix} + \boldsymbol{Y}'' \begin{bmatrix} \dot{U}''_1 \\ \dot{U}''_2 \end{bmatrix} = [\boldsymbol{Y}' + \boldsymbol{Y}''] \begin{bmatrix} \dot{U}_1 \\ \dot{U}_2 \end{bmatrix} \overset{\text{def}}{=} \boldsymbol{Y} \begin{bmatrix} \dot{U}_1 \\ \dot{U}_2 \end{bmatrix}$$

上式即为两个子二端口网络并联后形成的复合二端口网络的 $\boldsymbol{Y}$ 参数方程，所以复合二

端口网络的 Y 参数矩阵与两个子二端口网络的 Y 参数矩阵满足以下关系：

$$Y = Y' + Y'' \qquad (13-29)$$

同理，对于 n 个并联的二端口网络，其复合二端口网络的 Y 参数矩阵为各级 Y 参数矩阵之和，即

$$Y = Y_1 + Y_2 + \cdots + Y_n = \sum_{i=1}^{n} Y_i \qquad (13-30)$$

值得注意的是，两个二端口网络并联时，每个二端口网络的条件可能在并联后被破坏，此时，式（13-29）不再成立。但是对于输入端口与输出端口具有公共端的两个二端口网络，如图 13-33 所示，每个二端口网络的端口条件总是成立的，在这种情况下，总可以用式（13-29）计算并联所得复合二端口网络的 Y 参数。

有关"二端口网络的并联"的概念可以扫描二维码 13-11 进一步学习。

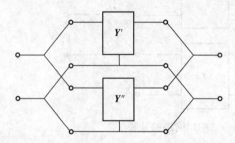

图 13-33　具有公共端的二端口网络并联电路　　　　二维码 13-11

3. 二端口网络的串联

将两个二端口网络的输入端口和输出端口分别串联形成一个复合二端口网络，如图 13-34 所示，这种连接方式称为二端口网络的串联。

分析二端口网络串联的电路时，使用 Z 参数比较方便。设如图 13-34 所示电路两个二端口网络的 Z 参数矩阵分别为

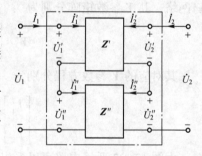

图 13-34　二端口网络串联

$$Z' = \begin{bmatrix} Z'_{11} & Z'_{12} \\ Z'_{21} & Z'_{22} \end{bmatrix}, \quad Z'' = \begin{bmatrix} Z''_{11} & Z''_{12} \\ Z''_{21} & Z''_{22} \end{bmatrix}$$

它们的 Z 参数方程分别为

$$\begin{bmatrix} \dot{U}'_1 \\ \dot{U}'_2 \end{bmatrix} = Z' \begin{bmatrix} \dot{I}'_1 \\ \dot{I}'_2 \end{bmatrix}, \quad \begin{bmatrix} \dot{U}''_1 \\ \dot{U}''_2 \end{bmatrix} = Z'' \begin{bmatrix} \dot{I}''_1 \\ \dot{I}''_2 \end{bmatrix}$$

由图 13-34 所示电路可以看出，两个二端口网络串联后端口电流、电压满足以下关系：

$$\begin{bmatrix} \dot{I}_1 \\ \dot{I}_2 \end{bmatrix} = \begin{bmatrix} \dot{I}'_1 \\ \dot{I}'_2 \end{bmatrix} = \begin{bmatrix} \dot{I}''_1 \\ \dot{I}''_2 \end{bmatrix}$$

$$\begin{bmatrix} \dot{U}_1 \\ \dot{U}_2 \end{bmatrix} = \begin{bmatrix} \dot{U}'_1 \\ \dot{U}'_2 \end{bmatrix} + \begin{bmatrix} \dot{U}''_1 \\ \dot{U}''_2 \end{bmatrix}$$

设二端口网络串联后，端口条件没有破坏，即每个二端口网络的方程仍然成立，则由以上关系式和相应的 $\boldsymbol{Z}$ 参数方程可得

$$\begin{bmatrix}\dot{U}_1\\\dot{U}_2\end{bmatrix}=\begin{bmatrix}\dot{U}'_1\\\dot{U}'_2\end{bmatrix}+\begin{bmatrix}\dot{U}''_1\\\dot{U}''_2\end{bmatrix}=\boldsymbol{Z}'\begin{bmatrix}\dot{I}'_1\\\dot{I}'_2\end{bmatrix}+\boldsymbol{Z}''\begin{bmatrix}\dot{I}''_1\\\dot{I}''_2\end{bmatrix}=[\boldsymbol{Z}'+\boldsymbol{Z}'']\begin{bmatrix}\dot{I}_1\\\dot{I}_2\end{bmatrix}\overset{\text{def}}{=}\boldsymbol{Z}\begin{bmatrix}\dot{I}_1\\\dot{I}_2\end{bmatrix}$$

上式即为两个二端口网络串联后形成的复合二端口网络的 $\boldsymbol{Z}$ 参数方程，所以复合二端口网络的 $\boldsymbol{Z}$ 参数矩阵与两个子二端口网络的 $\boldsymbol{Z}$ 参数之间满足：

$$\boldsymbol{Z}=\boldsymbol{Z}'+\boldsymbol{Z}'' \tag{13-31}$$

同理，对于 n 个串联的二端口网络，其复合二端口网络的 $\boldsymbol{Z}$ 参数矩阵为各级 $\boldsymbol{Z}$ 参数矩阵之和，即

$$\boldsymbol{Z}=\boldsymbol{Z}_1+\boldsymbol{Z}_2+\cdots+\boldsymbol{Z}_n=\sum_{i=1}^{n}\boldsymbol{Z}_i \tag{13-32}$$

两个二端口网络串联时，每个二端口网络的条件可能在串联后被破坏，此时，式（13-31）不再成立。但是具有公共端的二端口网络，如图 13-35 所示，每个二端口网络的端口条件总是成立的，在这种情况下，总可以用式（13-31）计算串联所得复合二端口网络的 $\boldsymbol{Z}$ 参数。

有关"二端口网络的串联"的概念可以扫描二维码 13-12 进一步学习。

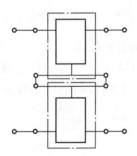 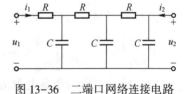

图 13-35　具有公共端的二端口网络串联　　　二维码 13-12

13.4.3　检测

掌握二端口网络的连接

图 13-36 表示一个用在某些振荡器中的 RC 梯形网络。试求该梯形网络的传输参数 $\boldsymbol{T}$。

图 13-36　二端口网络连接电路

13.5　二端口网络的实例

13.5.1　节前思考

举例说明回转器的使用场合。

13.5.2　知识点

回转器和负阻抗变换器是两种常见的二端口元件，下面分别介绍回转器和负阻抗变换器的特性。

1. 回转器

回转器的电路模型如图 13-37 所示，它的两个端口电压、电流有以下关系：

$$\begin{cases} u_1 = -ri_2 \\ u_2 = ri_1 \end{cases} \tag{13-33}$$

或写为

$$\begin{cases} i_1 = gu_2 \\ i_2 = -gu_1 \end{cases} \tag{13-34}$$

式中，r 具有阻抗的量纲，称为回转阻抗；g 具有导纳的量纲，称为回转导纳；r、g 也称为回转常数。比较式（13-33）和式（13-34）可知，r 和 g 互为倒数。

图 13-37　回转器

将式（13-33）和式（13-34）写成矩阵形式，即有

$$\begin{bmatrix} u_1 \\ u_2 \end{bmatrix} = \begin{bmatrix} 0 & -r \\ r & 0 \end{bmatrix} \begin{bmatrix} i_1 \\ i_2 \end{bmatrix}$$

$$\begin{bmatrix} i_1 \\ i_2 \end{bmatrix} = \begin{bmatrix} 0 & g \\ -g & 0 \end{bmatrix} \begin{bmatrix} u_1 \\ u_2 \end{bmatrix}$$

式中相应的系数矩阵分别为回转器的 $\boldsymbol{Z}$ 参数矩阵和 $\boldsymbol{Y}$ 参数矩阵。

由式（13-33）和式（13-34）可以看出，回转器具有把一个端口的电压"回转"成另一个端口的电流或把一个端口的电流"回转"成另一个端口的电压的性质，回转器因此得名。

回转器元件具有如下性质：

（1）吸收功率为零

$$p = u_1 i_1 + u_2 i_2 = -ri_2 \frac{1}{r} u_2 + u_2 i_2 = 0$$

（2）非互易的二端口网络

由 $\begin{bmatrix} u_1 \\ u_2 \end{bmatrix} = \begin{bmatrix} 0 & -r \\ r & 0 \end{bmatrix} \begin{bmatrix} i_1 \\ i_2 \end{bmatrix}$ 可知，其 $\boldsymbol{Z}$ 参数矩阵的 $Z_{12} \neq Z_{21}$，即回转器是一个非互易的元件。

（3）输入电阻与负载电阻的倒数成正比

$$R_{1-1'} = \frac{u_1}{i_1} = \frac{-ri_2}{\frac{1}{r} u_2} = r^2 \frac{-i_2}{u_2} = r^2 \frac{1}{\frac{u_2}{-i_2}} = r^2 \frac{1}{R_L}$$

（4）具有把 C（或 L）变换成 L（或 C）的功能

图 13-38 为一回转器电路，其中一个端口接有电容元件 C。

采用相量法分析。由回转器的端口方程：

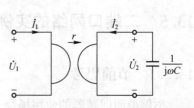

图 13-38　由电容回转成电感的电路

$$\dot{U}_1 = -r\,\dot{I}_2 = -r(-j\omega C)\dot{U}_2 = r(j\omega C)\,r\,\dot{I}_1 = j\omega r^2 C\,\dot{I}_1$$

因此可得

$$\frac{\dot{U}_1}{\dot{I}_1} = j\omega(r^2 C)$$

由上式可见，输入端口上电压和电流的关系等同于一电感元件上的电压与电流的关系，此等效电感为

$$L = r^2 C$$

例如，回转系数 $r = 1\,\text{k}\Omega$，$C = 1\,\mu\text{F}$，则 $L = 1\,\text{H}$。这意味着利用回转器可以把 $1\,\mu\text{F}$ 的电容"回转"成 $1\,\text{H}$ 的电感，这样就可以用体积微小的电容元件等效替代体积较大的电感线圈。回转器的这一性质使它在电子线路设计中获得了应用。

图 13-39 是用运算放大器实现回转器电路的一个例子，请读者自行分析电路的特性关系。

有关"回转器"的概念可以扫描二维码 13-13 进一步学习。

二维码 13-13

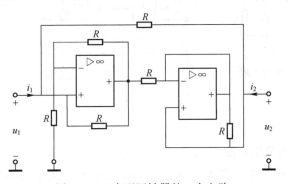

图 13-39　实现回转器的一个电路

2. 负阻抗变换器

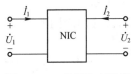

图 13-40　负阻抗变换器

负阻抗变换器（NIC）的电路模型如图 13-40 所示。负阻抗变换器具有两种形式，即电压反向型负阻抗变换器（UNIC）和电流反向型负阻抗变换器（INIC）。其端口特性通常采用 $\boldsymbol{T}$ 参数来描述，对 UNIC 而言，其 $\boldsymbol{T}$ 参数方程为

$$\begin{bmatrix} \dot{U}_1 \\ \dot{I}_1 \end{bmatrix} = \begin{bmatrix} -k & 0 \\ 0 & 1 \end{bmatrix} \begin{bmatrix} \dot{U}_2 \\ -\dot{I}_2 \end{bmatrix} \tag{13-35}$$

对 INIC 而言，其 $\boldsymbol{T}$ 参数方程为

$$\begin{bmatrix} \dot{U}_1 \\ \dot{I}_1 \end{bmatrix} = \begin{bmatrix} 1 & 0 \\ 0 & -k \end{bmatrix} \begin{bmatrix} \dot{U}_2 \\ -\dot{I}_2 \end{bmatrix} \tag{13-36}$$

式中，k 为正实数。由式（13-35）和式（13-36）可以看出，经过 UNIC 后输出电压被反向，经过 INIC 后输入端的电流被反向。

利用式（13-35）和式（13-36），容易证明负阻抗变换器具有将正阻抗变换为负阻抗的能力。如图 13-41 所示电路，设负阻抗是电压反向型，在输出端口处接有阻抗负载 Z_L，由式（13-36）可得输入阻抗 Z_1 为

$$Z_1 = \frac{\dot{U}_1}{\dot{I}_1} = \frac{-k\dot{U}_2}{-\dot{I}_2} = -kZ_L$$

即 UNIC 将端口 2-2′处的正阻抗 Z_L 变换为端口 1-1′处的负阻抗（$-kZ_L$）。当负载 Z_L 分别为电阻 R、电容 C 和电感 L 时，则在端口 1-1′处分别得到负电阻、负电容和负电感。负阻抗变换器因此得名。

负阻抗变换器通常采用运算放大器来实现，其中 INIC 的实现比较简单。图 13-42 所示为一 INIC 的简单电路，请读者自行分析其工作原理。

有关"负阻抗变换器"的概念可以扫描二维码 13-14 进一步学习。

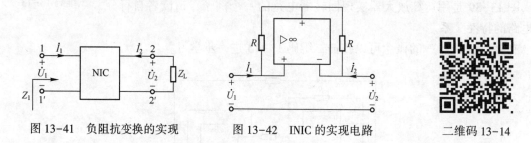

图 13-41　负阻抗变换的实现　　图 13-42　INIC 的实现电路　　二维码 13-14

13.5.3　检测

掌握回转器电路的分析计算

1. 试求证由两个回转器级联而成的复合二端口网络（如图 13-43 所示）等效于一个理想变压器，并求出这个等效的理想变压器的变比 $n_1 : n_2$ 与原有二回转器的回转电阻 r_A、r_B 之间的关系。

2. 试求图 13-44 所示二端口网络的输入阻抗 Z_i。

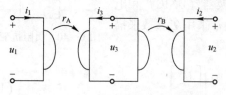 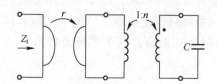

图 13-43　含回转器电路的分析计算 1　　图 13-44　含回转器电路的分析计算 2

习题 13.2

1. 填空题

（1）对于所有时间 t，通过理想回转器的两个端口的功率之和等于_____。

（2）回转器具有把一个端口上的_____"回转"为另一端口上的_____或相反过

程的性质，正是这性质，使回转器具有把电容回转成一个＿＿＿＿＿＿＿的功能。

（3）负阻抗变换器具有＿＿＿＿＿＿＿的功能，从而为电路设计＿＿＿＿＿＿＿实现提供了可能性。

（4）在一个回转系数 $r=20\,\Omega$ 的回转器的负载端，接以 $10\,\Omega$ 的电阻，则回转器的输入端等效电阻为＿＿＿＿＿＿＿。

2. 分析计算题

（1）如图 13-45 所示二端口网络中 N_0 的 $\boldsymbol{Z}$ 参数矩阵为 $\boldsymbol{Z}=\begin{bmatrix} 2 & 3 \\ 3 & 3 \end{bmatrix}\Omega$，试求 $\dfrac{U_2}{U_s}$ 的值。

（2）如图 13-46 所示二端口网络的 N_0 的 $\boldsymbol{Y}$ 参数矩阵为 $\boldsymbol{Y}=\begin{bmatrix} 3 & -1 \\ 20 & 2 \end{bmatrix}S$，试求 $\dfrac{U_2}{U_s}$ 的值。

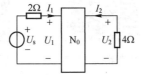 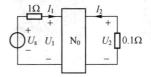

图 13-45　分析计算题（1）图　　图 13-46　分析计算题（2）图

（3）图 13-47 所示为二端口电阻性网络。当在端口 1-1′加 100 V 电压，端口 2-2′开路时，$I_1=2.5\,A$，$U_2=60\,V$；若在端口 2-2′加 100 V 电压，端口 1-1′开路，$I_2=2\,A$，$U_1=48\,V$。试求此网络的 $\boldsymbol{T}$ 参数。

（4）已知图 13-48 所示二端口网络的 $\boldsymbol{Y}$ 参数为

$$\boldsymbol{Y}=\begin{bmatrix} 1 & -0.25 \\ -0.25 & 0.5 \end{bmatrix}S$$

网络 1-1′接电压源 $U_1=4V$，网络 2-2′接电阻 R，试问 R 为何值时，R 获得最大功率 P_{max}？求 P_{max}，并求 U_1 的功率。

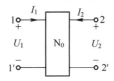 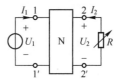

图 13-47　分析计算题（3）图　　图 13-48　分析计算题（4）图

（5）已知图 13-49 无源二端口网络的 $\boldsymbol{Z}$ 参数为

$$\boldsymbol{Z}=\begin{bmatrix} 6 & 3 \\ 3 & 5 \end{bmatrix}\Omega$$

$L=0.01\,H$，$i_L(0_-)=0\,A$，$u_s=6\,V$，$t=0$ 时 S 闭合，试求 $t\geqslant 0$ 时 $u_L(t)$。

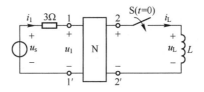

图 13-49　分析计算题（5）图

例题精讲 13-1　　　例题精讲 13-2　　　例题精讲 13-3　　　例题精讲 13-4

例题精讲 13-5　　　例题精讲 13-6　　　例题精讲 13-7　　　例题精讲 13-8

附　　录

附录 A　运算放大器

第 1 章讲述的受控源是表征电子器件中发生的某处电压或电流控制另一处电压或电流的一种理想化模型，现代电子线路中普遍使用的一种称为"运算放大器（Operational Amplifier）"的器件，就是可以用受控源模型表示的器件。

运算放大器，简称运放，是电路中一个重要的多功能有源多端器件，它既可以用作放大器来放大输入电压，也可以完成比例、加法、积分、微分等数学运算，其名因此而来，但它在实际中的应用远远超出了上述范围。

A.1　运算放大器的电路模型

实际的运算放大器有多种型号，其内部结构也各不相同，但是在电路分析中仅仅关心其外部特性。这里所讲的运算放大器是指实际运算放大器的电路模型，其电路符号如图 A-1a 所示。其中"▷"符号表示"放大器"；"A"代表放大倍数，称为开环电压增益，数值很大，实际可达 $10^4 \sim 10^8$；a 端和 b 端是运算放大器的两个输入端，a 端称为倒向输入端（也称反相输入端），b 端称为非倒向输入端（也称同相输入端），O 端是其输出端；电源端子 E^+ 和 E^- 连接直流偏置电压，以维持运算放大器的工作。

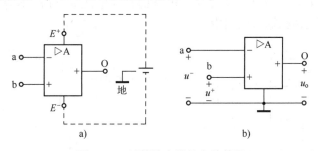

图 A-1　运算放大器的电路符号

在电路分析中经常使用如图 A-1b 所示的电路符号，这里没有画出直流偏置电源，但它实际是存在的。从图 A-1b 可以看出这里电压的正负是对"地"或公共端而言的。

如果同时在 a 端和 b 端分别加上输入电压 u^- 和 u^+，则有

$$u_o = A(u^+ - u^-) = Au_d$$

式中，$u_d = u^+ - u^-$，称为差动输入电压。

运算放大器的输出电压 u_o 和差动输入电压 u_d 之间的关系可以用图 A-2 近似地描述。在 $-\varepsilon \leqslant u_d \leqslant \varepsilon$（$\varepsilon$ 很小）范围内，u_o 和 u_d 的关系是一段通过原点的直线，其斜率等于放大倍数 A，其值很大。当 $|u_d| > \varepsilon$ 时，输出电压 u_o 趋于饱和，图中分别用 u_{sat} 和 $-u_{sat}$ 表示

正、负饱和电压，其值略低于直流偏置电压。这个 u_o-u_d 关系曲线称为运算放大器的外特性。

运算放大器的电路模型如图 A-3 所示，其中电压控制电压源的电压为 $A(u^+-u^-)$，R_{in} 为运算放大器的输入电阻，R_o 为输出电阻。实际运算放大器的 R_{in} 都比较大，而 R_o 则很小，一般认为 $R_{in}\gg R_o$。

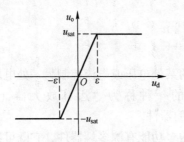

图 A-2　运算放大器的 u_o-u_d 特性　　　　图 A-3　运算放大器的电路模型

在理想条件下，流入每一输入端的电流均为零，即 R_{in} 为无穷大，输出电阻 R_o 为零，而放大倍数 A 亦为无穷大，这时称运算放大器为理想运算放大器。对于理想运算放大器，因为 $u_o=A(u^+-u^-)=Au_d$，且 $A=\infty$，而输出电压 u_o 为有限值，则必有 $u_d=u^+-u^-=0$ 或 $u^+=u^-$，当非倒向输入端接地，$u^+=0$ 时，倒向输入端亦强制为零。

A.2　含有运算放大器的电路分析

当电路中含有运算放大器时，可以通过其电路模型进行分析。如图 A-4a 所示是一个由运算放大器和电阻构成的倒向比例器电路，同相输入端接地，即 $u^+=0$，反相输入端输入电压为 u^-。由于有电阻 R_1 的存在，很显然，电路的输入电压 u_{in} 与 u^- 不等，运算放大器的输出电压通过电阻 R_2 反馈到输入回路中。

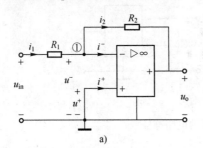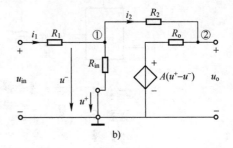

图 A-4　倒向比例器

将图 A-4 电路中的运算放大器用图 A-3 所示的电路模型来表示，如图 A-4b 所示。设输入电压用一个电压为 u_{in} 的电压源替代。对节点①、②列写 KCL 方程（$u^+=0$），有

节点①：　　$$\frac{u_{in}-u_{n1}}{R_1}=\frac{u_{n1}-u_{n2}}{R_2}+\frac{u_{n1}}{R_{in}}$$

节点②：　　$$\frac{u_{n1}-u_{n2}}{R_2}=\frac{u_{n2}-(-Au^-)}{R_0}$$

由电路可知 $u_{n1}=u^-$，$u_{n2}=u_o$，改写上列方程，得

$$\left(\frac{1}{R_1}+\frac{1}{R_{in}}+\frac{1}{R_2}\right)u^--\frac{1}{R_2}u_o=\frac{u_{in}}{R_1}$$

$$\left(\frac{A}{R_0}-\frac{1}{R_2}\right)u^-+\left(\frac{1}{R_0}+\frac{1}{R_2}\right)u_o=0$$

联立求解上列方程，可得

$$u_o=\frac{-\left(\dfrac{A}{R_0}-\dfrac{1}{R_2}\right)\dfrac{u_{in}}{R_1}}{\left(\dfrac{1}{R_0}+\dfrac{1}{R_2}\right)\left(\dfrac{1}{R_1}+\dfrac{1}{R_{in}}+\dfrac{1}{R_2}\right)+\dfrac{1}{R_2}\left(\dfrac{A}{R_0}-\dfrac{1}{R_2}\right)}$$

进一步可得

$$\frac{u_o}{u_{in}}=-\frac{R_2}{R_1}\cdot\frac{1}{1+\dfrac{\left(1+\dfrac{R_0}{R_2}\right)\left(1+\dfrac{R_2}{R_{in}}+\dfrac{R_2}{R_1}\right)R_0}{A-\dfrac{R_0}{R_2}}}$$

对于运算放大器，A 很大，R_{in} 很大，R_0 很小，再选择合适的 R_1 和 R_2，则有

$$\frac{u_o}{u_{in}}\approx-\frac{R_2}{R_1}$$

可见，电路的输出电压和输入电压的比值由 $\dfrac{R_2}{R_1}$ 确定，而不会受运算放大器的性能而改变。对于同一输入电压 u_{in}，选择不同的 R_1 和 R_2，就可以得到不同的输出电压 u_o，由于负号的存在，所以通常把这一电路称为倒向比例器。

如果电路中含有的是理想运算放大器，电路的分析就有其特殊性。从理想运算放大器的性质，可以得到以下两条重要规则。

规则1：倒向端和非倒向端的输入电流均为零，即 $i^-=i^+=0A$，从输入端看进去，元件相当于开路，所以可称之为"虚断（路）"。

规则2：对于公共端（地），倒向输入端的电压和非倒向输入端的电压相等，即 $u^+=u^-$，输入端相当于短路，所以可称之为"虚短（路）"。

合理地运用上述两条规则，并结合 KCL 或节点电压法，就可以使这类电路的分析大大简化，下面举一些实例加以说明。

例 A-1　图 A-4a 中的运算放大器如果是理想的，试求输出电压 u_o 和输入电压 u_{in} 之间的关系。

解　运用上述两条规则。

按"虚断"规则，有 $i^-=i^+=0A$，则根据 KCL 有

$$i_1=i_2$$

即

$$\frac{u_{in}-u^-}{R_1}=\frac{u^--u_o}{R_2}$$

按"虚短"规则，有 $u^-=u^+=0V$，代入上式，可得

$$\frac{u_{\text{in}}}{R_1} = -\frac{u_o}{R_2}$$

即得

$$\frac{u_o}{u_{\text{in}}} = -\frac{R_2}{R_1}$$

当 $R_1 = R_2$ 时，有 $u_o = -u_{\text{in}}$，此电路为一个反相器。

例 A-2 图 A-5 所示电路是非倒向放大器（比例器），试求输出电压 u_o 和输入电压 u_{in} 之间的关系。

解 按"虚断"规则，有 $i^- = i^+ = 0\text{A}$，所以有

$$u_2 = \frac{R_2}{R_1 + R_2} u_o$$

按"虚短"规则，有

$$u_{\text{in}} = u^- = u^+ = \frac{R_2}{R_1 + R_2} u_o$$

即

$$\frac{u_o}{u_{\text{in}}} = 1 + \frac{R_1}{R_2}$$

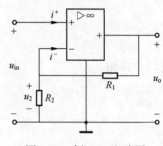

图 A-5 例 A-2 电路图

选择不同的 R_1 和 R_2，就可以得到不同的 $\dfrac{u_o}{u_{\text{in}}}$，且比值始终大于 1，同时又是正的，所以称为非倒向放大器。

如果将图 A-5 中的电阻 R_1 改为短路，电阻 R_2 改为开路，则得到如图 A-6 所示的电路，通过对电路进行分析，不难得出 $u_o = u_{\text{in}}$，且 $i_{\text{in}} = 0$，即输入端口为开路，其输入电阻 R_{in} 为无限大。此电路的输出电压等于输入电压，而与外接负载无关，故称为"电压跟随器"。

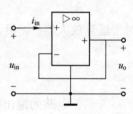

图 A-6 电压跟随器

例 A-3 图 A-7 所示电路为加法器，试求输出电压 u_o 和输入电压之间的关系。

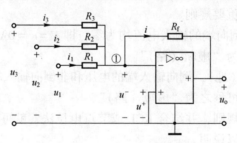

图 A-7 例 A-3 电路图

解 按"虚断"规则，有 $i^- = 0\text{A}$，对节点①应用 KCL，有

$$\frac{u^- - u_o}{R_f} = \frac{u_1 - u^-}{R_1} + \frac{u_2 - u^-}{R_2} + \frac{u_3 - u^-}{R_3}$$

由"虚短"规则可知 $u^- = u^+ = 0\text{V}$，代入上式有

$$-\frac{u_o}{R_f} = \frac{u_1}{R_1} + \frac{u_2}{R_2} + \frac{u_3}{R_3}$$

即

$$u_o = -R_f\left(\frac{u_1}{R_1}+\frac{u_2}{R_2}+\frac{u_3}{R_3}\right)$$

若 $R_1 = R_2 = R_3 = R_f$，则有

$$u_o = -(u_1+u_2+u_3)$$

所以称此电路为加法器，但必须注意前面的负号。

习题 A.1

分析计算题（假设运放都工作在线性区，请注意添加必要的标注以便于分析）

（在理想运放电路的分析中，通常可以先利用虚短路和 KVL 将每个电阻上的电压找到，再将各个电阻的电流用电压表示出来，然后利用虚断路和 KCL 找出电流之间的关系，再进行进一步的分析）

（1）在图 A-8 所示电路中，利用 KVL 及虚短路分析两个电阻上的电压各为多大；利用虚断路及 KCL 分析电流之间的关系；推导输出电压与输入电压的关系表达式。它实现什么功能？

（2）在图 A-9 所示电路中，利用 KVL 及虚短路分析三个电阻上的电压各为多大；利用虚断路及 KCL 分析电流之间的关系；推导输出电压与输入电压的关系表达式。它实现什么功能？

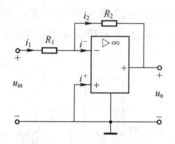

图 A-8　分析计算题（1）图

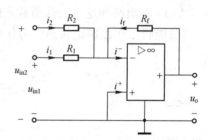

图 A-9　分析计算题（2）图

（3）在图 A-10 所示电路中，利用虚断路及 KCL 分析运放的两个输入端的电压各自的表达式；利用虚短路推导输出电压与输入电压的关系表达式。它实现什么功能？

（4）在图 A-11 所示电路中，利用 KVL 及虚短路分析两个电阻上的电压各为多大；利用虚断路及 KCL 分析电流之间的关系；推导输出电压与输入电压的关系表达式。它实现什么功能？假如 R_1 变成无穷大（也就是开路），此时输出电压与输入电压是什么关系？此时 R_2 的大小对于输出电压和输入电压的关系有没有影响？

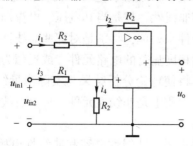

图 A-10　分析计算题（3）图

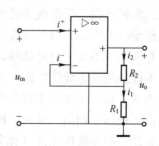

图 A-11　分析计算题（4）图

（5）在图 A-12 所示电路中，输出电压与输入电压是什么关系？该器件实现什么功能？

（6）在图 A-13 所示电路中，利用虚断路及 KCL 分析运放的两个输入端的电压各自的表达式；利用虚短路推导输出电压与输入电压的关系表达式。该器件实现了什么功能（注意端电压的表示方式，指的是以端子为参考正极性，以地为参考负极性的电压）？

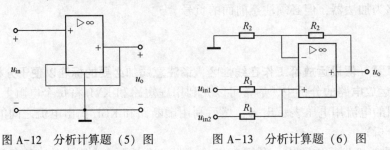

图 A-12 分析计算题（5）图　　　　图 A-13 分析计算题（6）图

（7）利用单元电路，对以下问题展开分析。

① 假设有一个二端负载，它可以等效为一个 $100\,\Omega$ 的电阻，其额定工作电压是 $1.5\,\text{V}$。将其连接到由 $3\,\text{V}$ 理想电压源和 $100\,\Omega$ 内阻串联所构成的电路中，如图 A-14 所示，计算此时负载上的电压 u_1。

② 若在图 A-14 的输出端再并接一个这样的负载，它能否工作在额定状态？为什么？

③ 若在图 A-14 输出端和这个二端负载之间接入图 A-12 所示单元电路，形成图 A-15 所示的电路，负载能否工作在额定状态？为什么？图 A-12 所示单元电路在图 A-15 中起到了什么作用？

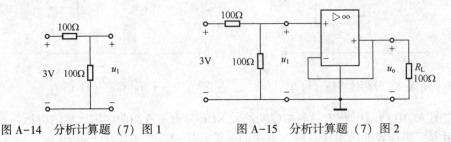

图 A-14 分析计算题（7）图 1　　　　图 A-15 分析计算题（7）图 2

附录 B　非线性电路

前面各章讨论的内容都是线性电路，其中电阻、电感、电容等元件都是线性定常元件。但是严格来说，实际电路元件都或多或少具有非线性，只是当其电压、电流局限在一定范围内，在正常工作情况下大多可以近似按线性元件来处理，特别是对那些非线性程度比较弱的电路元件，计算误差并不大；但对那些非线性程度显著的电路元件，或近似为线性元件的条件不满足，就不能忽略其非线性特性，否则，将使理论分析结果与实际测量结果相差过大，甚至发生质的差异。在电工技术中也常用一些本质上是非线性元件，但具有线性元件所没有的功能，如整流、稳压、调制、分频、振荡等。

本附录先介绍一些非线性元件（如非线性电阻、非线性电容和非线性电感），再讨论非线性电阻电路的分析方法。

B.1　非线性元件

B.1.1　非线性电阻

第 1 章所述的线性电阻元件可用欧姆定律 $u = Ri$ 来描述，其伏安特性曲线是通过 $u-i$ 平面上原点的一条直线。非线性电阻元件的约束方程是非线性的。图 B-1 示出了几种典型非线性电阻的伏安特性，其中图 B-1a 是非线性电阻元件的符号。

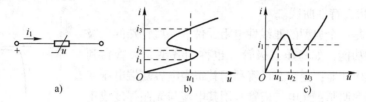

图 B-1　非线性电阻的符号及其伏安特性

从图 B-1b 所示电阻元件的伏安特性曲线可以看到，流过电阻元件的电流（如 i_1、i_2、i_3）对应于一个确定的电压（如 u_1），而对于同一个电压，电流可能有多个值，称这种电阻为电流控制型电阻，可用下列函数关系表示：

$$u=f(i) \tag{B-1}$$

"电流控制型"意味着用连续地改变通过元件电流的方法可以获得该元件完整的特性曲线。对于该元件的特性曲线，当取横轴表示电压变量、纵轴表示电流变量时，特性曲线的形状如同英文字母 S 一样，故该类特性曲线又称为 S 型特性曲线。一些与气体放电有关的非线性电阻（见图 B-2a）都具有 S 型特性曲线。

由图 B-1c 所示电阻元件的伏安特性曲线可见，加在电阻元件的电压（如 u_1、u_2、u_3）对应于一个确定的电流（如 i_1），而对于同一个电流，电压可能有多个值，称这种电阻为电压控制型电阻，可用下列函数关系表示：

$$i=g(u) \tag{B-2}$$

类似地，该元件的特性曲线又称为 N 型特性曲线。图 B-2b 所示的隧道二极管就是典型的具有 N 型特性曲线的非线性电阻元件。

由图 B-1b、c 还可以看到，两类特性曲线都具有一段斜率为负的部分，这样的元件有时称为负阻元件。

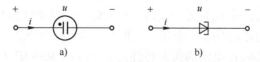

图 B-2　非线性电阻举例

还有一种称为单调型非线性电阻的元件，这类非线性电阻的伏安特性曲线是单调增长或单调下降的，它既可以用电流 i 作为自变量又可以用电压 u 作为自变量，即它既是电流控制又是电压控制的，可用下列函数关系表示：

$$u=f(i) \quad 或 \quad i=f^{-1}(u) \tag{B-3}$$

例如，PN 结二极管就是此类电阻，其伏安特性曲线可以表示为

$$i = I_s(e^{\frac{qu}{kT}} - 1) \tag{B-4}$$

式中，I_s 称为反向饱和电流；q 为电子的电荷（1.6×10^{-19} C）；k 是玻耳兹曼常数（1.38×10^{-23} J/K）；T 为热力学温度（绝对温度）。由式（B-4）可以得到

$$u = \frac{kT}{q}\ln\left(\frac{1}{I_s}i + 1\right) \tag{B-5}$$

上式表明，电压可用电流的单值函数来表示。图 B-3 为 PN 结二极管的伏安特性曲线。

可见二极管是一个典型的非线性电阻元件。一些特殊的二极管可实现特定的功能，如稳压二极管（也称为齐纳二极管）利用反向区实现稳压功能；变容二极管利用其寄生电容随端电压变化的特性实现频率调制；光电二极管利用其电流与光照强度成正比的特性实现光电池或光照明；隧道二极管和充气二极管利用其负动态电阻产生自激振荡实现信号发生器，等等。

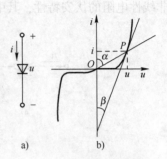

图 B-3　PN 结二极管的伏安特性

另外，由于多数非线性电阻元件不满足特性曲线关于坐标原点对称，则此类电阻元件是单向性的。也就是说，当加在非线性电阻两端的电压方向不同时，流过它的电流完全不同。非线性电阻接入电路时通常要考虑元件的方向。

考虑到非线性电阻元件伏安特性的非线性，其电阻值不能用常数来表示，故引入静态电阻和动态电阻的概念。

非线性电阻在某一工作点（如图 B-3 中的 P 点）下的静态电阻 R 等于该工作点的电压值 u 与电流值 i 的比值，即

$$R = \frac{u}{i} \propto \tan\alpha \tag{B-6}$$

式中，α 是 P 点与原点之间的连线和 i 轴的夹角。

非线性电阻在某一工作点（如图 B-3 中的 P 点）下的静态电阻 R_d 等于该工作点的电压增量与电流增量的比值，也就是电压对电流的导数，即

$$R_d = \frac{du}{di} \propto \tan\beta \tag{B-7}$$

式中，β 是 P 点切线和 i 轴的夹角。R_d 所表征的精确度与 P 点附近电压、电流的变化幅度及 P 点附近曲线的形状有关，故 R_d 是分析交流小信号的一个近似线性化参数。

可见，无论是静态电阻还是动态电阻，它们都与电路工作状态有关。

例 B-1　设有一个非线性电阻的伏安特性为 $u = f(i) = 30i + 5i^3$（i、u 的单位分别为 A 和 V）。试求

（1）$i_1 = 1$ A、$i_2 = 2$ A 时所对应的电压 u_1、u_2。

（2）$i = 2\sin(100t)$ A 时所对应的电压 u。

（3）设 $u_{12} = f(i_1 + i_2)$，试问 u_{12} 是否等于（$u_1 + u_2$）？

解　（1）$i_1 = 1$ A 时

$$u_1 = (30 \times 1 + 5 \times 1^3) \text{ V} = 35 \text{ V}$$

$i_2 = 2$ A 时

$$u_2 = (30 \times 2 + 5 \times 2^3)\ \text{V} = 100\ \text{V}$$

（2） $i = 2\sin(100t)$ A 时

$$u = [30 \times 2\sin(100t) + 5 \times 2^3 \times \sin^3(100t)]\ \text{V}$$
$$= [90\sin(100t) - 10\sin(300t)]\ \text{V}$$

（3） 由题意，可得

$$u_{12} = f(i_1 + i_2) = 30(i_1 + i_2) + 5(i_1 + i_2)^3$$
$$= 30(i_1 + i_2) + 5(i_1^3 + i_2^3) + 5(i_1 + i_2) \times 3i_1 i_2$$
$$= 30i_1 + 5i_1^3 + 30i_2 + 5i_2^3 + 5(i_1 + i_2) \times 3i_1 i_2$$
$$= u_1 + u_2 + 5(i_1 + i_2) \times 3i_1 i_2$$

故

$$u_{12} \neq u_1 + u_2$$

即叠加定理不适用于非线性电阻。

下面对非线性电阻的串联和并联进行分析。

图 B-4a 所示电路为两个非线性电阻的串联。根据 KCL 和 KVL，有

$$\begin{cases} i = i_1 = i_2 \\ u = u_1 + u_2 \end{cases} \tag{B-8}$$

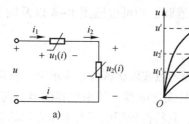

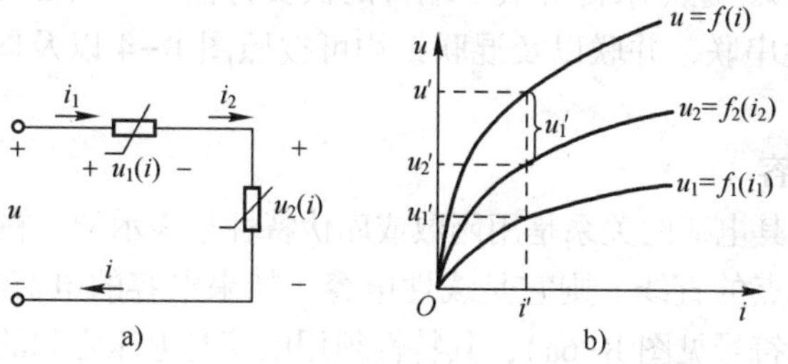

图 B-4 非线性电阻的串联

如果这两个非线性电阻均为电流控制型电阻，并且其伏安特性可表示为

$$\begin{cases} u_1 = f_1(i_1) \\ u_2 = f_2(i_2) \end{cases} \tag{B-9}$$

将式（B-9）代入式（B-8）中，得到两个电阻串联后应满足的关系为

$$u = u_1 + u_2 = f_1(i_1) + f_2(i_2) = f_1(i) + f_2(i) = f(i) \tag{B-10}$$

式（B-10）表明，两个电流控制型电阻串联后的等效非线性电阻仍为一个电流控制型电阻。

也可以用图 B-4b 所示的图解方法分析非线性电阻的串联电路。把在同一电流值下的电压 u_1 和 u_2 相加即可得到 u。例如，在 $i_1 = i_2 = i'$ 处，有 $u_1' = f_1(i')$，$u_2' = f_2(i')$，则对应 i' 处的电压 $u' = u_1' + u_2'$。取不同的 i 值，就可以逐点求得等效一端口的伏安特性，如图 B-4b 所示。

如果两个非线性电阻中有一个是电压控制型的，在电流值的某一范围内电压是多值的，这时将写不出等效伏安特性 $u = f(i)$ 的解析表达式，但仍可以用图解法得到等效非线性电阻的伏安特性。

图 B-5a 所示电路为两个非线性电阻的并联。根据 KCL 和 KVL，有

$$\begin{cases} i = i_1 + i_2 \\ u = u_1 = u_2 \end{cases} \tag{B-11}$$

如果这两个非线性电阻均为电压控制型电阻，并且其伏安特性可表示为

$$\begin{cases} i_1 = g_1(u_1) \\ i_2 = g_2(u_2) \end{cases} \tag{B-12}$$

将式（B-12）代入式（B-11）中，得到两个电阻并联后应满足的关系为

$$i = i_1 + i_2 = g_1(u_1) + g_2(u_2) = g_1(u) + g_2(u) = g(u) \tag{B-13}$$

式（B-13）表明，两个电压控制型电阻并联后的等效非线性电阻仍为一个电压控制型电阻。

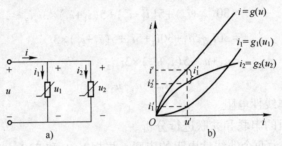

图 B-5 非线性电阻的并联

亦可以用图 B-5b 所示的图解方法分析非线性电阻的并联电路。把在同一电压值下的电流 i_1 和 i_2 相加即可得到 i。逐点求得等效一端口的伏安特性，如图 B-5b 所示。

对于若干个非线性串联、并联以及混联，均可按照图 B-4 以及图 B-5 所示的图解法进行分析。

B.1.2 非线性电容

电容的两端电压与其电荷的关系是用函数或库伏特性来表示的。在第 5 章所述电容元件的库伏特性是一条通过原点的直线，则它是线性电容。如果电容的电荷与电压之间不成正比关系，则为非线性电容（符号见图 B-6a），其特性须用电荷与电压之间的非线性函数来表征：

$$q = q(u_C) \tag{B-14}$$
$$u_C = u_C(q) \tag{B-15}$$

式（B-14）表示为电压控制型电容，其电荷是电压的单值函数，而电压是电荷的多值函数，如图 B-6b 所示。

式（B-15）表示为电荷控制型电容，其电压是电荷的单值函数，而电荷是电压的多值函数，如图 B-6c 所示。

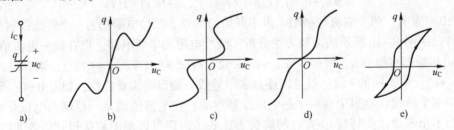

图 B-6 非线性电容的符号及其典型特性

图 B-6d 所表征电容的电压与电荷之间是严格的单调关系，其特性可用式（B-14）或式（B-15）表示。图 B-6e 所对应的电容是一种回线型非线性电容（例如，用钛酸钡作介质的电容），它的电荷与电压关系须写成 $f(q, u_C) = 0$ 的形式。

同非线性电阻类似，有时也引入静态电容 C 和动态电容 C_d（见图 B-7），它们分别定义为

$$C = \frac{q}{u} \qquad (B-16)$$

$$C_d = \frac{dq}{du} \qquad (B-17)$$

当电荷是电压的单值函数时，非线性电容的电压和电流的关系可用动态电容 C_d 表示，有

$$i_C = \frac{dq}{dt} = \frac{dq}{du}\frac{du}{dt} = C_d \frac{du}{dt} \qquad (B-18)$$

动态电容 C_d 是电压 u 的函数。

非线性电容也是储能元件，使一电容的电荷由 0 增至 Q，它所存储的电能为

$$w_C = \int_0^Q u \, dq \qquad (B-19)$$

该能量可用图 B-8 中 q-u 平面上的 $u(q)$ 曲线下面有阴影线的面积表示。

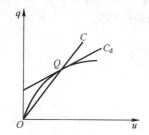
图 B-7　非线性电容的静态、动态电容

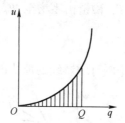
图 B-8　非线性电容的储能

B.1.3　非线性电感

电感的特征是用磁链与电流之间的关系函数或韦安特性来表示的。在第 5 章所述电感元件的韦安特性是一条通过原点的直线，则它是线性电感。如果电感的磁链与电流之间不成正比关系，则为非线性电感（符号见图 B-9a），其特性须用磁链与电流之间的非线性函数来表征：

$$\Psi = \Psi(i_L) \qquad (B-20)$$
$$i_L = i_L(\Psi) \qquad (B-21)$$

式（B-20）表示为电流控制型电感，其磁链是电流的单值函数，而电流是磁链的多值函数。

式（B-21）表示为磁链控制型电感（如 Josephson 结），其电流是磁链的单值函数，而磁链是电流的多值函数，如图 B-9b 所示。

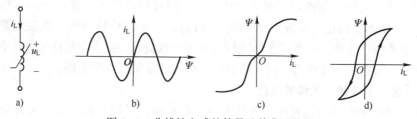
图 B-9　非线性电感的符号及其典型特性

图 B-9c 所表征电感的电流与磁链之间是严格的单调关系，其特性可用式（B-20）或式（B-21）表示。图 B-9d 所对应的电感是一种回线型非线性电感（例如，绕在铁磁材料上的电感线圈），它的磁链与电流关系须写成 $f(\Psi, i_L) = 0$ 的形式。

同样，为了计算上的方便，也引入静态电感 L 和动态电感 L_d（见图 B-10），它们分别定义为

$$L = \frac{\Psi}{i} \tag{B-22}$$

$$L_d = \frac{\mathrm{d}\Psi}{\mathrm{d}i} \tag{B-23}$$

当磁链是电流的单值函数时，非线性电感的电压和电流的关系可用动态电感 L_d 表示，有

$$u_L = \frac{\mathrm{d}\Psi}{\mathrm{d}t} = \frac{\mathrm{d}\Psi}{\mathrm{d}i}\frac{\mathrm{d}i}{\mathrm{d}t} = L_d\frac{\mathrm{d}i}{\mathrm{d}t} \tag{B-24}$$

动态电感 L_d 是电流 i 的函数。

非线性电感也是储能元件。假设非线性电感中的电流与磁链有图 B-11 所示的关系，则从时刻 $t = 0$ 至 T，磁链由零增至 Ψ_T，电感中所储存的磁能即为

$$w_L = \int_0^T \frac{\mathrm{d}\Psi}{\mathrm{d}t}i\,\mathrm{d}t = \int_0^{\Psi_T} i\,\mathrm{d}\Psi \tag{B-25}$$

该能量可用图中画有阴影线的那块面积表示。

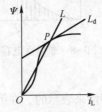 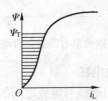

图 B-10　非线性电感的静态、动态电感　　　图 B-11　非线性电感的储能

B.2　非线性电阻电路的分析

分析非线性电阻电路的基本依据仍是 KCL、KVL 和元件的伏安特性。KCL、KVL 仅与电路的拓扑结构有关，与电路元件的特性无关，故由 KCL、KVL 所列的还是线性方程。表征元件约束关系的元件伏安特性中，对于非线性电阻元件，则是非线性方程。

列写具有多个非线性储能元件电路的状态方程比线性电路更加困难和复杂。求解非线性代数方程和非线性微分方程的解析解难度比较大，但可以借助于计算机应用数值法来求解（数值法在本书中不予讨论，请读者参考相关教材）。对于某些特殊的非线性电路，如果电路中仅有一个非线性元件，或者多个非线性元件可等效简化，或者非线性元件具有分段折线性，以及在小信号条件下工作等，可采用较简单的方法求解非线性电路。

B.2.1　含一个非线性元件的电路

若电路仅含有一个非线性元件，并且电路比较简单，可以直接利用相关方法进行分析计算。

例 B-2 电路如图 B-12 所示。其中非线性电阻的伏安特性为 $i=u^2-u+1.5$（i、u 的单位分别为 A 和 V）。试求 u 和 i。

解 设回路电流（见图 B-12）分别为 i_1、i_2，则回路方程为

$$\begin{cases} (2+2)i_1-2i_2=8 \\ -2i_1+(2+1)i_2=-u \\ i=i_2=u^2-u+1.5 \end{cases}$$

解得 $\quad \begin{cases} u'=1\text{ V} \\ i'=1.5\text{ A} \end{cases} \quad$ 或 $\quad \begin{cases} u''=-0.5\text{ V} \\ i''=2.25\text{ A} \end{cases}$

例 B-3 图 B-13 所示电路为一个充电的线性电容向一个二极管放电电路。设二极管的伏安特性可以近似表示为 $i=Au+Bu^2$（A、B 为正的常量）。试列出电路方程。

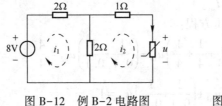

图 B-12 例 B-2 电路图 　　　　　图 B-13 例 B-3 电路图

解 不妨设电容的初始电压为 $u_C(0_+)=U_0$。而电路的方程为

$$\begin{cases} C\dfrac{\mathrm{d}u_C}{\mathrm{d}t}=-i \\ u=u_C \end{cases}$$

则有

$$C\frac{\mathrm{d}u_C}{\mathrm{d}t}=-Au_C-Bu_C^2$$

$$\frac{\mathrm{d}u_C}{\mathrm{d}t}=-\frac{A}{C}u_C-\frac{B}{C}u_C^2$$

其中 u_C 为状态变量，这是一个一阶非线性微分方程。

B.2.2 图解法

为了更直观地反映非线性方程的特性，求解非线性电路多借助于图形，又称为图解法。图解法在非线性电路的分析中占有很重要的地位，多用于定性分析，具有直观、清晰、简洁等特点，但图解法不易得到定量的分析结果。由于图解法能够直观得出近似解答，而且便于电路设计或分析电路的工作原理，因此是比较常用的方法。

现在分析图 B-14a。假设电路只有一个非线性电阻元件。将端口左边的线性部分化简成戴维南（或诺顿）等效电路，如图 B-14b 所示，其端口方程为

$$u=U_{oc}-R_{eq}i \qquad\qquad (\text{B-26})$$

在 u-i 平面上是通过 $(U_{oc},0)$ 和 $(0,I_{sc})$ 两点的一条直线，如图 B-14c 所示，其中 $I_{sc}=U_{oc}/R_{eq}$。而 u、i 也同时必须满足非线性电阻的伏安特性。同时满足端口两边约束条件的 (U_0,I_0)（即 Q 点）即为电路的解答，Q 点就是所谓的"静态工作点"。

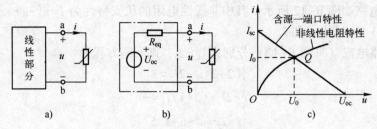

图 B-14 非线性电阻电路图解法

例 B-4 试求图 B-15a 所示的电路中各节点电压和通过电压源的电流 I_3，其中非线性电阻元件的伏安特性为 $i=0.1(e^{40u}-1)$，其中 i、u 的单位分别为 A 和 V。

解 先求非线性电阻元件以外的诺顿等效电路。

1）求图 B-15b 所示的短路电流 I_{sc}。

对节点① （③）、②列写节点电压方程：

$$
\begin{cases}
\left(\dfrac{1}{2}+\dfrac{1}{0.1}+\dfrac{1}{0.1}+\dfrac{1}{4}+\dfrac{1}{4}\right)u_{n1}-\left(\dfrac{1}{0.1}+\dfrac{1}{0.1}\right)u_{n2}=\dfrac{4}{4} \\[2mm]
-\left(\dfrac{1}{0.1}+\dfrac{1}{0.1}\right)u_{n1}+\left(\dfrac{1}{0.1}+\dfrac{1}{0.1}\right)u_{n2}=1
\end{cases}
$$

求得 $u_{n1}=u_{n3}=2\,\text{V}$，$u_{n2}=2.05\,\text{V}$。

故
$$I_{sc}=\frac{u_{n1}}{2}+\frac{u_{n1}-u_{n2}}{0.1}=0.5\,\text{A}$$

2）求图 B-15c 所示的等效电阻 R_{eq}。

$$
R_{eq}=\frac{(0.1+0.1)\times\left(2+\dfrac{4\times4}{4+4}\right)}{0.1+0.1+2+\dfrac{4\times4}{4+4}}\,\Omega=\frac{4}{21}\,\Omega
$$

3）用图解法求得图 B-15d 中的电压以及电流，如图 B-15e 所示。

图 B-15e 中直线 MN 为图 B-15d 电路中诺顿等效电路的端口电压、电流的伏安特性：

$$i=I_{sc}-\frac{u}{R_{eq}}=0.5-5.25u \tag{B-27}$$

而非线性电阻的伏安特性为

$$i=0.1(e^{40u}-1) \tag{B-28}$$

直线 MN 与此伏安特性的交点 $(u_Q,i_Q)=(0.0355\,\text{V},0.314\,\text{A})$ 同时满足式（B-27）和式（B-28），所以图 B-15d 所示电路的解为

$$u=0.0355\,\text{V},\,i=0.314\,\text{A}$$

4）根据题意，对图 B-15a 的各节点列写节点电压方程，得

$$
\begin{cases}
\left(\dfrac{1}{2}+\dfrac{1}{0.1}\right)u'_{n1}-\dfrac{1}{0.1}u'_{n2}=0.314 \\[2mm]
-\dfrac{1}{0.1}u'_{n1}+\left(\dfrac{1}{0.1}+\dfrac{1}{0.1}\right)u'_{n2}-\dfrac{1}{0.1}u'_{n3}=1 \\[2mm]
-\dfrac{1}{0.1}u'_{n2}+\left(\dfrac{1}{0.1}+\dfrac{1}{4}+\dfrac{1}{4}\right)u'_{n3}=\dfrac{4}{4}-0.314
\end{cases}
$$

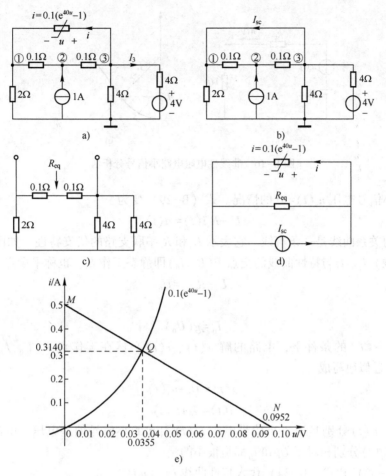

图 B-15 例 B-4 电路图

解得 $\qquad u_{n1}' = 1.9823,\ u_{n2}' = 2.05,\ u_{n3}' = 2.0178$

则 $\qquad I_3 = \dfrac{u_{n3}' - 4}{4} = \dfrac{2.0178 - 4}{4}\,\text{A} = -0.4956\ \text{A}$

图 B-15e 中的交点 Q 称为电路的静态工作点。图解法有时称为"曲线相交法"。

B.2.3 小信号分析法

在电子线路中遇到的非线性电路，不仅有作为偏置电压的直流电源 U_s 作用，同时还有随时间变动的输入电压 $u_s(t)$ 的作用。如果在任何时刻都有 $U_s \gg |u_s(t)|$，也就是说，$u_s(t)$ 在 U_s 上的叠加，并不影响非线性元件的运行情况，就把 $u_s(t)$ 称为小信号。

小信号可以是人为加上的一个待处理信号，也可以是外部小扰动信号。

小信号分析法是工程上分析非线性电路的一个重要方法。在电子电路中有关放大器的分析和设计，都是以小信号分析法为基础的。

图 B-16a 所示电路中，直流电压源 U_s 为偏置电压，$u_s(t)$ 为时变小信号电压源，R_s 为线性电阻，非线性元件是伏安特性为 $i = g(u)$ 的电压控制型电阻。

对于图 B-16a 电路，由 KVL 得

$$U_s + u_s(t) - R_s i(t) = u(t) \qquad\qquad (\text{B-29})$$

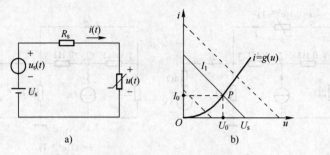

图 B-16　非线性电阻电路小信号分析法

现讨论小信号电压 $u_s(t) = 0$ 的情况。式（B-29）变为

$$U_s - R_s i(t) = u(t) \tag{B-30}$$

$u(t)$ 和 $i(t)$ 的关系曲线是一条直线，它表示 U_s 和 R_s 串联支路的伏安特性，如图 B-16b 中的直线（负载线）l_1。l_1 与特性曲线的交点 $P(U_0, I_0)$ 即静态工作点，也称平衡点。所以应有

$$U_s - R_s I_0 = U_0 \tag{B-31}$$

和

$$I_0 = g(U_0) \tag{B-32}$$

在 $|u_s(t)| \ll U_s$ 的条件下，电路的解 $u(t)$、$i(t)$ 必然在工作点 $P(U_0, I_0)$ 的附近。故 $u(t)$、$i(t)$ 可近似地写成

$$u(t) = U_0 + u_1(t) \tag{B-33}$$

$$i(t) = I_0 + i_1(t) \tag{B-34}$$

式中，$u_1(t)$、$i_1(t)$ 分别是由于小信号电压 $u_s(t)$ 引起的小信号偏差电压、电流。在任何时刻，$u_1(t)$ 和 $i_1(t)$ 分别相对于 U_0 和 I_0 都是很小的量。

将式（B-33）和式（B-34）代入特性曲线 $i = g(u)$ 中，得

$$I_0 + i_1(t) = g[U_0 + u_1(t)] \tag{B-35}$$

由于 $u_1(t)$ 很小，可以看成增量 Δu，将式（B-35）右边在 P 点附近用泰勒级数展开，并取前面两项作为近似值，则式（B-35）可写成

$$I_0 + i_1(t) \approx g(U_0) + \frac{dg}{du}\bigg|_{u=U_0} \times u_1(t) \tag{B-36}$$

考虑到式（B-32），则式（B-36）变为

$$i_1(t) \approx \frac{dg}{du}\bigg|_{u=U_0} \times u_1(t) \tag{B-37}$$

这里 $\dfrac{dg}{du}\bigg|_{u=U_0}$ 是非线性电阻特性曲线在工作点 $P(U_0, I_0)$ 处的斜率。定义 $\dfrac{dg}{du}\bigg|_{u=U_0} = G_d = \dfrac{1}{R_d}$ 为非线性电阻在工作点 $P(U_0, I_0)$ 处的小信号电导，它是在工作点处动态电阻 R_d 的倒数。式（B-37）对于任意的 t 都是适用的。对于确定的工作点 G_d 是常数，即对小信号而言，非线性电阻的特性可近似为 $i_1 - u_1$ 平面上一条以 G_d 为斜率并通过点 (U_0, I_0) 的直线。所以式（B-37）又可写成

$$\begin{cases} i_1(t) = G_d u_1(t) \\ u_1(t) = R_d i_1(t) \end{cases} \tag{B-38}$$

由于 G_d（或 R_d）在工作点 $P(U_0, I_0)$ 处是一个常数，所以由 $u_s(t)$ 作用产生的 $u_1(t)$ 和 $i_1(t)$ 之间的关系是线性的。

将式（B-31）、式（B-33）、式（B-34）和式（B-38）代入式（B-29），可得

$$R_s i_1(t) + R_d i_1(t) = u_1(t) \tag{B-39}$$

式（B-39）所表示的关系可由图 B-17 所示的线性电路来实现。

则可得

$$i_1(t) = \frac{u_s(t)}{R_s + R_d} \tag{B-40}$$

及

$$u_1(t) = R_d i_1(t) = \frac{R_d u_s(t)}{R_s + R_d} \tag{B-41}$$

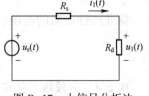

图 B-17　小信号分析法
等效电路

上面建立的电压与电流增量之间的关系，从图像上看，实际上就是用静态工作点附近的切线代替工作点附近的曲线。当时变信号变化范围较小时，这种代替是足够准确的。在使用这种方法时，要求时变信号的幅值不可太大，否则必将导致计算结果与实际响应存在较大偏差。

在小信号等效电路中使用了非线性元件的动态参数，而动态参数与静态工作点有关，因此小信号电路的解答，亦即响应中的时变部分是与直流电源的作用相关，不是单独作用的结果。对不同量值的直流电源，相同的时变电源产生的响应增量是不同的。这一点完全不同于线性电路的叠加定理。

例 B-5　图 B-18a 所示电路中，直流电流源 $I_s = 10\,\text{A}$，$R_s = 1/3\,\Omega$，小信号电流源 $i_s(t) = 0.5\sin t\,\text{A}$，非线性电阻为电压控制型，其伏安特性的解析式为（$i$、$u$ 的单位分别为 A 和 V）

$$i = g(u) = \begin{cases} u^2, & u > 0 \\ 0, & u < 0 \end{cases}$$

试用小信号分析法求 $u(t)$ 和 $i(t)$。

解　首先求工作点。图 B-18a 所示电路中，令 $i_s(t) = 0$，则由 KCL 得

$$\frac{u}{R_s} + i = I_s$$

代入数据后得

$$3u + g(u) = 10$$

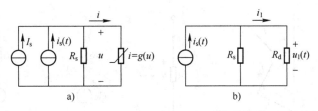

a)　　　　　　　　　　　　　　b)

图 B-18　例 B-5 电路图

把 $g(u) = u^2\,(u > 0)$ 代入上式并求解所得方程，可得对应工作点的电压 $U_0 = 2\,\text{V}$，$I_0 = 4\,\text{A}$。则工作点的动态电导为

$$G_d = \frac{\mathrm{d}g}{\mathrm{d}u}\bigg|_{u=U_0} = \frac{\mathrm{d}(u^2)}{\mathrm{d}u}\bigg|_{u=2} = 2u\big|_{u=2} = 4\,\text{S}$$

其次，求小信号电压和电流。画出小信号等效电路，如图 B-18b 所示。则非线性电阻的小信号电流、电压分别为

$$i_1(t) = \frac{R_s}{R_s + R_d} i_s = \frac{1/3}{1/3 + 1/4} \times 0.5\sin t\ \text{A} = \frac{2}{7}\sin t\ \text{A} = 0.2857\sin t\ \text{A}$$

$$u_1(t) = R_d i_1 = \frac{1}{4} \times \frac{2}{7}\sin t\ \text{V} = \frac{1}{14}\sin t\ \text{V} = 0.0714\sin t\ \text{V}$$

则非线性电阻的电压、电流的全解为

$$u(t) = U_0 + u_1(t) = (2 + 0.0714\sin t)\ \text{V}$$

$$i(t) = I_0 + i_1(t) = (4 + 0.2857\sin t)\ \text{A}$$

B.2.4 分段线性化法

分段线性化方法（又称折线法）是研究非线性电路的一种有效方法，它的特点在于能把非线性的求解过程分成几个线性区段，就每个线性区段来说，又可以应用线性电路计算方法。分段越多，误差越小，可用足够多的分段达到较高的精度要求。例如，图 B-19a 所示的特性曲线（流控型的），可分为三个区段，分别用 l_1、l_2、l_3 三条直线段来近似地表示。这些直线段都可以写成代数方程。因此每一个区段，可以用以线性电路等效。例如，直线段 l_1 是通过原点的直线，假设它的斜率为 G_1，则能表示直线 l_1 的方程为

$$u = \frac{1}{G_1} i = R_1 i \quad (0 < i < i_1) \tag{B-42}$$

即该非线性电阻在此段可等效为非线性电阻 R_1，如图 B-19b 所示。同样，对于直线段 l_2，设其斜率为 $G_2(=1/R_2 < 0)$，则能表示直线 l_2 的方程为

$$u = R_2 i + U_{02} \quad (i_1 < i < i_2) \tag{B-43}$$

其等效电路如图 B-19c 所示。对于直线段 l_3，设其斜率为 $G_3(=1/R_3)$，则能表示直线 l_3 的方程为

$$u = R_3 i + U_{03} \quad (i > i_2) \tag{B-44}$$

其等效电路如图 B-19d 所示。

将非线性电阻的特性曲线分段处理后，只要设法判断每个非线性电路所工作的区段，然后用相应的等效线性电路替换，就可利用线性电路的分析方法。而确定每个非线性电阻所工作的区段常常是一个难点。

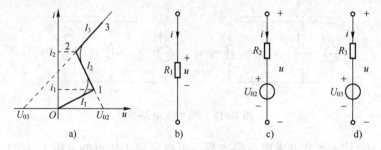

图 B-19 非线性电阻电路分段线性化法

例 B-6 试用分段线性化法解图 B-20a 电路，其中非线性电阻的特性由图 B-20b 曲线表示。

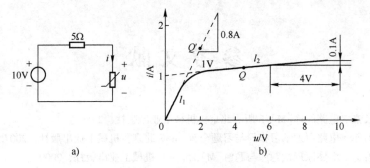

图 B-20　例 B-6 电路图

解　非线性电阻的特性可用 l_1、l_2 两直线分段逼近。

当 $0<u<1.5\,\mathrm{V}$ 时，取直线 l_1，$R_1=\dfrac{1}{0.8}\,\Omega=1.25\,\Omega$。该段直线的解析式为

$$u=1.25i$$

此时的分段线性模型如图 B-21a 所示。则有

$$u=\frac{1.25}{5+1.25}\times10\,\mathrm{V}=2\,\mathrm{V}>1.5\,\mathrm{V}$$

是一个虚解（图 B-20b 中的 Q' 点）。

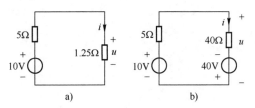

图 B-21　例 B-6 分段线性模型

当 $u\geqslant1.5\,\mathrm{V}$ 时，取直线 l_2，$R_1=\dfrac{4}{0.1}\,\Omega=40\,\Omega$，并且 $I_{02}=1\,\mathrm{A}$。该段直线的解析式为

$$u=40i-40$$

此时的分段线性模型如图 B-21b 所示。故有

$$u=\left(\frac{10+40}{5+40}\times40-40\right)\mathrm{V}=4.44\,\mathrm{V}>1.5\,\mathrm{V}$$

则此时

$$i=\frac{u+40}{40}=\frac{4.44+40}{40}\,\mathrm{A}=1.11\,\mathrm{A}$$

此解（图 B-20b 中的 Q 点）在直线 l_2 的范围内。

　　如果此解答在两直线段的转折点附近，则解答可能有较大误差。这时把折线多加一区段，使两者的逼近程度更高一些。

参 考 文 献

［1］ 陈晓平，李长杰．电路原理［M］.3 版．北京：机械工业出版社，2018.

［2］ 陈晓平，傅海军．电路原理学习指导与习题全解［M］.北京：机械工业出版社，2007.

［3］ 陈晓平，殷春芳．电路原理试题库与题解［M］.北京：机械工业出版社，2009.

［4］ 陈希有．电路理论教程［M］.北京：高等教育出版社，2013.

［5］ 罗先觉．电路［M］.5 版．北京：高等教育出版社，2006.

［6］ 朱桂萍，于歆杰．电路原理［M］.北京：高等教育出版社，2016.

［7］ 颜秋容．电路理论：基础篇［M］.北京：高等教育出版社，2017.

［8］ 颜秋容．电路理论：高级篇［M］.北京：高等教育出版社，2018.

［9］ 王志功，沈永朝，赵鑫泰．电路与电子线路基础：电路部分［M］.2 版．北京：高等教育出版社，2015.

［10］ 胡钋．电路原理［M］.北京：高等教育出版社，2011.

［11］ 王松林，吴大正，李小平，等．电路基础［M］.3 版．西安：西安电子科技大学出版社，2009.

［12］ 陈洪亮，张峰，田社平．电路基础［M］.2 版．北京：高等教育出版社，2015.